中国古蚕书序跋集录

高国金 编著

中国农业科学技术出版社

图书在版编目（CIP）数据

中国古蚕书序跋集录／高国金编著．—北京：中国农业科学技术出版社，2020.10
ISBN 978-7-5116-5013-9

Ⅰ.①中…　Ⅱ.①高…　Ⅲ.①蚕桑生产-著作-序跋-汇编-中国-古代　Ⅳ.①S88

中国版本图书馆 CIP 数据核字（2020）第 173963 号

责任编辑　朱　绯
责任校对　李向荣

出 版 者　中国农业科学技术出版社
北京市中关村南大街 12 号　邮编：100081
电　　话　（010）82106626（编辑室）　（010）82109702（发行部）
（010）82109709（读者服务部）
传　　真　（010）82106626
网　　址　http://www.castp.cn
经 销 者　各地新华书店
印 刷 者　北京建宏印刷有限公司
开　　本　710mm×1 000mm　1/16
印　　张　16.25
字　　数　265 千字
版　　次　2020 年 10 月第 1 版　2020 年 10 月第 1 次印刷
定　　价　60.00 元

版权所有·翻印必究

前　言

中国传统社会农桑并举，官员以“济世救民、经世致用”为己任，古蚕书数量非常庞大，在所有农书中占有比例非常高。中国古蚕书数量众多，目前古蚕书目录显示已经有 300 多部。古蚕书整理与研究可以追溯至民国时期，早在 1921 年万国鼎发表论文《蚕业史》与《蚕业考》，并在 1924 年发表《中国蚕业书籍考》一文，开始关注古蚕书整理。1924 年毛雝出版《中国农书目录汇编》一书，内含古蚕书目录。新中国成立后，各地图书馆整理自有馆藏农业古籍目录皆涉及古蚕桑书录。改革开放以来，古蚕书整理相关学者增多，王毓瑚、周匡明、蒋猷龙、章楷、天野元之助、彭世奖等专长于蚕桑史料与书目的整理，对古蚕书数量、内容、谱系、价值等有了系统的判断。20 世纪 90 年代，华德公《中国蚕桑书录》（1990 年）一书对古蚕书书目、时代、内容、著者、价值等进行全面介绍。21 世纪以来，张芳、王思明在系统总结前人书目基础之上，出版了《中国农业古籍目录》（2002 年）一书，全面系统地收录现存古蚕书的馆藏、版本、刊刻、著者等相关信息。

随着社会经济不断发展，信息化时代的到来，新技术与新手段，使得古籍查阅与目录检索更为便捷。同时，各大图书馆对馆藏整理工作不断推进，为古蚕书整理提供了契机。近年来，全国古籍普查工作不断深入，为古蚕书目录全面整理以及新书目查询提供新的线索。由此，中国古蚕书整理工作出现了新机遇，诸如稀见、未见诸多古蚕书被挖掘与整理，近代技术蚕桑农书整理，国外图书馆蚕桑农书保存情况调查，部分蚕书记载错误的纠正工作，古蚕书繁多而谱系复杂的问题得到了进一步梳理。这些工作都对中国古蚕书目录序跋整理提出了新的要求。中国古蚕书序跋的整理已经成为当代人不能回避的历史任务，亟须将这一部分内容呈现给社会。

目前，蚕桑古籍整理不断成熟，《中国古蚕书序跋集录》（下简称《集录》）的工作得以开展。笔者长期从事古蚕书收集与整理，所汇集中国古蚕书在数量与种类上都做到了极其完备与充足。《集录》所收集古蚕书主要来源于省市各大图书馆以及南京农业大学等诸多大学馆藏。多年来，已经查阅几十家图书馆，包括南京农业大学中国农业遗产研究室、华南农业大学、西北农林科技大学、北京大学、中国人民大学、复旦大学、浙江大学、吉林大学、华东师范大学、中国科学院图书馆、中国国家图书馆、南京图书馆、中国农业历史博物馆、浙江图书馆、陕西省图书馆、山东省图书馆、河南省图书馆、江西省图书馆、云南省图书馆、安徽省图书馆、湖南图书馆、青海省图书馆、温州市图书馆、绍兴图书馆以及部分海外图书馆等。查阅古籍，花费大量人力、物力、财力。收集了180多种蚕书，若计算不同版本，则数量更多。做到亲自查阅，收集图片，校对文字。为《集录》出版提供了第一手史料。

《集录》是近代以来首次将单行本与非单行本序跋进行大规模汇集整理，是中国传统古蚕书与近代蚕书序跋一次彻底整理，基本摸清了古蚕书数量、序跋、内容、政论、背景、技术、流传等概况。《集录》将已经整理过的300多篇古蚕书序跋按撰写时间依次排列，进行版本分类、目录罗列、按语添加。梳理书名、版本、卷册、作者、馆藏、技术、内容、目录、流传等信息，对以往有疑问、错讹之处进行修正。最终目标是形成体例合理、次序准确、谱系清晰、按语完备的《集录》。《集录》是在20世纪古蚕书目录研究的基础之上，在序跋文献、内容流传、现存馆藏、价值判定等学术研究上的又一次大推进。

古蚕书序跋是一个庞大的知识宝藏，其所蕴含历史信息非常丰富。古蚕书序跋涵盖人物、年代、凡例、章程、告示、文书、信札、奏折、政论等内容，历史信息丰富，史料价值极大，是研究政治、经济、社会、文化、人物、思想、技术的重要文献。序跋文献整理还将对大量序跋中核心内容，即蚕政政论进行全面展现。该类论说代表了传统儒家官员济世救民思想，是传统循吏重要的治世理念。如今我们或视其为“迂腐”之言，或谓其“空谈”不切实际，然而其中诸多思想至今依然能影响我们，比如崇尚实学以及“存心利物，于物必有所济”至今仍十分受用。古蚕书序跋有很强的可读性，其中涉及300多位作者，个别人物有很高知名度，很多序跋撰写得文采飞扬、议论严谨、旁征博引、逻辑清晰、思想深刻，堪称篇篇雄文。人物思想贯穿于中国古代儒家治理思想之中，其中蕴含着重要意义。儒家倡导的蚕政被视为古代循吏治世的文化符号。蚕桑政论常被用于科举策论选题，经世思想体系成熟。《集录》借助大量历史人物作为线索，通过其丰富政论内容将人物思想进行展示。漫漫历史长河，关注蚕桑的历史人物众多，这些人物历史故事有待呈现，他们丰富严谨的论证内容更值得挖掘。《集录》展示中国历代蚕政丰富的理论内涵，以历史时间脉络为主轴，系统性阐述历代蚕桑为本与循吏劝课的蚕政智慧。传统社会蚕政治理思想丰富，内涵多样，不同历史阶段呈现出不同形式。包括民本思想、农本思想、德政仁政、善政治理、循吏典范、富民救民、实心实政、经世致用、救荒救灾、社会修复、实业救国、争夺利权等内容，其中蕴含的蚕政思想是维系王朝基层社会秩序稳固的核心思想。

《集录》并不是一朝一夕能够完成，编者自2008年进入蚕桑古文献研究领域以来，长期注意收集该类序跋资料，不断挖掘其中价值。从最早的恽畹香《蚕桑备览》开始，逐渐走进了蚕桑古籍研究之中。多年来走访了大量图书馆，查阅相关馆藏，积累日渐完备，该类图书馆皆在正文中予以注明，详明可查，以方便读者。2015年，我有幸参加《中华大典·蚕桑分典》编纂工作，结识肖克之、唐志强、靳宇峰等诸位前辈好友，这对我的古蚕书收集具有促进作用。近些年，我的学术成果大多集中在蚕桑古籍领域，诸如晚清蚕桑局研究即源自古蚕书序跋中线索，诸多珍稀古蚕书谱系流传研究亦源于此。由此可见，古蚕书在我的学术成长过程中发挥着重要作用。此次《集录》出版是多年来古蚕书在序跋与目录研究上的一个阶段性成果，尽可能完备与清晰将该成果展示给世人，以备学术研究之用。

《集录》出版并不尽完美，仍有不断推进的空间。因财力所限，仅能以文字校释出版，未能将原文图片影印，书中难免出现错误，烦请至古籍藏书处校对。《集录》书目不能保证全面，肯定有所遗漏。随着社会不断发展，新书目必然不断问世，今后再做补充。古蚕书作者与其他人物背景介绍，如有精力仍然值得详细挖掘。

《集录》出版要感谢老一辈农业史研究专家、学者，我们站在了巨人的肩膀之上。《集录》出版目的之一便是向参与古蚕书研究的老前辈们致敬，是万国鼎、郑辟疆、章楷、周匡明、蒋猷龙、华德公等老先生以及无数爱好古蚕书研究的前辈们勇于开拓，不断探索，开辟古蚕书研究之路。《集录》出版是在老前辈学术精神激励之下完成的，继承了前辈们的研究成果。时值南京农业大学中华农业文明研究院百年院庆之际，仅以此书献礼百年农史研究历程。百年农史，薪火相传，几代人筚路蓝缕，农书研究从未旁落，史料整理工作亦需延续，后人应该将蚕桑古籍整理不断继承与开拓。

《集录》出版也得益于诸多人士帮助，在出版过程中，十分感谢我的博士后合作导师孔令让教授全方位的资助，经费源自我的作物学博士后经费与孔老师泰山学者专项基金。序跋句读与文字校对过程中，感谢我的硕士导师曾京京女士付出大量的时间与精力。感谢山东科技大学郭笃凌先生帮我将书法字进行校对。古籍序跋收集过程中，感谢无数位帮我查阅、复制、拍摄古籍文献的朋友，徐蕾、马敬济、毕晓君、王新月、杜臣、刘双庆、刘山山、王俐、周昊、张慧霞、高丽娜、齐文涛等，他们行走在全国各地图书馆，足迹遍布北京、江苏、上海、浙江、安徽、山东、河南、山西、陕西、青海、云南、广东、湖南、吉林等省市，付出了巨大的努力。最后，感谢责任编辑朱绯博士，对《集录》出版给予的帮助与支持。

高国金

书于泰山南麓

2020 年 5 月

编辑说明

一、全书汇集中国古蚕书主要包括 3 类：个别宋元明时期蚕桑专书、大量清代蚕桑专书、少量近代技术蚕书。

二、目录按照古蚕书版刻时间排序。古蚕书多次刊刻，以首部刊刻时间为准，将之后翻刻版本的序跋汇集于该目录之下。

三、正文部分每部古蚕书序跋之前，列出书名撰者、刊刻信息、馆藏状态。同时，撰写详细按语，作者生平、目录概况、版本信息、流传谱系、总体价值。碍于篇幅，序跋作者信息未做进一步释读。

四、正文部分每部蚕书序、跋、告示必收。书信、札、凡例、章程等不收或有选择性收录。正文部分序跋进行标点校释。标题与按语干支纪年均转为公元纪年，碍于文字连贯性，正文未做处理。

五、书尾编写附录，将《集录》中 183 种蚕书，汇集 314 篇序跋编写目录。按照正文编写顺序，以时间排列书目。无序跋而未编入正文的书目均标注馆藏，列于目录之后。每部蚕书写明序跋数量，同时标明序跋作者姓名。

目　　录

蚕　书

秦观（少游）撰，清知不足斋丛书。

[编者按：北宋词人。秦观《蚕书》与黄省曾《蚕经》是清代以前两部重要的蚕书专著。]

予闲居，妇善蚕，从妇论蚕，作《蚕书》。考之《禹贡》，扬、梁、幽、雍不贡茧物，兖篚织文，徐篚玄纤缟，荆篚玄纁玑组，豫篚纤纩，青篚檿丝，皆茧物也。而桑土既蚕，独言于兖。然则九州蚕事，兖为最乎？予游济、河之间，见蚕者豫事时作，一妇不蚕，比屋詈之，故知兖人可为蚕师。今予所书有与吴中蚕家不同者，皆得之兖人也。

山蚕说

孙廷铨（益都），选自道场山人星甫辑《西吴蚕略》，中国农业遗产研究室藏。

[编者按：收录于顺治八年（1651年）《南征纪略》之中。又名《山东茧志》。本篇选自道场山人星甫辑《西吴蚕略》卷末。此部分与方志辑录《山蚕说》在个别文字上有些许差异。]

《山东茧志》　益都孙少宰廷铨《南征纪略》有《茧志》曰："自县南行七十里，宿石门村，其中沙石粼粼，一溪屡渡，山半多生槲树林，是土人之野蚕厂。"按野蚕成茧者，人谓之上瑞。今东齐山谷，在在有之，与家蚕等。蚕月抚种，出蚁蠕蠕然，即散置槲叶上。槲叶初生，猗猗不异桑柔。听其眠食，食尽即枝枝相换，树树相移，皆人力为之。弥山遍谷，一望蚕丛。其蚕壮大，亦生而习野，日日处风雨中不为罢。然亦间伤水暵，畏雀啄。野人饲蚕，必架庐林下，手把长竿，逐树按行，为之察阴阳，御鸟鼠。其稔也，与家蚕相先后。然其穰者，春夏及秋，岁凡三熟也。作茧大者，二寸以来，非黄非白，色近乎土，浅则黄壤，深则赤埴，坟如果蠃，繁实离离，缀木叶间，又或如雉鸡壳也。练之取茧，置瓦鬴中，藉以竹叶，覆以茭席，洸之用绳灰之卤。藉之，虞其近火而焦也；覆之，虞其泛而不濡也；洸之用灰柔之也。厝火焉，朝以逮朝，夕以逮夕，发覆而视之。相其水火之齐，抽其绪而引之，或断或续，则加火焉，引而不断乃已。去火而沃之，而盝之，俾勿燥。緈之不用缫车，尺五之竿，削其端，为两角，冒茧其上，重以十数，抽其绪而引之。若出一茧，然则练者工良也。竿在腋间，丝出指上，缀横木而疾转之，且抽且转，寸寸相续。捷者日得三百尺，或有间辍，日得一二百尺，或计十焉，积岁乃成匹也。脱机而振之，丁丁然，握之如捻沙，则缣善。食槲名槲，食椿名椿，食椒名椒，茧如蚕名，缣如茧名。又其蚕之小者作茧，坚如石，大才如指上螺在深谷丛条间，不关人力，樵牧过之，载橐而归，无所名之，曰：山茧也。其缣备五善焉，色不加染，黯而有章，一也；浣濯虽敝，不易色，二也；日御之，上者十岁而不败，三也；与韦布处不已华，与纨縠处不已野，四也；出门不二服，吉凶可从焉，五也。故谚曰："宦者嬴，葛布褐。"言无人不可者，此亦有焉。

豳风广义

兴平杨双山纂辑，乾隆庚申岁（1740年）镌，宁一堂藏板，中国农业遗产研究室藏。

[编者按：1962年农业出版社出版郑辟疆、郑宗元校勘《豳风广义》，选用济南版本，多出光绪八年（1882年）序。]

《豳风广义》叙　余家江右，民俗颇勤。力田外无不蚕桑。是务者，及渡江而至。河北凡历都邑井闾间，见宅多不毛，妇休其织。问之皆曰地不宜蚕，心亦以为然也。岁丁巳奉命来陕，陕故周秦汉唐之都。入关以来，地沃野丰，草树滋植，意其富庶之风，今犹之昔矣。乃数年中察民间盖藏千不得一二，而至于蝌筐蚕绩毫无有焉。盖同之乎，河北也。岂桑柔候甸，古今亦异宜欤？已而茂陵杨生手其《豳风广义》一编，并缕陈蚕桑地无不宜者，求广其利民间。余阅之，知杨生已亲试而衣被之。今且思衣被其乡国矣。夫君子之有所为，非徒已有余而已，亦将以及人也。今杨生甫得其利，而即欲推之于人，其不自私为何如？夫杨生非有衣食斯民之责者也，而然且如此，则夫俨然民上而为之父母，视斯民之号寒而求所以衣被之者，其情之切之急，又当何如也？余既颁其书于各邑，因叙其首，以助其贤令焉。乾隆七年壬戌中和节豫章帅念祖书于绿澄轩。

敘（叙）　古者先王之制，首重农桑。一夫不耕，或受之饥；一妇不织，或受之寒。圣帝肇自北方，耕织载在《豳风》。想其丰亨之景，雍和之象，令人叹慕不已。是农桑起自秦中，渐及南地，故天下后世莫不羡豳原之风。惜乎桑蚕废于往代，误为风土不宜，遂失其传，因而缺利一倍。今时际熙皞，生齿日繁，而秦人仅守一耕，治生无增补救无法。衣被不敷，闾阎渐艰。丰岁尚且多困，歉年其何以堪！凡有识者莫不为之寒心。我朝重熙累洽，和气致祥。凡未举者皆举，未复者皆复，想亦是政可兴之日也。有双山杨子生于吾乡，赋资聪慧，才略性成。自髫年即抛时文，矢志经济，博学好问。凡天文、音律、医农、政治，靡不备览。学宗孔孟，以圣贤之心为心。每劝人以格物穷理，敦本复性为要，养身治生为首。人性皆善，接之者莫不欢从。吾乡有淫祀，自唐迄今，千有余年，所费不资。每至其处，辄骤生争端。先生每集同人讲劝，遂罢其祀。至今乡人安于无事。吾乡去城邑甚远，贸易不便。先生相地集众，立为日中之市，乡人便之。先生乙巳游南山，见槲橡满坡，知其有用，特买沂水茧种，令布其间，至今利之。先生格致之精，洞达医理，常针里人肠胃之疮。预诊友人三年之死，疗久弃之痿症，起数载之沉痼，亲目奇验，难以枚举。而周知多能，识见超越，深明秦人荒歉逃亡之弊，胎于无衣，讲之极详且悉，遂有树桑之举。然其事无法不成，先生博访维殷，尽得其法。其种植、灌溉、缫解、经织之务，悉躬亲而履蹈之。数年之间，大获其益。迄今十余年来，高堂有轻煖之奉，室家有盈箱之积。比闾族党矜式，率由者益众，来求法学手者无远近，先生皆亲教之。近来吾乡之童子，皆能缫水丝矣。向之无衣无褐者，今且曳缟而拖缯。功有实功，效有实效。而先生不欲以衣帛之美，私诸一室一乡，务欲播之当时；垂之奕禩，俾人人均食其报。因著《豳风广义》一帙，连类备载畜牧、园圃之制。事事亲经，其立法极善，取效甚捷，乐从者皆验，诚致富之良谟也。上为国家培元气，下为斯民立生命，岂小补哉？若人人踵而行之，不过数年之间，共歌五袴，咸庆大有。斯信此书之非夸也，又乌得以小道而目之。余于先生，为比邻之舍，葭莩之戚，见之习，知之稔，故能详述始末，以乐告当世之仁人君子，遍晓乡邻，共举此务。使秦中家家树桑，人人衣帛，谷自可积而富可永保，则幸甚！旹乾隆五年岁次庚申孟春上浣之吉眷弟刘芳顿首拜题。

《豳风广义》弁言 天生烝民，畀之食以养之，畀之衣以被之。盖食出于耕，衣出于桑，二者生民之命，教化之原，缺一不可者也。夫人生一日不再食则饥，终岁不再衣则寒。饥之于食，寒之于衣，得之则生，失之则死，耕桑之所系大矣哉！是以神农为耒耜，以利天下；尧命四子，敬授民时；舜命后稷，教民稼穑；禹勤沟洫，万邦作乂。殷周之盛，诗书所述，皆以耕桑为立国之本。故孔子筹保庶，先富而后教；孟子陈王道，先桑田而后庠序。古者天子躬耕，后亲桑，为天下先，重本也。自有生民以来，未有耕桑不举，而可以兴道致治者也。而不知者，反视耕桑为鄙事。曰："君子自当为其远且大者。"呜呼！此亦弗思之甚也。夫经世大务，总不外教养两端。而养先于教，尤以耕桑为首务。古圣王之治天下也，养之以农，卫之以兵，节之以礼，和之以乐，生民之道毕矣。吾儒储学者即学此农兵礼乐，为治者即运此农兵礼乐，四者乃天德之实，王道之本，万古莫之易也。若舍此而求奇索隐、谈玄说妙，无非英雄欺人之语，有何远大之可为。且世之人，终岁皇皇，经营筹划，其涂虽殊，其实同归于衣食。独不思衣食之源，致富之本，皆出于农。农非一端，耕桑树畜，四者备而农道全矣。若缺其一，终属不足。昔圣王之富民也，必全此四者。故宅不毛者罚里布，田不耕者出屋粟，民无职事者出夫家之征。即其殁也，不耕者祭无盛，不蚕者衣无帛，不畜者祭无牲，不树者无椁，不绩者不衰，其加意养道如此。人能遵斯四者：力耕则食足，躬桑则衣备，树则材有出，畜则肉不乏。自然衣帛食肉，不饥不寒，取之不尽，用之不竭。不出乡井而俯仰自足，不事机智而诸用俱备。日积月累，驯致富饶，世世守之，则利赖无穷。若弃自然之美利，图难必之货财，纵聚珠盈斗，积金如山，饥不可为食，寒不可为衣。故谚有之曰："百年无金珠何伤，十日无粟帛身亡。"是以寒者不贪尺玉而思袒褐；饥者不顾千金而美一餐。故明王贵粟帛而贱珠玉，重农民而轻商贾。我皇上宵衣旰食，首重农桑。使仓有余粟，箧有余帛。登斯民于富寿之域，而承流宣化之贤，莫不仰体圣意，留心本务。但秦人自误于风土不宜之说，知耕而不知桑，是有食而无衣。至于树畜失法，又乏资助之益。故每岁之中，必卖食以买衣，因衣之费，而食已减其半。又兼诸凡之费，莫不取给于一耕，四者缺三，乌得不穷。所以丰凶惧困，衣食两艰，稍有荒歉，则流亡载道。人但知凶荒始于无食，而不知其实胎于无衣。余详考屡察，深知其故。每思所以治衣之法，试诸木棉、麻苎，厥成维艰，殚思竭虑，未得其善。因诵《豳风》一诗，及孟子陈王道诸章，顿有所悟。夫邠岐俱属秦地，先世桑蚕载在篇什可考，岂宜于古而不宜于今与。余因而博访树桑养蚕之法，织工缫丝之具，颇得其要。自树桑数百株。岁在己酉，始为养蚕。其年蚕成，所缫水丝，光亮如雪，能中纱罗绫缎之用。迄今十有三载，岁岁有成，亲经实验，已获其益。仰体我皇上加意农桑，爱养斯民之至意，不忍私诸一身，窃愿推以及人，因集是编，颜曰：《邠风广义》。若家户行之，则稼穑之外，复增利一倍。每树桑一亩，岁可得丝九斤，若树桑十余亩，岁可得丝百余斤，不特五十之老可以衣帛，即赋税婚丧之费，亦可取给于此。丰衣足食之乐，可立而待矣。然桑蚕既举，而孕字之事缺焉，不讲何以佐农桑之不逮，衣帛之老又何能食肉乎？余特拣采善法，精寻实效，求其切于日用，家家可畜者，猪羊鸡鸭之法，俱亲经有验，连类而备载之。能依法牧养，则孳生不穷，不特七十之老足以食肉，即八口之家亦有余甘矣。更思秦中，园圃久废，树艺失法，追效素封之意，自制一园，名曰："养素"，已见实效。附于蚕畜之末，以公同志。是编也，始以桑蚕补岁计之不足；继以畜牧佐农桑之不逮；终以园制为士人养高助道之资。此余殚十余年之苦心，亲身经历而辑成者，非徒抄撮成说，道听耳闻者可比。授之剞劂，用广同人，敢自附于作者之林乎？亦庶几利用厚生之一助云尔！乾隆六年季夏上浣茂陵杨屾双山氏题于会心斋舍。

《豳风广义》后叙 衣食者生民之二天，耕桑者衣食之大源。今我秦人，力耕而弃桑，是失一天矣。故人事日蹙，衣食两艰，历数百年而莫能洞察。此弊之由，所以闲堦旷土，道旁宅边，皆弃为无用。夫天与人以时，人不知乘；地与人以利，人不知因。是自误之而负天地也。不得哲人导之，势必至终迷误而不返。今世教休明，时际雍熙，和气致祥，贤才蔚起。吾师杨子生于茂陵，自少读书，即不喜贴括，所习皆实落经济，学以格物穷理知本复性为要。每劝人敦本务实，养身治生为首。时屢启迪后学之志。余亲炙其门十余年，每询及天人之理，事物之赜，一一指示，至详且悉。然教思无穷，著为《天人会编》一书。讲论之余，每道及秦中素乏蓄积，荒歉无备，其弊踵自无衣，遂有树桑之举。余见养蚕者，多不易成，亦惑于风土不宜之说而难之。师曰：《邠风》王政昭著载籍。古之圣贤岂欺我哉！因并道其蚕无不宜之说，备详始末。余闻之憬然而悟。先生乃辑访树桑养蚕之法，身先率导。己酉夏，余请益其家，见水丝登軠，光亮盈庭。既而织成提花绢帛，灿然夺目，惊异者久之，叹夫秦有自然之宝，人乃委诸土壤，多历年所而莫之知。若非先生开之，何能复见于今。夫衣一家者，即可以衣通省，因请著书广布，贻泽无穷，师曰余怀之久矣。第天时犹未尽验，古法犹未尽试，新法恐未尽善，于是亲身经营，岁岁有成。取其法，撷精撮要，集成卷帙，名曰：《邠风广义》。取其以广《邠风》之遗意耳。至庚申春稿凡三易，命余曰：我素不习操觚，悉所知者是书雠较之责，子其任之。余自念资禀昏庸，经济未裕，此实用之书，何能拾遗补缺？有吾友史子德溥者，才性过人。读书喜策章，弱冠入泮。及得解，学为已之学于先生，以同邑，得时亲其德教，习见桑蚕法制，遂与之共勷厥成焉。捧读之余，见其论说透快，法窾详明，何容复赘一辞？惟于字句之间，更加显亮通俗，而为先生所许可。欲付梓。有长安朱君，讳资铎，字化宇者，性孝友，多技能，虽寄迹商贾，而轻财好义，见是书，即叹赏其与已有同志，因捐资成美，以慰夙怀，由是感发同人乐善之心，而助刊者甚众。夫农桑之书，不为不多，然其法亲验者实少，多抄撮成说，烦乱无主见，或简略不详，效之者难乎有成。是书也，经十余年之攻苦，寻坠绪于忙然，以已所亲历者，以衣我秦人，实开万世之财源，培国家之元气。愿吾同侪，信之坚，毋为邪说所惑。行之力，毋以迟效自阻。幸勿以自有之良富，而自弃之。负吾师一片婆心也。倘肯首倡劝导，为一乡表率，将来食和衣德，必并念士君子之力也。以善及人，有望焉。盩厔受业门人巨兆文敬跋。

叙 光绪八年，本昂以考绩入都，谒大司农阎公。公曾抚山左，问民间生计甚悉。并手一册授本昂，曰：此《豳风广义》三卷，蚕事大备，汝方膺民社，盍法之，以惠小民。本昂唯唯。归而读之，盖秦中杨太学屾所编辑也。太学因秦人误于风土不宜之说，耕而不桑，衣艰于食，博访栽压、修接、浴养、饲摘、蒸缫、解纬、纺织之法，躬行获利，族党踵而效者，亦多丰其家，乃为图说集是书以公诸世。嗟乎！太学之意良厚。而公去东十余载，尚殷殷为民谋室家，如此其深且远也。夫往籍所载，蚕桑之兴，实肇北土。今则齐、鲁、燕、赵、秦、晋之民，耕田外罔所事。乐岁犹无余，荒歉则冻馁转徙，颠踣乎道途。且自海舶互市，其物多奇巧，启嗜好，岁耗以千万计，民益重困。而外洋所需中国产，亦惟丝为多，吴越业之者获厚利。使齐、鲁、燕、赵、秦、晋之民，务本图事蚕桑，以补岁计之不足，即遇荒歉，亦可无冻馁转徙颠踣之患，而奈何相顾因循，以至于今日也。本昂即获是书，敢不奉行，用敷公惠。虽然一邑之大，所及几何，亟付剞劂，以广其传，因书端委如此。山东卓异侯升掖县知县调署德州知州宫本昂谨序。

九畹古文

刘绍攽，卷二，丙部，刘传经堂藏板，乾隆八年（1743年）。南京图书馆藏。

［**编者按：此书以往各书目误以为单行本，经查找仅为《九畹古文》书中一篇小文。**］

《山蚕记》 山蚕盛于兖沂之间，所食柞叶，即蜀之青杠，漫山弥谷，薪其材而委其叶。胶州王君寯，由庶常令大邑，自家携茧，广教邑人。正月望后，穿茧如贯珠，悬密室壁间，微火燻之。俾受煖气，蛾出，盛以筐。荆上，竹次之。筐内置纸，再温以火，既生卵。二月望前，置筐茂林，蠕蠕枝间，色黑，渐青，食足而眠，四眠而成。五月取茧，为一季。是月终，蛾复出，饲如前法。惟不用火，天暖自能生化。讫中秋为二季，茧一万，得丝七觔，绸一十五丈，黄白微赤，其本色也。初终皆须人守，防鸟啄。亲视食叶将尽，剪所附枝，移他树。失时则饥，喜晴，雨多则烂树上，与兖沂无异。先是刘公棨，牧宁羌，亦以此教，今称刘公茧。公山东诸城人，官至四川布政使。

山蚕谱

张崧撰，二卷。附白蜡虫谱一卷，北菌谱二卷，山东师范大学图书馆藏。

[张崧，号钟峰，字洛赤，世居宁海泽上村。由廪生登雍正丙午（1726年）科。授河南卫辉府滑县知县，未三年，以勤卒于官。著有《山蚕谱》一书，惜兵燹后，稿已散佚，惟州志仅存其序。今现于山东师范大学图书馆，该书善本，未见其书。仅将民国《牟平县志》卷九《文献志·艺文·文选》中序收录。]

《山蚕谱》序·邑人张崧　登莱山蚕，盖自古有之。特前此未知养之法，任其自生自育于林谷之中，故多收辄以为瑞。宋元以来其利渐兴，积至于今，人事益修，利赖日益。广立场畜蛾之方，纺绩织纴之具，踵事而增，功埒桑麻矣。顾不知者，每以《禹贡》之檿丝当之。先儒说部，名贤歌咏，往往谬误，目未亲睹，仅仅以传闻之辞臆而书之，论多歧出，无足怪也。每思考其族类，以备一方物产之略，苦于固陋，迟迟未能。偶阅王阮亭《居易录》言：孙益都沚亭《颜山杂记》记山蚕、琉璃窑、煤井、铁冶等，文笔奇峭，曲尽物性，急披而读之。则诸文咸在，独无所谓山蚕说者，益用耿耿于怀。后见周栎园《书影节记》载是文，信如阮亭所称，然犹憾其略也。诵读暇日，因其说而畅之，期于族类分明，使览者知有蟓蚢之殊，檿柞之别，不至混淆而已，若云：笺注虫鱼，贵于典古，则未遑也。乾隆十五年夏五元日。

西吴蚕略

道场山人星甫辑，中国农业遗产研究室藏。

［编者按：早于嘉庆年间。附《山东茧志》。］

《西吴蚕略》上卷上目次并引　蚕桑事要，见诸记载者綦繁，其专论养法者，如宋秦少游《蚕书》，乃究蚕法。元司农司《农桑辑要》所载栽桑、养蚕二卷，虽极精赡，亦北法多而南法少。明黄省曾《蚕经》始与湖法差近，犹泥古而不宜今，渊雅而弗通俗。惟吾湖沈东甫徵君《蚕桑乐府》，摹写湖蚕始末，尽能极妍，无一字涉虚，无一首不趣，府志已全录。余鳞次湖蚕诸法，自惭固陋不文，特录沈诗以快阅者之目。余书以行箧无多，涉猎未广，间采一二，聊资印证，其古奥艰深，与吾乡无涉者，概从割爱。盖自鸣土音之操，非遽谓狐腋之集也，星甫识。

蚕桑杂记

陈斌，白云续集卷三，刘斯嵋刻于道光四年（1824年），浙江图书馆藏。

［编者按：陈斌，字陶鄰，号白云，德清人，嘉庆四年（1799年）进士，官青阳知县，调合肥，所至为之开堤堰，兴社学，民不知蚕，教之种桑。嘉庆二十四年（1819年）升凤颖同知，署宁国府，被谪归，斌天资彊毅，通达古今，发抒而为文章，师经探道，辞约理该，视世之专事雕绘者不同，有《白云文集》。陈斌《白云续集》八卷，道光四年南丰刘氏刻本，浙江图书馆藏，即刘斯嵋刻于安徽，值任安徽按察使，兼署安徽布政使。《蚕桑杂记》全文收录于《白云续集》卷三。陈斌文集、诗集、续集共十五卷。］

合肥各乡多旷土，而少蚕桑之利。吾民生计日绌，守土者媿无术以佐之。

去年于湖中购蚕种桑秧，分给绅耆，而推喻未广。询之乡民，犹芒然不知。窃自叹亲民之官，乃不能时时教民，有一二利民之事，又不能即见其成效，其去其留，非所自主。夫益知经久兴利之难也。今以养蚕种桑之法，遍示吾民，绅耆宜讲解教导之。十年有成，其利必广。盖吾尝亲为其事，而琐屑及此，吾民亦自为生计而已矣。

劝蚕桑诗说

徽州知府马步蟾辑，道光六年丙戌（1826 年）夏镌，徽州府署藏板，安徽省图书馆藏。

[编者按：书中有周凯劝襄民种桑说三种，种桑诗序，种桑十二咏，饲蚕诗序，饲蚕十二咏等，是周凯蚕书流传的早期刊刻本。]

重刻《劝蚕桑诗说》序 临安周芸皋，余辛未同年友也。守襄阳购稚桑八百余株，栽之葛山之下，大隄之上。劝民饲蚕，著为《诗说》以示余，余读之，喜其于民生本计详哉言之矣。余复何赘焉。惟是新安与浙之嘉湖接壤，地本宜桑，见夫墙角、畦稜、道旁、场圃，间隙之处多而且大，兼有合抱不交者，何独不闻茧丝之利乎？推原其故，皆由徽郡产茶，春夏间妇女以采茶为生，大抵置蚕事于问，即闻有饲蚕者，亦不过做游戏耳。岂知蚕之利十倍于茶。但使种桑知压接之法，养蚕识眠起之时，家家喻焉，户户晓焉，习而安焉。将不必拔茶而自无不植桑矣。因即其《劝士民蚕桑诗说》重刻而广布之，亦愿以芸皋之劝襄民者劝徽民，抑非独以劝徽民已也。

橡茧图说

刘祖宪，二册，刻本，中国农业遗产研究室藏。

[编者按：按序为道光七年（1827年）。四十一图说，图文并茂。其中第二篇序撰者为庆林，正白旗人笔帖试道光六年（1826年）宿授安顺府。]

序　闻之民生在勤，勤则不匮。沃土之民不材，瘠土之民莫不向义，以其劳逸殊也。黔中尺寸皆山，绝少沃壤，瘠已甚矣。乃黔之民能辨土宜，勤于树艺，五谷而外，杉桐茶蜡，物产蕃滋。而遵义之槲叶育蚕，其利尤美。是殆风气近古，抑亦劳则思善之所致欤？然非司牧者为之开其利源，导其先路不为功。道光甲申前抚程公从吴荷屋方伯请取遵义种橡养蚕之法遍示通省，俾仿而行之，一时循良吏无不踊跃从事。安平刘令祖宪悃愊无华，实心爱民，用意尤为勤恳，以贫民苦无蚕种也。捐资市茧，导之试放。丙戌，茧乃大熟，于是制机集匠，教以织丝。又恐蚩氓未能通晓而乐行也。复撰《橡茧图说》，各系以诗，俾之咏歌鼓舞，易知易从，是真能勤于民事而导民以义者。余考《齐民要术》《氾胜之书》言蚕桑事详矣，而槲栎之用阙焉。《唐书·南诏传》称曲靖至滇池食蚕以柘，亦不及槲栎。《农政全书》则云：饲蚕之树，世人皆知有桑柘矣。而东莱人育山茧者于树，无所不用。椒茧最上，桑柘次之，椿次之，樗为下。然则前遵义陈守之教民以槲叶育蚕，亦因地制宜耳。苟师其意，则可育蚕之树尚多也。又按《南史》载高昌国有草实如茧，中丝为细纑，名白叠。《南越志》云：桂州出古终藤，结实如鹅毳。昔人谓之吉贝，即今之棉花是也。不蚕而棉，无采养之劳；不麻而布，免绩缉之功。衣被天下，其利大矣。恭读《钦定授时通考》所载种艺制作之法綦详，较之育蚕织绸，事半而功倍，其为用也更广。为民父母者诚讲求而劝导之。俾吾民因物土之宜各尽其力，棉花之利与橡茧并行，庶地无遗利，人无遗力。衣食足而礼义兴，于良司牧有厚望焉。是为序。道光岁在强圉大渊献阳月上瀚抚黔使者兴堪嵩溥撰。

序 尝谓以实心行实政者，必当视民事如家事，为之擘画周详，讴吟讽劝。此《书》所以有《无逸》之图，《诗》所以有《豳风》之咏也。黔中山峻水驶，无平原沃野之利。乾隆初，有遵义陈守教民以种橡、养蚕、缫丝、织绸之法，由是商贩云集，遵郡之民独称殷富，而他郡鲜有及之者。盖由官斯土者，未能因所利而利之也。安顺所属之安平县，地狭而土瘠，然多产橡，民间伐之以作薪炭，不知其可以饲蚕也。闽清刘仲矩来宰斯邑，相地之宜，揆物之理，知其利于橡者必利于蚕，因奉上宪之檄而行之，循陈守之法而试之，知民之窘于谋始也，捐资以倡之；虑民之多有畏难也，延工以教之；且念民之未能家谕而户晓也，绘图以示之，注说以解之，而复赘诗以咏之。余忝守郡，嘉其苦心劳思，开此无穷之利。诚恐所费不资，后难为继，亦分廉以助之，务使野无旷土，邑鲜游民。今试过其地，见橡林之葱郁，数蚕具之参差，缫茧丝丝，晨昏弗辍，弄机轧轧，午夜常闻。民生在勤，勤则不匮。又值圣天子在上，丰年屡庆，饱食煖衣，乐利之休风，不多让于遵郡矣。顾非仲矩之以实心行实政，视民事如家事，乌能为之擘画周详，无微不至，讴吟讽劝，有感斯通乎人道敏政，地道敏树，洵不诬也。惟冀所属各贤牧令踵而行之，则余亦与有荣施焉。爰披图而为之序。旹在道光丁亥畅月下澣长白庆林樾庭氏撰。

《橡茧图说》叙 《洪范》之陈八政也，《食货》次于《司徒》，《周颂》之咏《思文》也，陈常先谋率育。此我先师孔子所为筹富于教之先。而管子亦云：仓廪实而礼义兴也。伏读我圣祖仁皇帝上谕之四条，曰：重农桑以足衣食。盖自古帝王未有不以小民之衣食为先务者。岁丙戌，贵以安平邑侯刘仲矩先生聘纂县志，寓平署。窃闻安平多橡树，民只薪炭用之。先生于甲申冬间禁民砍伐，教民种橡育蚕。乙酉十月贫民苦无蚕种，先生捐廉四百六十金贷之。及贵来署，复孜孜汲汲，续购橡子数十石，给民领种。又于署旁隙地种橡秧以分给乡民。邑无机商，先生复贷蚕民蔡万春等千余金，设机房三所，招教织匠三十余人，蹑机行纬，轧轧乙乙。而城乡妇孺相率而师之者，日无宁晷。冬末又市茧种三十万，教民烘种育蛾，并以贷贫民之不能买种者。贵戏谓先生曰：居官如传舍，斯岂公家子孙世守者乎？何为劳心焦思，一至于此。先生曰：安平旧称瘠邑，余始不之信，自甲申承乏以来，熟察四境，民无积蓄，室少完庐，年丰则仅餍糟糠，岁歉则野有菜色。余闻安邑千树枣，燕秦千树栗，渭川千亩竹，其富与千户侯等。方今各上宪刊刻育橡放蚕条教，令各府州县教民种育。余计种山土一幅，得山粮二石，以之种橡利可十倍。昔遵义亦瘠区也，乾隆初年山东陈守玉壂以其乡之山蚕教民饲放织茧，数十年后遵义称富饶。安平瘠土，安知不可转为富乡哉？贵曰：是固然已，但百姓可与乐成，难与谋始，先生又安能尽教之？先生因出所纂《橡茧图说》以示余，余读其书，自辨橡，种橡，以至上机成绸，为条四十有一，条各一说，说各一图，图各一诗，条分缕晰，明白显易，虽村农野老，贩夫牧竖，皆能通晓而乐行之，是真可与谋始，可以家喻户晓矣。昔张全义之任河南也，河南地尽砂砾，草木皆稀。全义巡行郊野，劝民种树种麦，有勤苦者必亲至其家，劳以酒食。民相语曰：张公不喜声伎，惟见种树种麦乃喜耳。由是比户丰美，民少离散。先生其今之张公哉。宋于潜令楼璹言农夫蚕妇之作苦，究访始末，作耕织二图，其织图则自浴蚕以至剪帛，凡二十四事。先生此书有图有说，每图之上又作诗以咏歌之，使读是书者，既有所遵循，又有所观感兴起，乐于从事，仰事俯育，共为圣世良民。然则此书固可媲美前人，而大为斯民衣食之藉也，其利岂不溥哉！谨序。旹道光七年五月水西何思贵天爵书于平坝文仪官舍。

跋 贵州之有橡茧自遵义陈守始也。方今各大宪以前程中丞鹤樵、及方伯吴荷屋、廉访宋仁圃诸先生之条教，与制宪赵篴楼先生各捐重资，遍饬州县，教民种育。其事虽因而他郡之民目未经见，不知其利，于官之分给橡子，严禁砍伐，则惊而疑之，若以为官之扰己也。及再四晓示谕民，毋出茧税，而民始相与从之。然则种橡育蚕事，虽因而功实同于创也。忆余在永从时见龙图、贯硐各寨多橡树，只供薪炭，甚惜之。乃令拔贡生刘元招、寨长梁凤鸣等至前，告以放蚕织茧之利，对曰无有能者，余曰何不招匠教之，则曰此固利民之事，然非苗民所宜，诘之，则相与顾盼，不敢言。反覆开导之，乃曰苗民素俭朴，若招匠入寨，饮酒食肉，赌博奢华，坏苗俗，得不偿失矣。余与诸寨长约，但招遵义匠一二人，教尔蚕，教尔斫橡，蓄橡蚕成，又教尔织。匠人不率教，则告于官，逐而易之，何如？梁凤鸣等首肯，而余即以公事檄调至省，旋即卸事而寝。嗣署丹江、普安、婺川等处，招寨长如永从，告梁凤鸣语俱对如前。甲申七月莅安平，九月即奉各宪颁发条教五条，谕购橡子，劝民种。仁圃先生复以各宪与春海程学使倡和橡茧十咏示，且命和之。宪益奉命，惟谨不敢忘。乙酉夏间，至县署齐伯房，过橡林间，乐之问有几？则曰：柔西地方百里，跬步皆山，山所出炭皆橡也。问何以不饲蚕？则有言地寒不宜者，有言叶薄丝少者，有言饲蚕尚不如薪炭者，问苗民则又如前梁凤鸣语。余出宪示示之，且婉导之。民始唯唯，迟数月使侦之，无从事者，又诘之，则皆曰：无资本。余恍然曰：是矣。是无担石粮者，安肯出中人产而谋此未见之利哉？向者永从诸民，殆亦犹是也。以水聚蝇，驱之不能，以羶以腥，则不招而自聚矣。冬月招遵义茧匠数人来教之，又以贫民李芮等数十人之请贷茧种银四百六十金，遇雹量免。丙戌五月，茧大熟，民知有利。余思负茧鬻遵义，非民便，且有茧不织，茧利未尽，恒业亦未广。于是招商开机房，数月无有应者。乃自夏至冬，复贷蚕民蔡万春、李蒋、董太和等资本银九百余两，益以各宪助银二百两，樾亭府宪银五十两，设机房三处，集织匠三十余人以教民导箭织丝。男妇大小有恒业。民喜绸成，得价倍，民又喜。丁亥四月雨旸时若，无雹，茧又熟，获数倍利，民益喜，曰：是安得我辈尽得传种育法。余又忖曰：种橡、育蚕、抽丝、织茧，凡数十法，知橡者未必知蚕，知橡与蚕又未必知抽知织。今以平阳初学之民使之尽知未能也，以百万之众，使机工茧客遍为教导，虽积日累月，舌敝唇焦，亦未能也。于是推广前宪条教，及十咏之意，复以八九年间之所见所闻，询诸匠人，备得其法。因仿楼璹《耕织图》，纂成《橡茧图说》，自辨橡、种橡，以至上机成绸，厘为四十一说，说各一图，图有诗以咏歌之，感发之。仍校授梓人而印刷之，俾阅者各自为师。吾民之富，其亦可以朝夕慰予望乎。然是书之作，亦欲使各大宪及陈守之德，永永遍及于民而已。创云乎哉？因云乎哉！旹道光七年丁亥五月知安顺府安平县事刘祖宪谨记。

蚕桑简编

杨名飏，道光九年（1829年），陕西省图书馆藏。

[编者按：《蚕桑简编》一卷，道光九年刻本。落款：道光九年岁次已丑季夏月既望识于汉中府官廨滇南杨名飏，此款未见于其他版本，全国馆藏仅此一部，且时间与地点亦可作为判定初版依据，此书是道光官刻劝课蚕书的代表。]

养生之计，衣食为先；劝课之方，农桑并重。汉南俗勤耕耨，山头地角，皆种杂粮，亦既不留旷土矣。惟务稼穑者多，而务蚕桑者少，境内原出缣绸，养蚕织纺之法，固不待教而知也。只以树桑不多，因而饲蚕有限，每桑一株，约采叶三四十觔。有桑五株，可育一觔丝之蚕。每地一亩，种桑四五十株，收丝八九觔，值银十余两。若种麦谷，即收二石，丰年不过值银一两有余，且树谷必需终岁勤劳，犹有催科之扰，树桑只用三农余隙，兼无赋税之繁，功孰难而孰易，利孰多而孰寡，必有能辨之者。则欲养蚕，盍先树桑，莫谓无地可植，路旁堤畔，尽是良畴；莫谓土性不宜，低湿高原，岂无佳荫？更莫谓不习养蚕，种桑何益；试思织女岂尽天生？《蚕经》原可共读。世无不能耕之匹夫，安有不能织之匹妇？特患未知其利而不为耳。武侯居西蜀，有桑八百树，即谓子孙可小康。张咏治崇阳，拔茶而种桑，遂使百姓皆富足。诚虑他日无衣，何以卒岁，只有及时栽树，乃免号寒。惟是小民可与乐成，而难于谋始，要在贤有司乘时因地而利导之也。一邑如栽桑十万树，每年即出丝二万觔，十年树木，获利其可胜计哉？不但已也。郭子章谓不绩则逸，逸则淫，淫则男子为其所蠹蚀，而风俗日以颓坏，皆蚕教之不兴使然，然则蚕教且有系于人心矣。余重守汉川，亟与诸同好讲求斯事，于汉台之麓，种桑百株，迄今三年，无一不活，种椹一亩，已长八九尺，可见桑本易生之物。合郡已种四十余万树，足征人亦乐从，然而官令所不到，遂不自为之谋，固由不尽知其利，抑由不尽知其方也。健菴叶中丞辑双峰杨氏《豳风广义》，订《桑蚕须知》一册，本极详明，而山农犹以文繁难于卒读，义深不能悉解，因节取而浅说之，兼参以兰坡周明府《蚕桑宝要》，摘为《简编》，期于家喻户晓，以广其传而溥其利云尔。道光九年岁次己丑季夏月既望识于汉中府官廨。滇南杨名飏。

蚕桑简编

同治十二年（1873年），西充县署刻本，青海省图书馆藏。

[编者按：《蚕桑简编》，现藏青海省图书馆，此版本稀见。此外，谭继洵编撰《蚕桑简编》，北京大学图书馆藏，标引为谭氏在甘区上劝农所撰，光绪十年（1884年）任巩秦阶道。民国《重修镇原县志》光绪《重修皋兰县志》民国《古浪县志》载光绪十三年（1887年）布政使谭继洵撰刊《蚕桑简编》，后有《附录布政使谭继洵告示》。]

重刻《蚕桑简编》序　管子曰："衣食足而后礼义兴。"古之言立教者，必先于兴养，故适卫一章"富而后教"。有父母斯民之责者，所当心诚求之也。夫生齿日繁，则谋生计拙；需用过多，则物力恒绌。不有养也，其曷以鸠吾民乎？西邑地瘠民贫，一遇岁歉，即虞不给，有先贤作教民树桑养蚕之法，而其利遂溥。小民一岁之计皆在于蚕。饘于是，粥于是，冠婚丧祭与夫完纳赋税悉取给于是，此殆天心仁爱佑启先贤而赐之衣食欤？栽种养织之法，童而习之，固不待教而知，惟其间犹有未尽者，因取杨密峰中丞《蚕桑简编》重付剞劂，以广其传。盖其栽植有候，护蓄有方，收养有度，依其法而行之，事半而功倍。虽土宜间有不同，编中可行之条居多，莫为之前，虽美弗彰；莫为之后，虽盛弗继。是编也，实有大造于西也！抑又闻之，民劳则思，思则善心生；逸则淫，淫则忘善，忘善则恶心生。沃土之民不仁，淫也；瘠土之民多向义，劳也。吾邑士女耕馌之余，佐以蚕织，终岁劳苦未敢少休，有唐俗勤俭遗风，故士民向善者多，盖养也而教寓之矣。然则中丞是编，谓之《蚕桑简编》也可，谓之《教养合编》也可。同治癸酉孟冬十月朔知西充县事贵筑高培穀怡楼氏叙于诚求保赤之轩。

蚕桑简编

光绪十七年（1891年），湖南省图书馆藏。

［编者按：《蚕桑简编》一卷，光绪十七年刻本，湖南省图书馆，此版本馆藏有多部。此书卷首有叙一篇，落款：光绪十七年岁在辛卯夏四月知浏阳县事乐山唐步瀛识。唐步瀛，四川乐山县人，由附生中式，咸丰己未（1859年）恩科举人。光绪四年（1878年）补授益阳县知县。十五年（1889年）委署浏阳县篆，旋补授是缺。内容最大区别将杨名飏《蚕桑简编》“种树法”全部删削。而后附刊简明易晓接桑二法，其中，一法桑秧要接；一法本年春间所种小桑。浙江省图书馆亦有一册，内容、版式皆与湖南省图书馆版本一致，唯独缺少叙言。］

鄂帅谭公教民以蚕桑之利，闻其乡人咸乐从事，求诸江浙，得桑种数万株。并寄归《蚕桑简编》八百本，附以接桑之法，其书词旨简明，较《蚕桑辑要》尤为易晓。《易》曰：“易则易知，简则易从。”《诗》曰：“维桑与梓，必恭敬止。”若谭公者庶几有亲有功，不愧贤人之德业者乎？邑之人来索书者甚众，用付手民翻刻而广其传，并志数语于简端。不敢没大君子惠爱乡邦之意，亦以见令是邑者，未敢怠缓民事也云尔。光绪十七年岁在辛卯夏四月知浏阳县事乐山唐步瀛识。

蚕桑辑要

高铨辑，道光十一年（1831年），中国国家图书馆藏。

［编者按：高铨字文衡，一作衡之，号苹洲，浙江湖州人，所居曰五亩之宅。嘉庆时贡生，官寿昌训导。目前，中国国家图书馆藏一部，标引为《蚕桑辑要》二卷，高铨辑，刻本，遵义王青莲，道光十一年，二册，十一行二

十二字白口左右双边单鱼尾。《蚕桑辑要》镌“本衙藏板”，时间处有残缺，仅有“镌”字。卷端上题“蚕桑辑要卷上”，卷端下题“吴兴高铨辑、遵义王青莲刊”。]

《蚕桑辑要》序　管子云：一夫不耕，或受之饥；一女不织，或受之寒。王政以百亩授田，即以五亩定宅。知古者无不治桑之民也。今岂地利或殊哉，特人事之讲求未尽耳。**青莲**自幼年随任浙西，习见其民比户蚕忙，贸丝取值，用供主伯亚旅田间馌饟之需，则蚕利之佐农不浅矣。吴中如江震宜荆诸邑，皆以毗连浙界，熟谙蚕桑，多获赢利。润州惟溧阳一县知习蚕事，而他邑无闻焉。夫以同在一郡之中风气攸同，山川无间，土宜物性，讵有不齐，亲故往还，奚难咨访。而顾丁力于田，妇嬉于室，东作必竭蹷以假诸人；秋获始倍称以偿其息。补苴不暇，安望其有赢余。然则耕桑相为表里，其不可不讲明而传习也，审矣。**青莲**历权金沙、云阳县事。曾见金沙颇有桑林，而叶多售诸邻境。劝谕邑民与其种桑出售，曷弗就地饲蚕，并将申其说于云阳。旋值匆匆受代，而此意犹萦心曲也。今者仰蒙恩命，擢守是邦，询知坛民自经谕导已解蚕缫。徒阳则向未栽桑，而俗犹勤俭，教之树艺，当无不宜。惟念斯民可与乐成，难于图始。蚕非素习，则此中培壅之勤，器用之备，桑饲之法，眠起之期，燠凉宜忌之攸关，择叶分筐之贵慎，以及治茧、缫丝、提蛾、护种，自非授以成规，未易家喻而户晓也。访闻吴兴高氏著有《蚕书》，购得写本一册。其于培土、植桑、育蚕、治丝诸法，靡不终始咸赅，条分缕晰。惜乎传抄未广，亥豕多讹，爰为校正其书，付诸剞劂。颜曰：《蚕桑辑要》，期与吾民共相讲授，俾素未学习者，藉以劝厥妇功，即粗业蚕桑者亦由此而益精其艺。若夫语杂方言、器从俗制，意在使民易晓。音释悉照原书，不敢妄有增删云尔。道光十一年岁在辛卯季夏月吉知江南镇镇江府事遵义王青莲序。

序　人之生也，衣食为先，食取给于田，衣则取给于蚕。自西陵氏创始以后，经史所载，宇内无不桑之地，亦无不蚕之乡。迨木棉入中国，人皆乐种植之便，渐不复尽力蚕事。湖州为《禹贡》扬州之域，土性不宜于棉。**棉宜卤地，湖州高土苦燥，低土苦湿，故不宜棉。**民之谋生者力田之外，惟藉蚕为活计。是以古之所谓蚕从桑土者，今皆鲜茧丝之利，独吴兴丝棉足以衣被天下。此虽人事，亦地气有以成之也。考自昔论蚕桑者，《氾胜之书》为最古外，此若《齐民要术》《蚕经》《蚕书》以及《农桑辑要》诸书，未尝不详且备，然皆囿于西北，而不习于东南，合之湖俗，有大相径庭者。我圣祖仁皇帝尝绘耕织全图，高宗纯皇帝复定《授时通考》一书，颁示中外，大哉！王言周乎，四海不拘，拘于一隅。至若以湖人论湖事，则有华林茅氏之《农桑谱》，详于树艺而略于饲养；浔溪张氏之《蚕务成规》，言其当然，而不著其所以然，读者往往有遗憾焉。余学圃城隅，树桑七八百，本老母精于孳养，与家人业蚕者有年，因取生平之所经历，及与农夫红女所常论说者，条陈件别，汇而次之。以为湖州方言事不厌繁，语不厌俚。昔白太传之诗，老妪能解，余亦期村夫村妇之解之而已。当今之世，通人辈出，经有考史有论著书立说以传世而行远者，指不胜屈也。以余之伫劣，岂能为役。惟是习于蚕则言蚕。言所知庶几愈于言其所不知，农圃之家，或不以之覆瓿也。嘉庆十三年岁次戊辰冬十月苹洲高铨记。

吴兴蚕书

归安高铨辑，光绪十六年（1890 年），上下卷，两册，新繁沈氏家塾藏板，华南农业大学藏。

［编者按：华南农业大学图书馆藏《吴兴蚕书》，钤印“华南农学院图书馆藏”，牌记“新繁沈氏家塾藏板”，上下两卷，合一册。卷上卷端上题“吴兴蚕书卷上”，卷端下题“归安高铨辑”。南京农业大学有沈氏家塾版抄本。］

叙 农桑者衣食之本，财用所从生也。男服田力穑，而蚕桑必于女者，何也？《孟子》：五亩之宅，树墙下以桑，匹妇蚕之，老者可以衣帛矣。《礼》季夏之月，蚕事毕，后妃献茧，乃收茧税，以桑为均，贵贱长幼如一，以供郊庙之服。盖以人之生也，不能不藉物以养之，有事于物，而后心志有所定，精力有所专，财用有所出，贵贱老幼有所养。是故男力田于外，以为之食；女饲蚕于内，以为之衣。衣食裕而后懋迁有无化居，工商贾乃各得其所。此农桑所为，因天地之利，尽人事之宜，立富国之基，端教化之本。先王重之，天下由之，女之功所以匹男，而桑之事所以与农竝亟也。或谓古之为衣者麻丝，元以后棉自五印度来，民之衣棉者，妇女之纺织者，视丝十倍蚕桑。胡为者不知丝之为物，宜采色，能文章，备黼黻，饰筐篚，所以用之朝庙而行之邦国者，棉且不能与丝比，况麻乎。且蚕桑之隙，加以纺织，女工不尤盛乎？或又谓红茶行于欧罗巴，茶之摘者拣者，妇女为多，获利宜不亚于蚕桑，不知茶庄男女错杂，百弊丛生，一日之工，获利有几，孰若蚕桑之各安其室，诸弊除而获利厚耶。或又谓九州之土不同，未必皆于桑宜。考《禹贡》兖州桑土既蚕。正义曰：宜桑之土，既得桑养蚕矣。青州厥篚檿丝；徐州厥篚玄纤缟；扬州厥篚织贝。《疏》引郑云贝锦名。荆州厥篚玄纁玑组。豫州厥篚纤纩。古者贡其土之所宜，丝由桑出也。冀梁雍三州，不闻有丝者。冀，帝都，不言贡，虽有丝不可知。而梁雍二州，或其时尚未兴蚕桑之利耶？考《魏诗》，“彼汾一方，言采其桑”，是冀州宜桑也。《豳诗》蚕月条桑，是雍州宜桑也。《蜀志·诸葛传》成都有桑八百株，则梁州之域，亦于桑无不宜。夫以天下无不宜蚕桑之地，无不可蚕桑之妇女，而顾于其利，有未兴者，彼盖以农为亟，以工商贾为重，而不知蚕桑之利之大矣。吴兴者，蚕桑之圣地也，天下莫不宜蚕桑，而吴兴独以蚕桑擅天下，匪蚕桑独良于吴兴，其所以为蚕桑者至良且尽，故获利为天下最，事宜尔也。同年融县宰李君德新，以事经长沙，出《吴兴蚕书》二卷示余。书为归安高铨辑，高不知何许人，钞本字多讹脱，为正而镌之板。其书于蚕桑之事，本末赅备，精确绝伦，高秦观《蚕书》，不啻倍蓰。盖高君以其地之人言其地之事，故宜其精详乃尔也。虽然蚕桑者，天下之利，高君之言，实可行于天下。其为吴兴言之，实为天下言之也。天下有桑之地，师其法而培桑；无桑之地，师其法而种桑。桑既盛，然后师其法，以为蚕丝。以女工助男事所不遽，衣食充沛，于以阜民成俗，是又区区镌布此书之旨也。光绪十六年季秋朔新繁沈锡周。

山左蚕桑考

陆献，道光十五年（1835年），中国国家图书馆藏。

[编者按：陆献，字彦若，号伊湄，宋忠烈公秀夫裔孙，世居丹徒镇。道光辛巳（1821年），由国学上舍举顺天乡榜。道光七年（1827年），随钦史那彦成赴回疆办善后事宜，保举知县，选授山东蓬莱县令，权莱阳篆，调繁曹县。《山左蚕桑考》道光十五年成书，全书以山东十二府州为体例，设置十二卷，摘录历代官员劝课农桑事迹、物产与风俗、诗词艺文碑刻、陆献按语、经典农书等。中国国家图书馆现存唯一一部完整版本。]

道光十五年乙未八月献既缉《课桑事宜》呈方伯眉生先生。蒙发给《蚕桑杂记》一编，系陈君白云撰。其略云：凡养蚕必先树桑，桑椹初年出桑秧，次年成桑苗，桑苗大如指，分种诸地。又逾年而成接桑，渐渐开拳，拳老叶益繁，遂成桑林。种桑秧宜起地轮，每株去五寸，连密培壅，去根边草，去附枝，每月浇肥一次，浇宜择晴日。种桑苗宜二月上旬晴天，宜高燥地。每株纵横去六尺许，剪直根，留旁根三四，令深入土尺五寸，必理根使四舒，勿促缩。厚壅土，必力踹之，地中边俱起沟道，使洩水。桑苗本长四五尺者，分种时，剪其本略半。俟发旁枝，择其旺者留二三。明年成条，又剪之，枝壮成干遂剪其条以开拳，年年于拳上抽条，剪条接叶，叶多而易为力。盖柳有髠柳，桑有拳桑，物理之相似也。桑之不接者为野桑，野桑有团叶、有尖叶、有碎叶。团者尚可，尖碎者不中蚕食。野桑至把必接之，接桑宜谷雨前晴日，其法离土尺许，以小刀划桑本，成八字，皮稍开，即截取好桑条三寸，削其末，令薄如薤叶，插入八字中，使两脂相浃，壮稻草密扎其处，勿令动摇，迟至五七日便活。二年以后，接条壮则截去，野桑之本成接桑矣。陈君，讳斌，浙之德清人。嘉庆间宰合肥，以合肥多旷土，少蚕桑之利，小民生计日绌，因于湖中购蚕种，买桑于苕人之来者以课民，民由是养蚕，合肥养蚕自此始。夫民之穷且懒久矣，穷可疗也，懒不可为也。献不敢谓民之懒，由于官懒以不课桑，故而献则深信民之穷，由于地穷以不树桑。故如陈君者，可谓仁人君子之用心者矣。陈君所述种桑法参之古今种植书，大同而小异，亟登录之，以资考证云。陆献谨识。

古者农桑并重，而后之牧民者往往只讲农功，不讲桑田，谓共事之稍轻与，不知“十亩之间桑者闲闲，十亩之外桑者泄泄”。诗人所咏，凡田间、陇畔、墙下、园中隙地，无不可以栽桑。贤有司深明治体，观天时寒暖，辨地利燥湿，督人工勤惰，为之讲种植之法，为之定劝课之方，民依念，切，手勒一编，他日枣梨锓成，传播当世，以之治山东可也，以之治天下亦可也。治愚弟莱阳荆宇焘拜跋。

呜呼！蚕桑大利也，善政也，岂独山东为然哉！虽吾直隶亦然。余读顾亭林《天下郡国利病书》言直省宜蚕桑者凡两条，今备录之，以资参考焉。一顺德府知府徐公衍祚劝民种桑，云：种桑之法，四月间桑椹熟时，拣黑紫色透熟者，水淘取净子，随宅园墙下空隙地所密密种上，或于近园井打成菜畦，如种菜之法，家家户户，随力栽种。出秧后任意移栽，不时浇灌，务期成效，一岁可得千万株。压桑法，春初桑根发嫩条，听其长成不动。至二月，将条压倒，自根至稍，每尺用粗绳横绷，俱令着地。至三四月，条上发芽。至五月夏至前后，其芽自长成小秧，再将大条用土培壅，止露小秧，向上发长，频用粪水浇灌。一两月间，其土内大条生白根。待来年正月，却照小秧处一一裁断，移分别地。栽桑法，正月择高阜地，每相离三尺许锄开一坑，深三四寸，坑底要平，将桑秧根须各分曲直竖坑内，粪培牢固，将余梢剪去，与土相平。每月浇粪水二三次，清明发芽再浇粪水一二次。一月可长一尺，每株根上只留一二芽，随月而长。至五六月间，摘去新枝上叶内小芽，去旁枝，止培原养本枝，直上直下。仍浇灌一年，可五六尺。腊月间剪去上梢，只留三四寸。到次年，每月只浇灌一次。春分后根上复生芽，不拘多少，摘去，止留一二芽，最要防护牲畜践踏。至五六月，去斜枝，恐夺本根脂力，长至六七尺，又怕风摇致伤根本，可用细绳拴缚，各桑根上互相牵绊。候至次年，任从摘叶饲蚕。其栽桑地内，不宜种花草，夺地脉，只宜种葱、韭、瓜、菜之类。取其频浇灌，桑叶愈茂。一涿州知州张逊于弘治四年承巡抚，秦公令取官田之沃衍者，筑为四圃，课桑椹枣核若干斛，俾善于种艺者，培壅灌溉，岁得桑枣数千万本，令民及时移植私田，久之遂有成效。燕地高寒，土宜桑枣，桑之叶大于齐鲁，枣实小而多肉，甘于鲁魏。然丝之产不多，而枣不流于他境者，民惰故也。以上两条剀切详明，凿凿可行，与伊湄所辑课桑书同乎？否耶？余家保定之满城有田一区，岁苦旱涝，而不知种桑。今寄书家人，如法栽植，一年而种椹，二年而移秧，三年而接本，庶其有成乎？《诗》曰："维桑与梓，必恭敬止。"愿以告吾乡之牧民者同此拳拳也。道光十五年九月朔日山东候补知县年愚弟李沣顿首拜跋。

蚕桑宝要

周春溶，罗江县六村公局，吉林大学藏。

[编者按：周春溶，字兰坡，号雪园，行一，浙江绍兴府诸暨人。道光初，任四川荣昌知县。此书早前多流传于贵州，道光十九年（1839年），黄乐之任贵州遵义知府，曾将此书刻印散发，其《劝民种桑示》言"《蚕桑宝要》一书，论之最悉，本府正在刊印，以备分给，俾得周知。"该刻本按序为道光二十二年（1842年）。]

《蚕桑宝要》序　西蜀古号蚕丛国，大要其地宜蚕，故有是名。今查《旧唐书》，绵州土贡红蓝蜀锦。《新唐书》绵州贡红绫。《太平寰宇记》绵州贡纹绫。《九域志》贡白花绫。《寰宇记》绵州产交梭纱，又产绵绸，又产轻容双紃。又《游蜀记》左绵郡有水所染绯红，濯后益鲜，是绵州物产之丰盈甲于蜀都也。罗江本汉涪县地，昭烈帝入蜀抵涪城，游西山欣幸者，久之称其地为富乐山。自国朝定鼎二百余年，凡前代所产之物，均未之见，岂非地利有未尽哉？岁庚子，予莅任，罗江素称瘠土，环县皆硗确之区，耕者鲜有蓄积。因于公余，周履四境，循览咨访，则知种桑浴蚕之法全未讲也。又查县志，晋时有"豆子山，打瓦鼓。阳平关，撒白雨"之谣。豆子山接连中江界，其地皆山坡，更宜种桑。大凡桑子入土萌芽，三年可以移栽，又三年可以接枝，至所接之枝盈握，叶遂大茂，以之饲蚕，而蚕不乏食，自蚕之始生，以及成茧，为期不过一月，以此而较之农，岂不甚易？惜乎邑人未之知也。因劝民树桑遍植而亲督课之。甫二年，绿树成行，荫连阡陌，方冀与此方人士共观厥成。无何壬寅冬，忽有江州之役，未获始终其事，殊觉耿耿于怀。因忆中丞叶健菴先生著有《桑蚕须知》一书，其说本兴平杨氏《豳风广义》，自辨土别种，以及眠起饲养之法，条分缕晰，至详且尽。爰捡原本校雠付梓，以广其传。俾家置一册，倣而为之，其厚生之道当更有盛于前者，行见家给人足，咸鼓腹而歌，太平之盛也，岂不懿哉？道光二十二年岁在壬寅十月钱塘叶朝采识于罗江官署。

蚕桑宝要

川东道姚觐元，同治十一年（1872年），刻本，南京大学藏。

[编者按：《蚕桑宝要》四卷，周春溶，同治十一年，川东保甲局，南京大学藏，落款：嘉庆二十三年（1818年）冬月古越诸暨周春溶识于荣昌县官署，书末有刊者川东兵备道姚觐元的两篇示谕与《刊示栽桑简要法则》。华南农业大学藏钞本。]

钦命分巡四川川东兵备道辖重夔绥忠酉石等处地方兼管驿传事加三品衔军功三级随带四级纪录八次姚，为劝谕事，照得古者农桑并重，墙下之树，野虞之禁，礼有明文。蜀为沃土，桑植尤宜，嘉眉顺保一带，早已大获其利，而川东未之及者，岂土之有宜有不宜欤，抑亦创始之无人也。本道生长浙湖，深悉种桑之利倍于农，而尤逸于农。思欲以吾湖种桑之法，兴川东蚕桑之利。除筹款采买桑秧，札饬委员，会同局绅先行试种外，合亟出示劝谕。为此谕仰军民人等知悉。尔等如有情愿领桑种植者，即赴保甲局报明数目，领请给发。其有力之家，亦可多购桑秧，随地栽植，或千株或百株，即降而数十株，再降而十数株，量力行之，均无不可。总之，种桑一株，三年后即收一株之利，本小利厚，尔等其努力为之，毋负本道谆谆劝谕之苦心，本道实有厚望焉。各宜凛遵勿违，切切此谕。右谕通知，同治十一年。

钦命分巡四川川东兵备道辖重夔绥忠酉石等处地方兼管驿传事加三品衔军功三级随带四级纪录八次姚，为再行晓谕事。案照本道劝民种桑，以兴蚕利。业经镌刻栽种简法，出示劝谕，领种在案。惟半月以来，未见有人请领桑秧，深不可解。本道悉心体察，或者无识愚民不知其利，甚且谓领种之后，不特桑利未必归民，即其地从此充公，因而互相疑惑，亦未可知。除于领发桑秧时另给执照外，合再出示剀切晓谕，为此谕仰军民人等一体知悉。自示之后，如有领桑栽种者，不特种桑之地断不充公，即将来桑叶利息，概与尔等收取，官不得而过问。尔等果能尽二三年之力，依法栽种，将桑秧培植长大，实为子孙无穷之利，亦何乐而不为。慎勿徘徊观望，致负本道谆谆劝谕之苦心，实为至要，其各凛遵，切切特示。右谕通知，同治十一年。

桑之利并于农，农必当春布谷，而种桑成林，叶可年年采之，则劳逸殊焉。蚕之事并于绩，绩必缕晰条分。而养蚕作茧，丝可乙乙抽之，则难易殊焉。何居乎？荣昌之俗力于农，勤于绩，而独不以蚕桑为急务也。或谓蜀地恐不宜桑，此其说非也，不闻武侯相蜀，亦曾有桑八百株。或谓蜀妇女恐不能蚕，此其说更非也，匹妇之蚕犹匹夫之耕也，有夫而不能耕者，宁有妇而不能蚕者乎？是皆不必为民虑，特患民未悉其方耳。余世居浙江，乡贡八茧之绵，栽桑育蚕咸谙其业。大凡桑子入土萌芽，三年可移以栽，又三年可接其本，至所接之枝盈握，叶遂大茂，以桑之最下者计之，每树一株采叶三四十觔，蚕则食叶一百五六十觔，出丝一觔，是有桑五株者可育一觔丝之蚕，有桑五十株者可育十觔丝之蚕。而自蚕之始生，以及成茧，为期不过一月，以此而较之农，岂不逸甚？以此而较之绩，岂不易甚？惜乎荣昌人未之知也。不宁惟是，桑叶之采而复生者，可畜牛羊；条之弃而不用者，可供柴火。又有茧衣可以为绵纩，茧饼可以织绵绸，而蚕沙蚕蛹更可藉以肥田亩。其有益于民用者，岂一二端所能竞哉！余莅任兹土几一年矣，每于公事之余，采择旧说，并忆向所闻见者，辑成《蚕桑宝要》一篇，分为四说，而以栽桑为第一说，以桑为蚕所由生，桑固育蚕之本也。书成急付之梓，邑之人遍观而尽识之。知地利无不宜桑，女工无不能蚕，其力于农勤于绩者，并以此为急务焉。是则余所厚望也夫。嘉庆二十三年冬月古越诸暨周春溶识于荣昌县官署。

蚕桑宝要

黎平胡长新，依遵义府志摹本，刻本，中国农业遗产研究室藏。

[编者按：农史资料续编第 257 册，动物编。附于常恩《放养山蚕法》后。目录有蚕事、蚕忌、蚕具、栽桑，附道光十九年（1839 年）劝民种桑示·遵义府知府黄乐之爱庐；次年再劝种桑示·黄乐之。]

跋 岁乙巳春，余家长新姪假馆于黑洞屯，宋姓见其地遍山皆栎，周环约二十四里。曾偕同志诸君觅人自遵义买种请匠，放养山蚕，以为吾郡兴利计。余闻甚喜，惜未获躬亲其事，良用谦然，既而公请于杨星垣郡伯，即蒙出示劝谕，余益喜其利之将有成也。第始事之初尚未能遽通商贾，在资本厚者茧成织绸，尚可从容售卖，而资微获绸少者，不无急切难销之虞，以故数年来信者固多，而实力遵行者尚少。今幸我沛霖常公权篆此邦，下车后本实心为实政，凡有益于地方者无不举，而尤以此为民生要务。爰采辑《放养山蚕法》著为一书，嘱余等仝校，特刊布以广其传，俾民间知获利之甚溥，诚盛世也。窃惟利在一时，不若利在百世，一时之利事犹易成，百世之利必几经岁月而后成。兹蚕利之兴，有力者倍权子母，无力者傭工受资，一岁雨妆，生生不已，非利在百世而何？乃杨公祖既示行于前，常公祖更谆勉于后，吾知法施既久，成效可期，在此时矣。谓非贻吾民以无疆之福乎？顾犹有以货难急售为虑者，是正不然。黎郡东去三百六十里为湖南会邑之洪市，西去百八十里为古州厅治，此皆舟楫辐辏，商贾云集之区，百货尚然，流通丝帛，何难载往？况所出愈盛，客商之入境妆买者，且比比矣。夫何虞货之壅滞也哉！继自今惟愿吾黎之人破除习见，当思官府为民代谋衣食，其勤勤恳恳，如此吾侪小人尚敢自惜心力，有山而任其久荒，有林而听其空植也耶！余虽年老力衰，不能荷锄负筐，为诸君导以先路，而窃幸吾黎大利之兴可计日待也。岂第为始事者慰乎！道光己酉年二月郡人胡万育谨跋时年六十有八。

跋 从来地利之兴端由人力，而人力之勤惰尤恃守土者为之区划，董率于其间。夫然后无旷土无游民，将使亿兆日食其德，而不知伊谁之赐，洵美政也。吾郡地处边隅，山多田少，向产油木最盛，久称富郡。近因伐之者众，其利渐微，无惑乎啼饥号寒，民生日蹙矣。丁未之冬，幸我沛霖公祖来权郡篆，下车后目击凋敝情形，因与绅士商及欲仿遵义种橡育蚕法，以为吾民兴利计，又虑乡僻未能尽晓，畏难苟安。爰采辑为一书，分晰条目，明白简易，嘱**熙龄**等同校付梓，匝月而工始竣，并令广为劝谕，实力奉行，从此吾黎家有是书，日夕相与讲求养生之道，庶民情不躭安逸，地利或可尽收，未始非公祖之大有造于吾民也，其贻泽讵有涯哉！旹道光己酉年春二月黎平张熙龄镜江氏谨跋。

跋　**长新**成童时侍先君宦游遵义，其地户业山蚕，食利甚溥。闻先君言吾乡木利不逮也，既旋里后，讶城乡贫苦者十室而九。细询则山童而田贇，比比皆然。尝读郑子尹师《樗茧谱》，窃念遵义山蚕出于槲，吾郡弥望悉冈阜，岂无有尽力地力者，间与从兄长吉道及，始知有郡南黑洞屯宋氏，其家种栎已两世矣。乙巳三月，乃同醵资约遵人以蚕种来，初获茧三十余万。嗣闻境内有栎之区尚多，丙午夏，以两载试行有效，公呈于郡，乞遍谕民放养。府宪星垣杨公向治遵邑，深悉其利，亟称善举，随出示亲辖及厅县绅民等倣照通行。是年冬**长新**计偕北上，迨戊申假归，而吾郡业山蚕者仍属寥寥，盖图始固若是之难也。幸府宪沛霖常公方锐意为民兴利除害，诸惠政熟在人口，尤殷然于谋民衣食，公余接见垂问谆谆。**长新**因以山蚕为请，蒙即广为示谕，复以令甲屡颁，而民罔知术，犹难从也。爰辑《放养山蚕法》，梓之。承命襄校，受而读焉，词皆明晰，情事详尽，施之民间，洵所易晓，于焉相率尽力，其有裨吾民者，岂浅鲜哉！昔程春海学宪有言黔富郡二，黎平以木，遵义以茧。今黎平油与木之利皆微矣。贤太守造福一方，谓除大害在兴大利，所以为民生根本计者至周。从此黎平之利能兴，庶得侔于遵义，仍可同称富郡，则后人之颂德者自应久而弗衰。又况种杉食利者土沃，必待三四十年，栎成食茧利，则不过三五年，杉一伐须再种，栎一种可十余伐，是茧利较木利更速且远。吾郡之人亦何惮始事之难，而不思食美利于无穷耶！道光二十九年仲春月黎平胡长新秄禾氏谨跋。

试行蚕桑说

高其垣撰，漳州府石码关大使高其垣刊呈，中国国家图书馆藏。

[**编者按：按序道光癸卯为道光二十三年（1843年）。书前附刊原禀。培养桑树法十五条、饲蚕法六十条、劝蚕歌。**]

序 窃以闽省负山滨海，地瘠民贫，物产所出不足以赡其身家。而女红虽欲克勤，又无所事事，求其可以利民者计唯蚕织便。垣籍隶浙省，每见闾阎于务农之外，多种桑养蚕，以资生计，故虽年岁不登，亦可借此以补助。盖自然之利莫厚于此矣。闽与浙接壤，其利可兴于浙，或亦可兴于闽。垣已将种桑养蚕大略面禀列宪，咸蒙恩准，饬即试行。兹更采辑前人所论蚕桑各书，著为说，禀请□转详。督抚宪札饬浙省采买桑秧一二万株，迅运来闽，以资栽种，至由浙雇人来闽教授种桑饲蚕纺丝各法，及预觅种桑空地，均由垣捐廉试办，并会同众乡绅广为劝教，俾民间咸知。一年之间不过二十八日之辛勤，较之别项营生终岁劳苦者利厚而功便，其亦乐为之而无所疑惮欤。

敘 省堂高君以所上《试行蚕桑说》刊示诸同好，予览之，慨然。夫吾闽之劳于贫也，久矣。水转涓滴，山崔嵬而耕。其劳也如是。然丈夫事耕作，而妇人不知有蚕织，寸丝尺帛，资于他郡，则财日益匮。高君浙产亲知蚕桑之利，以所习见习闻者条陈周备。循其说，可使地无不桑之土，家无不蚕之妇。更数十年食其利者亦乌有穷耶！夫高君非有牧养之寄，与夫董率之权也。居盐场职，岁额之盈缩出入即不留意，于民瘼夫谁得议其旷者。而毅然捐数百金，市桑本千里之外，购地以莳。招其乡之老于蚕桑者口导指授，为闽民开百世之利，可不谓贤矣哉！然犹曰试行之云尔。夫明知其事之必济，效可旦夕计，而姑讬于尝试之说，若千虑而一得。盖贤者之用心，其不伐于居功，固如此语曰："一命之士，存心利物，于物必有所济。"又曰："仕不必达，期于无愧。"呜呼！世所谓无愧与有济者奚在也，乃今于高君见之，予于是乐为之言。赐进士出身前任湖北按察使治愚弟林绂拜序。

序 农桑者，天下之大命也。一夫不耕则民饥，一女不织则民寒。民饥且寒，势必至于礼义亡、廉耻丧，此士大夫之忧，而亦守土者之责也。闽地二千余里，山海交错，地之可耕者少，其未耕之地每种茶蜡、麻苎、蓝靛、糖蔗、烟草之属，而独不种桑，岂地之有宜有不宜与，抑行之未得其道与。癸卯岁，山阴高省堂大使延余课徒，以所辑《蚕桑说》见示，且即欲试行于闽。夫桑之利与农并，桑者无终岁之劳，水旱之虞，什一之征，其利又似厚于农。然而欲兴其利者，有其志而患无其权，而有其权者又日鞅掌于簿书钱谷之中，而无暇及此。大使以利民为心，而欲为吾闽造无疆之福也。读是编，当益穆然于三代之隆也。赐进士出身工部屯田司主事兼都水司事前翰林院庶吉士武英殿协修通家治愚弟杨和鸣拜序。

劝采松花粉以供口食文 尝读石码关大使高君官章其垣台甫尊三《试行蚕桑说》一册，并原禀内有教民采取松花粉和面为丸可供口食等语，是知官吾闽者虽无转移富教之权，尚欲为闽之民谋衣食，至深且远，若此而吾之生长兹土者不反覆而传述之，则高君之良法美意不彰，吾闽之人卒不能获蚕桑之利与松花粉之益，相形不兹愧乎？至栽桑饲蚕之法，高君浙江人也，力任其事，创千百年纺织之祖，诚善举也。俟高君办有成效，再为乞种分布焉。唯松花粉之利取之甚易，用之不竭。诚如高君所云，闽省山多田少，松树之茂百倍江浙。浙之近山居民知采松花粉，做成糕饼粿团，或售人或自食，于口粮不无小补。闽之山居者不知采取，听其谢落，非自弃也，无以教之也。兹特广为指示，凡属山乡居民，每岁正二月间，当松花盛开之时，树下铺以竹席等物，将松花剪取晒干，碾粉，筛净，收贮坛甕，有时和入米面、番薯各粉，熟而食之，其味香美，久服并能益寿。查吾闽深山大谷中，松树成林，或数千株，或数百株不等，环而采之，可供一月之食，即省一月之粮，越采越多，并可挑进省城、府城、县城，或以升计，或以管量，转售于人，其利自溥，于居乡贫民大有裨益。予官江苏，与浙之嘉杭二府属舟楫相往来，尝买松花粿，食之味甘而色碧，高君之言信而有征矣。用敢广为布告，俾吾闽之山居者，知所采取，受食有资，他日与蚕桑之利并行不朽，所谓圣人以美利利天下者此欤。道光癸卯冬月前署江苏苏州府知府星垣陈经书于闽山之听涛轩。

蚕桑事宜

邹祖堂，道光丙午（1846年），板存安省城内马王庙，栅口左集文唐刻字店，中国农业遗产研究室藏。

[编者按：南京农业大学有两部，其中一本封皮署“滁州直隶州正堂周敬送”，板存安省城内韦家巷王德濉刻字老铺。另一本钤印“邹树文先生赠书”，板存安省城内马王庙，栅口左集文唐刻字店。]

《劝兴蚕桑说》　农桑为养民之本，耕织乃足民之原。于以见力田者，不得偏废蚕桑也。然必土宜地广，兴养得法，方可有济。堂自辛丑岁承乏建平之梅渚，窃见建邑之地，绝少土产，建邑之民鲜有盖藏，所恃以养生送死者，惟藉秋成有望，稍有赢余，又复耗于迎神赛会演戏进香等用。每当丰熟，尚不免称贷以生，一遇偏灾，即致兴饥寒之叹，势使然也，心切忧之。堂不材，毫无建白，惟生长江南，习知蚕桑之事。因思建邑，域属扬州，则其土为宜；邑多旷野，则其地有隙；道通江浙，则其法易得。岂尚可因循姑待，不为之力兴蚕桑，而使地有余利，民有余力乎？爰请于上宪，上宪曰：可告诸绅耆。绅耆曰：善。于是议其规条，刊其法则，禁偷窃。复使人至湖州等处，拣买桑秧，付诸民间，广栽空隙之地。养蚕收丝，不无小补。年年获利，民可使富。从兹兴书院设义学，延明师化育人材。庶几掇科联甲，雍雍乎称文物之邦也，不亦美乎。勉之望之，是为说。旹在道光丙午十月既望吴县邹祖堂书于勤慎堂中。

劝种橡养蚕示

吴荣光。牧令书，卷十农桑下，道光戊申（1848年）秋镌，中国农业遗产研究室藏。

[编者按：吴荣光，号荷屋，广东南海人，嘉庆己未进士，官至福建布政

使。道光戊申为道光二十八年，中国农业史资料第 52 册，抄本，植物编，柞类。]

《劝种橡养蚕示》　照得本司莅任以来，访察黔省，地固瘠薄，民多拮据，推原其故，由于素不讲求养生之道，则地利不能尽收。而民情又耽安逸，无怪乎日给不暇者多矣。查遵义府属，自乾隆年间，前守陈公来郡，知有橡树，即青棡树，可以饲蚕。有蚕即可取丝，有丝即可织绸。随觅橡树，教民树艺，并教以养蚕取丝之法，故至今日遵义茧绸盛行于世，利甚溥也。他处间有种植青棡树，惟取以烧炭，并不养蚕，且树亦无多。若将不宜五谷之山地一律种橡养蚕，则民间男妇皆有恒业，其中获利不独遵义一府矣。查种育之法，其树有二，一名青棡，叶薄；一名槲栎，叶厚，其子俱房生，实如小枣。植法于秋末冬初，收子不令近火。冬月将子窖于土内，常浇水滋润。逢春发芽，无论地之肥瘠，均可种植。三年即可养蚕。春季叶经蚕食，次年仍养春蚕，或养秋蚕亦可，须隔一季。四五年后可伐其本，新芽丛发，又可养蚕。其春秋二季养蚕及取丝之法，各有不同，一得其法，殊不为难，端在地方官首为之劝谕也。此时种树饲蚕，大率皆知，更非从前陈守之创始者可比。惟收买橡子，必须价本。如令民间自备资斧，远处收觅，亦势有所难。兹本司筹办经费，委员前赴遵义定番一带，采买橡子，收贮在省，各府厅州县酌量多寡，赴省领回，散之民间。劝谕居民，无论山头地角，广为种植。二三年后，即可成树。俟至可以养蚕之日，由地方官查明申报，仍由省收买蚕茧，散之民间，令其蓄养于树。凡收买橡子蚕茧，无须民间资本，不过自食其力而已。至种橡育蚕之法，现在刊刻条款，先发各府厅州县，随同橡子，分给居民。及将来散给蚕茧，均交各学教官率同乡约地保分散，丝毫不经胥吏之手，以期实惠及民。至成茧之日，务宜缫丝售卖，盖售丝之利倍于售茧也。为此谕仰阖省军民人等知悉。尔等于耕作之外，更宜尽力蚕丝，俟橡子及条款发到该管衙门，即向教官及乡地处请领。如法照办，凡书役人等，不许经手，以副本司筹裕民食之至意。所以养蚕事宜五条开后。

纪山蚕

王沛恂。牧令书，卷十农桑下，道光戊申（1848年）秋镌，中国农业遗产研究室藏。

[编者按：王沛恂，字汝如，号书岩，山东诸城人，官至兵部主事，有《匡山集》。道光戊申为道光二十八年。]

吾乡山中多不落树，以其叶经霜雪不堕落得名。一名槲，叶大如掌。其长而尖者名柞，总而言之曰：不落，皆山桑类。山蚕之所食也，蚕作茧视家茧较大。《禹贡》“莱夷作牧，厥篚檿丝。”颜师古《注》“檿，山桑也。”作牧，言可畜牧以为生也。苏氏曰：惟东莱有此丝，以为缯，坚韧异常，虽朴质无文，然穿着多历岁时，故南北人通服之。人食其力，习为业，勤苦殆有倍于力田者。初春买蛾下子出蚕，蚕形如蚁，采柞枝之嫩叶，初放不及麦大者置蚕具上，捆枝成把，植浅水中，不溢不涸，方不为蚕患。看守不问昏晓，谓之养蛾。保护如法，蚕长指许，纳筐莒中，肩负上山，计树置蚕。场大者安放三四十千，次则二十余千，或十余千不等。狐狸、狼、鼠、莺、鸱、鸟雀、蛙蟆、虫蚁，无巨细，皆嗜蚕，防御疏则饱无厌之腹，以故昼则持竿张网，夜则执火鸣金，号呼喊叫之声，殷殷盈山谷，极其力以与异类争如此者。两阅月，鸟兽昆虫之所余者十才四五，顾又有人力不得而争者，旱则蚕枯，涝则蚕濡，虽经岁勤动，而妻啼儿号不免矣。嘻！四民莫苦于农，而蚕夫则又加甚，记之以志感焉。

蚕桑说

李拔。《牧令书》，卷十《农桑下》，道光戊申（1848年）秋镌，中国农业遗产研究室藏。

[编者按：道光戊申为道光二十八年。]

《蚕桑说》　圣天子加意农桑，每岁必亲视蚕，收入供御。蚕桑之利遍于天下，闽中天气和暖，理宜蚕桑，徒以难于创始，大利遂秘。予蜀人也，习蚕利，来闽历守二郡。曾于署内试养良丝厚茧，俱有成效，信乎闽之宜蚕也。顾欲养蚕必先树桑，桑之种类不一。一名压桑，春初取桑枝大者长二三尺许，横压土中，上掩肥土约厚二寸。半月后，萌芽渐长。三四月后，可四五尺。次年立春前后，剪开移于他处。二三年即成拱，叶可饲蚕矣。一名子桑，乃桑椹所种，四月取黑桑椹揉碎，用粪灰和土种入地寸许。一月发芽，三四月可长二尺许。再逾年移种，四五年始成。树仍结子，惟叶稍薄，然任砍伐，枝可为薪，取叶又甚易，养蚕者利之。而吴越之间，每取压桑条移接子桑，其叶更美。一名花桑，亦由种子而成，其叶与压桑相似，但有花无实，与子桑异，不可多得。湖州所种皆小桑，蜀中多大桑，此种桑之异法也。养蚕之法，立春日取蚕种置地上或草间，使受春气，随置温暖处，日以为常。越十余日，自出小蚕，如蚁蠕动，视其多寡，用鸡翎扫下，每日一次，各为一处，以免参差。初生盛以筐，藉以纸，先用柘叶食之，如无柘，用桑亦可，每日喂三次。天气晴暖，约七日，即当初眠，眠则蚕不食，渐藏叶下，视眠者过半，即暂停，无与食。伺蚕蜕大半，起而后食之。初与食，不可多，多则伤食病死。渐长渐多，筐不能容，移于曲箔，蜀中呼为簟。二三日一次摊开令稀，扫去蚕粪，以利其气。蚕性喜温暖，宜向阳洁净，毋使近阴暗及污秽恶臭，犯则蚕瘟，故蚕妇不近丧门，不食蒜韭，良有由也。初眠后，约七日而再眠，又七日而三眠，停食，俱如初眠时。三眠蚕长寸许，蜀中呼为大眠，谓过此则不复眠也。蚕既三眠，食叶有声如雨，投之立尽，每日三食，夜则燃灯照之，蜀中名为催老蚕，则举家忙也。约食二十三四次，蚕则老，不复食，置簇上，令作茧，渐多，不胜摘，则多置叶其上，而覆以草如菊梗竹枝之类，蚕老者，次第而上，其前后亦不甚相远。如遇天冷，下置火温之，四五日便成。黄白二茧各取归筐中，黄者缫为黄丝；白者缫为白丝。缫丝之法，大釜沸水，入茧一升，搅出丝头，置一木长，径釜上，立三柱，置二小车，长五寸，径二寸，下钻竹管，各一抽丝，头由竹管出，绕小车周匝，而后引入大车，车制宽尺六寸，径四尺五寸，前轾后轩，后二柱架，车前二小柱，作机纳丝，二竹钩下，分为二行，上大车，每运车，则机随车往来，疾徐如意。每抽茧丝，尽则蛹出；不尽者，再搅而抽之。有不上头者名水茧去之；破头者入水即沉，镇以石，毋令再起，乱丝，每次添茧半斤，佳者煮茧三斗，可得丝二斤。即宜下架，轴作一束，如绳，挽其末，如髻，即可贸。川中每斤价自八九钱至一两不等，惟其时耳。川中又有水丝，取法与火丝略同，惟煮茧取头后即下冷水，盆中缫之，与火丝小异，色光而细，可作绫缎经线，然取之较少，故价少贵。闻湖州蚕皆火丝，每年桑重生，复养蚕，故有头蚕二蚕之别，此蜀中所无也。蜀中墙下树桑，宅内养蚕，以为常业。蚕初生每重二钱，长大可满一簟，簟长一丈二尺，宽五尺，编竹为之，屋中立四柱，柱下有十齿，作架盛簟挂上，可容五簟。养蚕家多者二百簟，少者亦十余簟，每簟可得丝一觔，若得丝二百觔，则小康之家也。又蚕初生至成丝时，仅四十日，获利最速。其粪可饲豕，水可肥田，柴可炊爨，故人皆宝之。每蚕熟，置酒相贺，又择其茧之佳者为种，出蛾分雌雄，配对半日分开，承以绵纸，令下子满纸收贮，为来岁计，其出蛾遗茧，可制绵绸，并无弃物。妇工女红，以助男耕，心无外用，风俗可淳，岂不休哉？吾悯闽民之昧厚利穷生计而莫为之所也，作是说以导之。

放养山蚕法

常恩，同治甲子（1864 年）重镌，黎郡藏板，刻本。中国农业遗产研究室藏。

[编者按：南京农业大学藏中国农业史资料第 254 册，动物编。书后附《遵义府志》摹本《蚕桑宝要》，三序另见《蚕桑宝要》条。北京大学藏常恩抄本，条目有《蚕种》等二十六条，道光二十九年（1849 年）二月上浣长白常恩沛霖氏撰序附后。天津图书馆藏道光己酉（1849 年）春镌本，仅有常恩序。]

重刊序　岁己酉，余与镜江张君仁山，族叔襄校《放养山蚕法》，刊布城乡。越辛亥开泰，陶实卿邑侯给士民二十五金为放养资本。壬子，胡文忠公方守黎平，特发百五十金，令民间赴遵义买种放养，黎郡蚕利已大有可兴之机矣。乃偶因雨雹鲜收，他或工作不给，虽获利而仍未普行。迨苗变教匪叠起，连村焚劫，民苦于兵，腴田鞠为茂草，遑问栎林之金钱哉！癸亥，郡中同人复醵资赴遵购种觅匠，又以间关阻兵，致者甚少，但冀有志竟成，愈推愈广，此则恃乎吾郡父老子弟之力也。彭生应珠请取《放养山蚕法》重刊之，欲远近见是书而益勉于行。爰并刻《蚕桑宝要》合为一编。昔余从郑先生望山堂移归桑柘数小本植舍后圃中，今紫葚绿阴，树皆拱把矣。近来人家分栽者，种艺渐繁，倘贤人君子实力讲求，俾家蚕与山茧一时并举，是终成吾郡无穷之美利，以克副诸大夫为民之盛心，尤私衷所深幸也夫。同治三年岁次甲子夏五月黎平胡长新子何氏序。

序 丙午之冬，余奉命出守安顺，莅任数月，移摄黎平。黎郡居黔之东南隅，距省治八百余里，界连楚粤，汉夷杂处。余深以禁暴安良，弗克胜任为惧。朞年来留心体察民情，颇觉驯伏，惟地与邻省犬牙相错，奸宄时出没其间，而境内赤贫无藉者亦往往阑入。案发被获，鞫讯之下，每恻然伤之，吾民具有知识，岂甘以身试法，而不惜乎哉？盖有所不得已也。此邦素称殷实，岂至今凋敝而不可复振乎哉！盖谋生养而未得其道也。每值公余进绅士之晓畅公正者而备询焉，并据现在切实情形而细揣焉，信乎安民非除害不可，而除害非兴利不可，然欲除大害，尤非兴大利不可。黎郡山多田少，物产本不甚饶，向恃杉木、茶油，通商便俗，今则斧斤日甚，四望悉童山矣。行部遍历屯寨，每见栎树成林，民苗徒以供薪炭之用，良可惜也。余商诸绅士，方欲以山蚕之法教民，而郡进士胡君长新谓上年曾约同人自遵义买种试放，颇获成效，第憾一时未能通行。余曰：此大利也，小民乌能尽知，申明条教，实守土责耳！爰为剀切示谕，劝民种栎养蚕，又虑乡僻囿于见闻，茫然莫解，乃旁搜旧说，加以新采，著为《放养山蚕法》，语取明白简易，刊布民间，俾得家喻户晓，谅无不欣然从事。余非敢自谓尽心于民也，特以救瘠苦之区，使各安其业，而乐其生，庶几衣食之源既裕，奸邪之念不萌。即有诱之为非者，亦不至为所惑。于以享太平之福，吾民不重有幸耶！是法也，仿于遵义前守陈公。遵义毗连川蜀，地硗确而民杂聚，由开此利，故自乾隆初富庶至今。尚冀为吾民者实力奉行，须知为尔等身家起见，从此互相劝勉，勿得自图便安，将大害去而大利兴，是尤守土者之所深幸也夫。道光二十九年二月上浣长白常恩沛霖氏撰。

(劝襄阳士民) 种桑诗说

周凯，刻本，中国农业遗产研究室藏。

[编者按：中国农业史资料第 85 册，植物编。刻本，书中有劝襄民种桑说三部，种桑诗说序，饲蚕诗序。]

题辞　第一廉明守，心厪抚字方。政成敦本计，法约劭农章。煖课花田雨，寒惊蔀屋霜。噢咻民母意，治更轶龚黄。

未识蚕缫务，亲传种植经。志详前食货，诗补古箴铭。五亩新栽缘，于家借荫青。土宜思布利，造福赖苍生。

克广西陵教，三年政驭宽。豳风惊懒妇，月令肃农官。衣被群生易，经纶独创难。拔茶新政好，莫作等闲看。

《耕织图》成咏，奎文诵圣章。勤宣天子德，化被孟公乡。春树桑田影，新丝柘馆香。大堤官舍在，即此仰甘棠。

湖北省学使者姻侍生李浩题。

《劝襄民种桑说》一　农桑者天下之大命也，一夫不耕则民饥，一女不织则民寒。民饥民寒，强者为非而罹于法，弱者贫且死自古为然，独襄阳云乎哉！余守襄阳二载，见民之于耕，不遗余力，崇山峻岭，尺寸之土，罔不开辟。其不宜黍稷者，艺薯芋杂粮以为食。而民之贫犹是，岂力之不出于身与？抑货之或弃于地也。《孟子》曰："五亩之宅，树墙下以桑，五十者可以衣帛。"《史记》齐鲁千亩桑，其人与千户侯等。是以《礼》天子躬耤以教耕，后妃亲桑以教蚕，诚为天下裕衣食之源，而所以为民命计者深且远也。今襄阳妇女其蚕与否，余不之知。余遍行郊野，经历村落，见夫萧萧者杨，濯濯者柳，桐桧楸梓花果之木，间或有之，而未见有桑阴十亩者。夫桑以饲蚕，无桑则无蚕矣。农之于耕，竭终岁之劳，一熟再熟，所入可计，而有水旱之虑。蚕则数月之工，妇女之事，无水旱之虞，利与稼穑等。且农按亩计税，有什一之征，而桑无征，尔襄民何惮而不为也？栽桑之地，不妨稼穑，墙角、畦稜、道旁、场圃，间隙之地，皆可栽。一家栽十五桑，计得叶若干，饲蚕若干，获茧若干，以丝以帛，以供一家之需，余可以易财粟。桑宜野，《诗》曰："阪有桑"，桑宜山，《诗》曰："南山有桑。"桑之叶可以蚕，桑之实可以酒，桑之木可以为薪，桑之皮可以为纸。邻近荆豫皆有桑，尔襄民亦何虑而不为也？而余犹惧民之难于图始也。《管子》曰：十年之计树木，利在十年后，而先弃工资于今日，是利未入而已费。今余先从远方购小桑八百余，栽之万山之下，大堤之上，示以栽种接压之法。盖桑之为类不一，宜接宜压，而叶始肥，任尔民采其枝条接压之。尔襄民又何乐而不为也？昔者范纯仁知襄城，课民种桑。张咏治崇阳，拔茶种桑。沈瑀为建德令，一丁种十五桑。余何敢与古人比。余见尔民之墙角、畦稜、道旁、场圃间隙之地，有大利焉，而不知取也，故为说以劝之。尔何忍使向之萧萧濯濯者占尔栽桑之地也？

《劝襄民种桑说》二　或者曰：蚕桑之利宜东南，不宜西北。遂疑襄阳近西北，非桑所宜。此泥读《禹贡》之说也。《禹贡》兖州曰："桑土既蚕"。青州曰："厥篚檿丝"，山桑也。他州概未之详，不知扬徐，东南也，八辈之蚕，赋于吴都。《禹贡》亦仅曰："厥篚织贝"，厥篚元纤缟而已。考之诗《豳风》："蚕月条桑"，《唐风》："集于苞桑"，《秦风》："止于桑"，"桑者闲闲"咏于魏；"鸠鸠在桑"咏于曹；"说于桑田"咏于卫。按古今疆域计之，冀荆豫梁雍皆宜桑，利不独东南也。且襄阳古称南国。诗云："滔滔江汉，南国之纪。"《周礼》正南曰荆州，襄阳南属荆，北属豫，介荆豫之交。荆州厥篚元纁玑组，豫州厥篚纤纩，纩细绵也。纁绛帀，组绶属，皆丝所织，不桑不蚕，其何以织？昔北燕冯跋下书令百姓种桑。辽无桑，慕容廆通晋，求种江南，而平川有桑息。张天锡归晋，称北方之美桑椹甘香。凉燕皆处西北，且曰桑为有生之本，利尽西北矣。何独东南？其尤足为襄阳明证者。先贤传载司马德操躬采桑后园，庞士元助之。《齐书》载：韩系伯桑阴妨他地迁界，邻人愧谢，此三子皆襄阳人，则襄之宜桑必矣。或者曰：橘踰淮为枳，非木之性，迁地勿良。按《农书》：“荆桑多椹，鲁桑少椹。”《禹贡》：“厥篚檿丝”。《注》：“鲁桑宜饲大蚕，荆桑宜饲小蚕。”则荆自有桑，与鲁桑并著。《襄阳志》载：物产桑及山桑、素绢。谷城之庙滩有绢，南漳之东巩有丝。接壤当阳之河溶有河溶绢，天门有天门绢，荆有荆绸。尔庶民试则而效之，加以压接壅溉之法，安见其变而为枳耶！或者曰：襄有木棉之利，与蚕桑匹。按木棉古吉贝，树高丈余。今之所艺者，草本木棉。《群芳谱》所谓班枝花也。可为絮为布，絮与帛同功。《礼》童子不裘不帛。帛煖，恐损幼者筋骨。七十非帛不煖，言老者非帛不足卫其筋骨也。尔即知织木棉以为布矣，曷不织茧丝以为衣乎？况艺木棉以亩计，侵稼穑之地，有芟柞之工，水涝之虑。桑则树之墙角、畦稜、道旁、场圃，闲隙之地，较木棉为尤便。且尔既有木棉之利矣，益以蚕桑其利不更溥哉！尔襄民何其未之思也？

《劝襄民种桑说》三　余非仅与尔民言利也。余甚悯襄之妇女无以专其执业而壹其心志也。妇人无事，以蚕织为事。士、庶人之妻，亲蚕以衣其夫，余力足以自食，而心始贞。比者余行郊野，见贫民妇女，操耰锄，杂耕耦，心窃异之，谓诗言馌不言耕也。乃未几而妇讼其夫矣，未几而夫讼其妇矣。**襄多妇女拐逃抢嫁买休卖休之案**。妇人不再斩。**斩衰为其夫服**。今襄之戒鸡鸣矢柏舟者，盖亦有人，其不止于再醮者，比比然也。娶者不以为非，嫁者不以为耻，羞恶之心，人皆有之，岂其心之殊人哉！夫亦无业之可专，无志之可壹而力不足以自食也，不桑故也。《周礼》：宅不毛者出里布。毛桑麻之属，典妇功之织，专授女工之事，秋献功，辨其苦良。谓妇女不亲丝枲，则耽于逸乐，而淫邪易生；闾师不蚕者不帛，与不耕者祭无盛同罚，谓不亲其事，即不得用其物。抑之使不得齐于侪人之礼，耻之也。圣王之所以设官分职，不惜委曲繁重而为民谋者，诚以农桑者养民之生，即以正民之心也。鲁敬姜之言曰：“凡人劳则思，思则善心生；逸则淫，淫则恶心生。”劳者多富，逸者多贫。富则礼义之心生，贫则奸盗之心生。《孟子》曰：“民无恒产，因无恒心，苟无恒心，放辟邪侈，无不为矣。”夫民而至于放辟邪侈，忍言乎哉！今襄之明礼义者不必尽出于富，而其为盗贼奸邪者及抵于法无不诿咎于贫，推其致贫之由，则恒产恒心，劳逸之论，间不容寸。余虽无善于襄，余既知桑之为利矣，又何忍使襄之民坐失衣食之利，因饥寒陷法网于不自知，而不之说也。是孔子所谓虐，孟子所谓罔民者矣。五亩之宅，树墙下以桑。孟子于梁齐三致意焉。《管子》曰："仓廪实而知礼节，衣食足而知荣辱。"扬子曰：男子亩，女子桑，习其耳目而定其心思，娴其道艺而世其家业，无非以道率民，其尤深于家塾党庠之为教乎！余因种桑之说而推言之，使尔民知农桑之利如彼，不农不桑之害如此，自古迄今，无二理也。故曰：农桑者天下之大命也。

《种桑诗》序　余自荆之远安购小桑八百余株，种之大堤之上，皆柔桑也。移栽未善，活者十之七。访之老农得栽种法，又考襄阳本有桑，叶尖小而缺，有刺，性坚不宜蚕。居民以桑为界，取其易生，长即伐之。即饲蚕得茧，仅堪为帛，售诸豫人以为绵绸。其桑盖荆桑类也。按《农书》：荆桑薄而尖，枝干条叶坚劲。鲁桑圆厚多津，枝干条叶丰腴。荆桑心实，可为树，能久远，当以鲁桑枝接之，则久远而又盛茂也。《农书》又载压条法。《齐民要术》及《氾胜之书》载种葚法。余浙人，浙重蚕桑，解种桑法，不能家喻户晓。商之诸牧令，又非文告所能悉。因思士为四民之首，耕读相兼者，多士为之倡，民必从之。遂讬之吟咏，分十二题，各系四十言。幸襄之能文者广为传述之。

《饲蚕诗》序　襄之民果从余种桑矣，三年而桑茂，十年而桑大茂。而余又虑其饲蚕之未善也，附饲蚕法。按《蚕经》：蚕之性喜静而恶喧，故宜静室；喜煖而恶湿，故宜板室。室静可避人声之喧闹，室板可辟地气之蒸郁。尤宜密以避风、火以助煖。又《蚕书》：饲蚕弗以雨露湿叶，《礼祭义》三宫夫人桑于公桑，风戾以食之，是也。《淮南子》曰："蚕食而不饮，二十七日而化。"夫竭二十七日之力而得茧，何其工之省且易乎？蚕具以箔以簇，竹苇所为。闻襄之事蚕者，以席置诸地，厰其屋，不加火，宜咎蚕之难养也。余将延浙之善蚕者以教尔蚕。然桑未茂，其事有待，姑就余家人所素习者，分为十二咏，附种桑之末以示之，其成丝而后，为织不一，尔襄民当自求之也，且勿之载。

再示兴郡绅民急宜树桑养蚕示

叶世倬，中国农业遗产研究室藏。

[编者按：南京农业大学藏中国农业史资料第85册，植物编。抄本，仅为政论文章。]

为辨明兴郡桑蚕风土相宜急宜树养事。照得秦人业农不业蚕，总由不知古人蚕桑成法，致使坐失美利。是以本府今春，特刊《蚕桑须知》一书，具详树桑、饲蚕、蒸茧、缫丝之法，遍示各厅县绅民。并条举利益，剀切劝谕在案。近闻该绅民私议，以《圣谕广训》重农桑以足衣食一条内，有"树桑养蚕除江浙、四川、湖北外，余省多不相宜"之句，妄生疑虑。以山中现隶陕省，恐非所宜，似本府前谕有不可行者，殊属非是，不可不与尔绅民明辨之。恭绎圣谕，"多不相宜"一句，原非为通省郡县言也，今就陕西而论，如延安、榆林等府，鄜绥等州，极北，土燥风寒，原不宜蚕。至此外各府州，即无不宜者。诗云："遵彼微行，爰求柔桑。"是为豳民咏也。邠州偏在省西，气候较寒，尚可养蚕，则凤翔、西安、同州等府，无不相宜，便可想而知。况兴安处处与四川、湖北接壤，同一风土，更非西同凤三府可比。地湿宜桑，气暖宜蚕，自无可疑。此本府到任，所以汲汲为尔绅民劝也。今若以兴安地属陕省，遂疑实不相宜，以蚕桑之业，独归川楚，则误会圣谕，失之远矣。又本府访得汉中之洋县、城固、宁羌，兴安之平利、汉阴，向来即多养蚕之家，著有成效。尔民取则不远，亟宜仿而行之。春令联屈，所有养蚕器具，急宜遵照前颁书内图式购办并预购蚕种，以备应用。切勿狐疑自误，有负本府钦遵圣谕，谆谆为谋小民衣食本意。

贵州橡茧诗

附各说（又名《橡茧诗》）·程恩泽辑，中国农业遗产研究室藏复印本。

[编者按：书中辑录吴荣光、郑珍、宋如林、张经田、刘祖宪等撰写内容。]

《橡茧诗》并序程恩泽　黔郡州十三，富郡二：曰黎平；曰遵义。黎平以木，遵义以茧，茧不以桑，以橡。然非创于遵义人也，乾隆间陈君实教之，于是食茧利凡数十年。春秋茧成，歌舞祠陈君如生。道光三年冬，泽试遵义，旋过橡林间，风策策然叶鳞鳞然。记所历郡皆有橡，不以茧。今过平越都匀，土益沃，宜橡。因叹曰：处处有橡，处处可茧也，富独遵义乎？过镇远，见方伯吴，廉访宋，颁令甲劝民种橡词：恳恳著街亭，时夕阳烂如。驻马读之。过思南，遻万校官世超，韡札出，则方伯廉访督使巡上下游，购橡子，教播种，期三年成，食茧利。嗟乎！居尊官亲民，为谋百世利，思深哉！可谓君子儒矣。黔土瘠，黔民劳，劳无所获，遂颓废不自振。晓之曰：利在某，不信视某地。民蘧然顾墙角畦稜，有美荫，皆金钱。其黠者，又虑利与害俱，且榷之。晓之曰：有百世利，无一日税也。则又虑购茧器织具，纷然，资未入先贷。晓之曰：如购种法，皆官为。夫民骄子弟，官慈父母也。骄乃惰，慈乃周，以周起惰，惰乃勉，皆可学而能也。数岁利必若遵义，富甲西南维矣。泽职在文字咏歌之，可乎？分题十，各系四十言，附长篇一，则旧冬作也。

蚕桑录要

黄恩彤，山东省博物馆藏。

[编者按：此序出自《宁阳县志》卷之十九艺文序。亦有《知止堂集》卷十一序言，略有差异，后附“咸丰初元岁直辛亥（1851年）蚕月上吉，秀野

亭生黄恩彤撰”。同名书有《蚕桑录要》，撰者不详·光绪二十八年（1902年）五月，清江溥利公司刊印本（全国农业展览馆藏），主要内容种桑法、养蚕法、附养蚕宜忌。]

《蚕桑录要》序 古者蚕事与农事并重，匹妇不蚕，是谓失职。自天子、诸侯必有公桑蚕室，后、夫人躬桑亲蚕，以为民倡，载在《礼经》，至为隆备。山左徐兖旧域，自古宜蚕。怀襄初奠，桑土肇兴，织文纤缟，列诸方物。太史公传《货殖》亦曰：“齐鲁之间千亩桑，其人与千户侯等。”汉于齐置三服官**如今织造**，乘舆服御，咸取给焉。盖桑蚕之利溥矣。自典午南渡，沦为戎索。厥后南北兵争，民靡安处，旧俗渐失，蚕功亦废。繇是遗法，传入江南，而河济之间迄今渺焉难复。余宦游吴越，爰及岭海，所至观风问俗，野多闲闲之阴室，有札札之响，盖鲜不以蚕桑为亟。比乞养归田，询诸父老，大抵视若缓图。间有富室闺娃、蓬门寒女，闻戴胜而夙兴，执懿筐以从事，又未免卤莽灭裂，十无一获。偶有薄收，得不偿劳。良由素乏讲明，罕喻厥理，唐肆求马，洵可忾叹。间于定省之暇，取前明阁老徐文定公所辑《农政全书》，流览一过，于中蚕桑一门，颇为详悉。惜其搜采繁富，尚少剪裁，往往重复错综，首尾颠倒。闾阎寡昧之士，猝难得其伦脊。用是殚心校勘，重加排比，芟冗录要，汇纂成书，第为五卷，共分三十六目，八十六条。凡蚕事之利弊功过，先后次序，与夫桑之品类，以及树艺之宜，采捋之方，厘然井然，寓目可了。将于量晴课雨之余，与田翁野叟肄业及之，俾各教其家，相率而勤妇职。非敢云复桑土之旧俗，广《货殖》之遗编，庶几于方隅生计小有裨益云尔。

沂水桑麻话

吴树声。

[编者按：按序咸丰四年（1854年）。讲述山蚕。]

环沂邑大半皆山，其大者即《周礼》之东镇沂山也。巍然峙于邑之北。

其东北、西北、西南一带，皆层峦迭岩，山石确荦，鲜有沃土。又沂沭两大水皆出邑境。沭水经沂境百余里，即入莒州境。沂水自沂河头发源起至沂之葛沟庄止，曲折经行于邑境者几四百里焉。每遇夏秋之间，滨两水之左右岸居者，岁岁苦涝，甚且漂溺畜产室庐，人有其鱼之虑。以故，沂境虽辽阔，则壤成赋之地甚少。其风俗又富者连阡陌，贫者无立锥，又不善治生产，于是富者亦贫，贫者乃益贫。夫礼义生于富足，民无恒产，因无恒心，无怪地方日以多事，而风俗亦因之不古也。余于癸丑春摄邑事，凡七阅月，而得代，簿书鞅掌，足迹遍于四乡。余既悯邑人之不善谋生，而又虑风俗之不能还淳。因于足之所经，必召其秀者与父老勤勤咨询。邑人既喜余之质，又乐余之宽，故问无不言，言无不详，余皆心焉志之。回忆乡居时，好读农桑书，亦时有所得。大要不外“生之者众，食之者寡，为之者疾，用之者舒”四语。沂之民往往与是四语相反。余既与沂民习，因以目之所见，耳之所闻，证之载籍。考之沂邑之风土人情，有可以药其困而厚其俗者，辄笔之于册，颜曰：《沂水桑麻话》，盖在沂言沂也。若泛论农桑，则农家者流其书亦何尝不汗牛充栋，又何俟余之摭拾也哉！咸丰四年岁次甲寅仲冬月，保山吴树声。

蚕桑合编

沙石安，道光甲辰（1844年）季冬镌，本衙藏板，澳大利亚国家图书馆藏。

［**编者按：目前发现版刻最早的一部。陕西省图书馆藏《蚕桑合编》道光乙巳（1845年）季夏，丹徒县正堂沈重镌板存县库。原序落款为何石安。南京图书馆藏《蚕桑合编》一卷附图说一卷·何石安，内附《丹徒蚕桑局规章程》，此书序落款何石安，应与丹徒县版一致。**］

《蚕桑合编》序　吴中田赋之重甲天下，夏秋二税之外，加以漕粮之费，民无余蓄，每用愁焉。吴丝衣被天下，每岁丝市聚于湖州之双林。近则吴越闽番，远及西洋番舶，贸迁百万。是以田赋虽重，而民不至匮。太仓之嘉、宝，地宜木棉，则漕收折色，亦较各邑漕困为少甦，岂非稼穑之外，自有余利哉？顾木棉必沙地，而桑则无壤不宜，何以其种，南不逾浙，北不逾淞，西不逾湖，仅行于方千里之间，而隔壤即无桑种。谓土之不宜耶？无论苏之吴江、震泽，桑半于稼，织半于耕。即常州之宜兴、荆溪，镇江之溧阳，皆有丝市。至丹徒，则地不濒太湖。而近日设局，种桑育蚕，亦有成效。谓吴中地无遗利耶？则村落、塍圩、墙隅、道畔，隙地甚多，初无妨于蔬穑。谓人力不逞耶？则吴中贫妇，往往操锄耦耕。何如蚕妇女工自修内职，而不行于野。且一岁中，仅竭三旬之劳，无农四时之苦，无水旱之虞，而坐收倍耕之利。谓其事之不习耶？则邻壤相望，止须傭一蚕妇，一种树之工，教幼丁童女为之。初无南北风土之隔，是桑利可佐田赋之穷，明矣。可行于苏松，并可行于常镇，又明矣。近世陈文恭公抚陕、宋仁圃廉访治黔、周芸皋太守治襄阳，均以劝兴桑蚕著绩，何况吴越接壤之地。柱藩吴以来，思所以纾吴农之困，佐其养生之资。既檄行各属，剀切示谕。复取近人所著《蚕桑切要》，及《丹徒蚕桑局章程》刊布，加以图说。并仿制器具，颁行所部。或曰：陈、宋诸公行诸地旷赋轻之地，非其所施于土狭人稠赋重之区，奈何舍穑事谈桑事？答曰：正惟其土狭人稠赋重，农田所入不足供上，乃必以桑佐穑也。上田亩米三石，春麦石半，大约三石为常。漕赋之外，所余几何？今桑地得叶，盛者亩蚕十余筐，次四五筐，最下亦二三筐。米贱丝贵时，则蚕一筐即可当一亩之息。夫妇并作，桑尽八亩，给公赡私之外，岁余半资。且葚可为酒，条可以薪，蚕粪水可饲豕而肥田，旁收菜茹瓜豆之利。是桑八亩，当农田百亩之入，为贫民计，为土狭人稠计，孰尚于此？《语》曰："种桑三年，采叶一世。"《管子》曰："一年之计树谷，十年之计树木。"勿迂视，勿虚文，无治法，有治人。是在良有司哉！是在良有司哉！道光二十四年岁在甲辰仲冬月吉苏藩使者瑞昌文柱序。

原序 常闻古圣王利民之道，首重农桑。今吾乡农事大备，独于蚕桑之务，缺而勿讲。岂以木棉之法不蚕而绵耶！抑知蚕桑之制，自古为昭；茧丝之利，于今为最。石自幼至今，于蚕桑一事，探访源流。每念大江以南，土沃民稠，无处不可种桑，亦无家不可养蚕。一亩之田，可植桑百余株。八年以后，可获叶大约二十石。且养蚕之时，不妨农务，养蚕之人，即系内助。洵所谓取自然之利而与世无争，竭匹妇之劳而尽人各足者也。且蚕喜静，妇近之可以戒躁妄而言有物，蚕品纯，妇习之可以禁淫巧而功有常。况又有利之可取也乎。以之劝人，多未见信，欲身试为之。因于丁酉岁邀友人赵邦彦筑南山草堂，平原数亩，种桑千株。旋于来岁暮春，率内人躬操其事，一切饲养之经，明切指示。未几数十日，而蚕事告成，计其所获之利，大有裨益。昔人之言，诚不我欺也。由是每岁必兴，桑之所出愈多，蚕之所育愈繁。窃以世事人情，大率不远。石坐享其利，即人人皆可获自然之利。思以已之所得，公诸同人，仿而行之，行见大江以南，家有蚕桑之利，犹存古圣王之遗意也。因述浅说，以劝同志。道光癸卯岁嘉平月朔日沙石安序。

蚕桑汇编

沙石安、连常五，同治己巳（1869年）季春，沙石安重刊，复旦大学图书馆藏。

［编者按：《蚕桑合编》序一致，原序落款道光癸卯（1843年）岁嘉平月丹徒沙石安序。书后附连常五《蚕桑汇编》序。］

《蚕桑汇编》序　窃常家居淮水，半郭半村，世系濠梁，且耕且读。泽民有志，欣看抚字之书；致治无方，先读农桑之谱。缘博采前人植桑、饲蚕各法载于书籍者，详加选择，略为增减，逐一登记，以俟同志之人相与考订，藉为管窥蠡测之一助。今夏捧檄云阳，政事丛集，夙夜从公，刻无暇晷。迄今三月，案牍稍清，适有沙生石安，因公晋谒，袖出前任金兰生太守代刊，石安自辑《蚕桑合编》一本，以折衷于余，余欣然阅之，乃叹余三人有同志焉。现当兵燹之后，民间十室九空，有此天地自然之利，小民罔不乐从，乃竟不之取焉；非不取也，特无因其利而利之者耳！尝考每桑一株，可采叶三四十觔。有五株桑，饲蚕即可出丝一觔。每地一亩种桑四五十株，即收丝八九觔，可售银二十两。以视稼穑之获利，相去悬殊。且树谷必须终岁勤劳，树桑只用三时农隙，事孰劳而孰逸，利孰寡而孰多？即愚妇愚夫，亦必有能辨之者。如谓无地可种，道旁堤畔，不少良畴；如谓土性不宜，低湿高原，岂无佳荫；如谓不谙蚕织，种桑奚裨？不知中材，岂有生知？《蚕经》何妨共读，天下无不能耕之丁男，即无不能蚕之子妇。一邑之田，大约总有万顷。以二十顷种桑，即可栽植十万株，每年即可出丝二万觔，每年即可出银四万两。由此推之，其利曷有穷乎？且江南风气，妇女往往有下田耕作者，如蚕桑之法行其事，则劳逸不同，其利则多寡迥别，莫不愿舍劳而就逸，弃寡而取多。苟能依法举行，吾知一转瞬间，日新月盛。近可媲美于京口，远亦不让乎嘉湖。所以为民兴利者，此其一大端也。爰将平时采择各条，为金兰生太守前刻所未备者，续辑于后，改为《蚕桑汇编》，付梓合刊。愿与阖邑士民共讲求之。同治丁卯年季秋月运同衔江苏补用直隶州知州署丹阳县知县事临淮迮常五合刊并序。

蚕桑图说合编（附蚕桑说略）

何石安、魏默深辑，同治己巳（1869年）仲春重镌，常郡公善堂藏板，华南农业大学藏。

[编者按：篇首初有原序、《蚕桑合编》序之外，仍有张清华序。原序落款何石安。书中有金鸿保、迮常五、沙瑟庵三人辑《蚕桑续编》，宗景藩《蚕桑说略》序。书末有陆縠恩跋。]

吾浙蚕桑之业，莫精于嘉湖。妇人女子童而习之，不待教而能也。乡民服田数亩，不足供终岁事畜之资，所赖育蚕之利，得以给公而赡私，为养生计者，孰善于此？常州古晋陵，郡民力于农，而蚕事或缺而未讲。戊辰岁，予来涖是邑，晤庄俊甫学博，时有协茂园田五十亩，种桑万余株，将以劝兴蚕务。复袖出《蚕桑合编》，并《蚕桑说略》示予。予览其书，见其于栽桑饲蚕之法，明切指示，至详且备，亟劝其付梓合刊，以为邑人倡。诚如其法而行之，将见蚕桑之业不得专利于吾浙也。此则守土者之所厚望也夫！同治八年岁次己巳嘉禾张清华谨识。

浙省蚕桑之功，衣被天下。吾常故亦隶浙西，而此独缺焉不讲，岂民俗之呰窳耶？抑木绵之利俯仰有资，可无藉乎此耶？不知其赢相什百也。且蚕桑勚于春夏，木绵勤于秋冬，二者相兼而不相厉也。昔齐管仲修太公之业，而冠带衣履天下。逮汉时，犹有齐三服官，知名贤之流泽长矣。秀水张晴江令君为宰吾邑，乃独思振兴之。前政时已辟荒田为公桑，植万余株，而其利未溥。至君又添植若干本，并购采桑庋蚕各器具，悬于庭，以为楷式，俾民仿为之。又欲雇织妇来常，使得所观摩，甚盛意也。广文庄君俊甫，初亦有意于斯，得贤父母为之提倡，知能相与有成。因出《蚕桑合编》《蚕桑说略》并为一册，浼张侯序而行之。俾家置一编，朝夕讽习。姑诫其媳，母勉其女，童而习焉，其心安焉。将见十年之后，户赢五袴，乡贡八蚕。室有奇温之被，门无号寒之虫。令后之人额手而颂曰：吾常蚕桑之功，自张令君始侯其祎而，而庄君劝导之功，于是为不没也。余衰茶无能为役，聊识数语，以志欣幸之私云。时同治己巳仲春阳湖陆黻恩跋。

蚕桑图说合编

何石安、魏默深撰，同治辛未（1871年）桂月，高廉道许重刊，高州富文楼藏板。

[**编者按：《四库未收书辑刊》，第四辑二十三册。书末附《蚕桑说略》。**]

蚕桑示谕　钦加布政使衔广东分巡高廉兵备道兼管水利驿务加十级纪录十次许，为劝谕广种蚕桑以兴地利而遂民生事。照得衣食为民生之本，农桑乃地利之宜，必须地利无余，然后民生可遂。查高廉两郡，土田肥美，垦辟日饶。吾民之勤于耕耘已属不遗余力。惟未计及蚕桑之利，犹未见尽地土之宜，且中人妇女日习于安闲，亦非所以励风俗也。自古教民兴利，并重农桑，而桑之利数倍于农，未可稍事偏废。况粤中天气和煦，最宜于蚕，即如顺德县署村乡妇女各事蚕桑，地方因而致富，此其明效。其余各府州县，亦多产丝之区，何高廉之民计未及此？夫蚕桑并非难事，山头地角，有隙地便能种桑，有桑便可养蚕，所用工本无多，而获利甚厚。吾民勤于耕作，亟宜家自为力。先试种桑，一俟桑株成林，本道当捐廉募人，教以蚕事，仍分饬设局，收买丝茧，就地织做土绸。俾丝斤可以流通，机织亦能学习，为吾民兴自然之利，莫过于斯。除将《蚕桑事宜》刊刻成书，分饬各府州县劝导外，合行出示晓谕，为此示谕辖属绅民人等知悉。尔等须知生齿日繁，各宜绸缪生计，有此自然地利，岂可坐视荒芜。尔绅士聚族于斯，务宜身先倡率，使族邻共知则效，互相劝勉，各于隙地遍行种桑。并将本道刊发成书，讲求蚕事。将见三年之内，收美利于无穷。而女织男耕，风俗亦渐归纯厚。本道实所冀望焉。毋违，特示。同治十年八月日示。

蚕桑辑要合编

尹绍烈，同治元年（1862年），西北农林科技大学藏。

[编者按：卷中有颜培瑚题，尹绍烈识蚕桑局楹联。篇首有御制耕织图诗序。南京农业大学有一版，内容顺序有别，亦缺页。]

同治元年十一月初一日，奉到署理漕运总督部堂吴札，候补尹守知悉，据总巡王道转呈王保堂等禀，小民生计维艰，因思蚕桑一事，每岁勤劳数旬，不妨农功。苦于桑秧无所得，种法无由知。仰蒙创率劝导，指示良法，莫不踊跃欢忭。伏查县治西偏有丰济仓一所，现奉拆移。所遗基址，地势宽展，可种桑五六千株。四面尚有围墙，东边可通水源，于此设局，种桑最为相宜。敢恳转禀漕宪，设局养蚕，以为乡民矜式，并酌留原房数间，以为司事栖止。每年浇灌桑株外，种备小桑秧万数。刊刻《简明种法》，听民间赴局领取，自行栽种，四乡宜桑之多，又可互相效法。设局劝课，仰祈饬委贤干大员督率董事经理，应立条规，公同会议、续呈等情。又据该道转呈杨启源等禀，同前由到本署部堂据此，除批示外，合行札委，札到该守即便遵照，刻日设局，在于丰济仓遗址。如法树桑，以供蚕事，督率绅董，认真经理，并由该绅民等妥议条规呈核，仍将开局日期报查，勿违此札。

同治二年二月初八日，候补知府尹绍烈为禀报开局日期事。窃卑府于同治元年十一月初一日接奉宪台札，委在于丰济仓遗址内设立劝课蚕桑局，督董经理，如法树桑，以供蚕事。仍将开局日期报查等，因奉此，卑府遵即督董筹商，择其紧要各事先行举办。现在所购桑秧，已趁春分栽种完竣，沟塘水道一律深通，桑匠园丁均经住局，责成照料浇灌。于二月初十日开局，散给民间桑秧蚕种。俟散有成数，具报查考。至收买桑叶蚕茧，教民养蚕抽丝，由局酌量情形办理，随时禀呈鉴核。所有开局日期，相应禀报，恭请福安，卑府绍烈谨禀。

《作兴教民栽桑养蚕缫丝大有成效记》 窃查江北数郡向不种桑，更不知治蚕，妇女强者织屦拣柴，弱者日事游惰，以致生计日促，国税日逋，坐守困穷，而叹生财无术，以无教之所以至此耳。自同治二年漕督吴宪委烈，在于清江荒废官地，创设蚕局，教民务本。而蚩蚩之氓，安之久者难创，习之惯者难做。约以法而民不信，施以教而民不从，甚者畏而避之。几疑树养，终不可就。因思善教之方，惟以身亲先劳，予民矜式，引而近之，方可由此入手。先行招选本邑老诚乡民，住局董司其事。雇觅左近民人在局，如法倡种桑秧。予民以显明板样，工人日事栽培浇灌。左近始知种植之不难，循循引诱。给其桑秧，令其领回试种，亦见如局之滋长，民家居然有桑，而信从者众，渐次导之以利。春间桑芽初生，即收买其小叶，在局养蚕。不拘零星些少，必给其钱数十文，抵其佣工一日之利。来路远者，略加多交，随到随买，民以为便。彼见同伴叶多得钱更多，自知叶少由于桑少，争来领取桑秧。以期年年获利，多方引导，四乡传闻，咸知有叶即可易钱，种者渐多。又见局中雇觅左近妇女在局，随蚕娘养蚕，日给饭食，又得工钱，且生活轻省。有求之而来者，有领取蚕种回家试养者，及茧果将成，预出告示，注明上中下三等。茧价无论零星多寡，局中收买抽丝上等钱多，次者渐少。妇女来局卖茧，互相比较，渐知讲求，次年茧果好者仅多。又见局中丝娘抽丝，不难心羡，无似有愿学者，即予以饭食。能抽丝一两者，给工钱一百文，一日可得平昔傭工数日之利。若能抽丝多两者，倍加工钱，即雇其年年到局抽丝。同伴相观，知其有利，亦愿学者众。董事层层引诱之方，即妇女层层见利之处。惟收买叶茧，局中不无稍费。然俱归有用，亦不致大有亏损。今近浦九州县之民多知仿效，各处桑蚕不少。初年出丝数百斤至数千斤，近数年出丝数万斤，岁卖银十余万两。年盛一年，渐次得手。在民不过三旬之劳，无农四时之苦。因民所利而利之，固有施工甚简，为效甚钜者，如徐郡僻在山隅，近年赵姓创开文裕机房，织成徐緞徐绸徐绉等料，一方衣被，无事外求。若再由此精习蚕事，自可渐期饶裕。地道敏树，其易原本如此也。《书》曰："惟土物爱，厥心藏"。典策昭垂，愿同人共遵圣训焉。同治五年仲春月江苏候补知府滇南尹绍烈谨识。

书末序　清淮处南北之中，民知耕而不知桑，既无嘉湖纺织之法，亦无齐鲁丝枲之利。岂蚕桑宜于南北而斯土独不然欤？抑人事之勤惰有异也。袁江自庚申寇扰之后，生计益绌。滇南尹莲溪太守慨然思为民兴利，设局栽桑养蚕。试办年余，渐有成效。采录《蚕桑辑要》一书示余，其间研求树艺之道，辨论饲养之方，以及考校器具之式。既周且备，亦简而明。篇首敬录仁皇帝《耕织图诗》，崇天章重本业也。由此广为流布，俾比户收女儿红之利，耆寿得衣帛之乐。清淮蚕桑安知不嘉湖齐鲁若也。太守创其始，兼勉其成，余将拭目俟之。同治三年四月上浣督漕使者盱眙吴棠谨序。

蚕桑辑要合编

尹绍烈，同治戊辰（1868 年）孟春，板存苏城培元蚕桑局，西北农林科技大学。

[编者按：尹绍烈辑，西北农林存同治戊辰苏城培元蚕桑局，仅有一篇序言。亦有蚕桑局楹联版。]

《御制耕织图诗》序　朕早夜勤毖，研求治理，念生民之本，以衣食为天。尝读《豳风》《无逸》诸篇，其言稼穑蚕桑纤悉具备，昔人以此被之管弦，列于典诰，有天下国家者，洵不可不流连三复于其际也。西汉诏令最为近古，其言曰：农事伤则饥之本也，女红害则寒之原也。又曰：老耆以寿终，幼孤得遂长。欲臻斯理者，舍本务其曷以哉？朕每巡省风谣，乐观农事，于南北土疆之性、黍稌播种之宜、节候早晚之殊、蝗蝻捕治之法，素爱咨询，知此甚晰。听政时恒与诸臣工言之，于丰泽园之侧，治田数畦，环以溪水，阡陌井然，在目桔槔之声盈耳，岁收嘉禾数十钟。陇畔树桑，傍列蚕舍，浴茧缫丝，恍然如茆簷蔀屋，因构知稼轩、秋云斋，以临馆观之。古人有言：衣帛当思织女之寒，食粟当念农夫之苦。朕惓惓于此，至深且切也。爰绘耕织图各二十三幅，朕于每幅制诗一章，以吟咏其勤苦，而书之于图。自始事迄终事，农人胼手胝足之劳、蚕女茧丝机杼之瘁，咸备极其情状，复命镂板流传，用以示子孙臣庶。俾知粒食杂艰，授衣匪易。《书》曰："惟土物爱，厥心臧。"庶于斯图有所感发焉。且欲令寰宇之内，皆敦崇本业，勤以谋之，俭以积之，衣食丰饶，以共跻于安和富寿之域。斯则朕嘉惠元元之至意也夫！康熙三十五年春二月社日题并书。

蚕桑说

溧阳沈清渠先生著，后学王思培谨题。同治乙丑（1865年）冬十月，胡澍谨署。光绪十年（1884年）重镌于归安县署，溧阳沈氏刊，湖城蒋桂仙刻字，中国农业遗产研究室藏。

[**编者按：华南农业大学图书馆亦藏，《蚕桑说》序，原序，《蚕桑说》跋，顺序稍有区别。**]

原序　绩邑多山，地之可耕者少。虽乐岁不足五月粮，其男子大半奔走四方，以贸易为本务，其妇女富者坐荒，贫者担负操作类男子，无能以妇功自给者。道光己亥夏，予令是邑，问民疾苦，悉其生计之艰，为之恻然。学博清渠沈公慰予曰：是邑可耕之地少，而可桑之地殊不少。教以蚕桑则妇女之富者有所事，上而贫者亦得以自存，不专以衣食累男子矣。因地制宜之一法也。予唯上请公试之，公亦愿以身教，遂种桑饲蚕，使邑之男妇于蚕时分刚柔日入署观之，观者如堵墙，公知其利之也。为之口讲手画，谕以利之甚钜，而得之非难。闻者色喜，请于公分条著说，俾家喻而户晓焉。而蚕事之兴也勃然矣。书既成，邑人士以贻予而属为之序。嗟乎！为民兴利，长民者之职也。予旷厥职，方自惭之不暇，其又奚言？然予旷厥职，得公补救其间，予之幸也。夫固予所乐言也，抑又思之，富然后可教。故夫耕妇蚕，予舆氏详哉言之，而后及庠序。公此举所以为养正所以为教也。公之书易晓易行，行之十年岁入资可数十万。自是而后，愈推愈广，所入愈无算而绩富矣。礼义生于富足，民之秀者有所赖。以为善而教乃易施，则谓今日之桑即为他年之桃李也。可后之人知绩之所由富，更曲体富之者之初意所存，而勉为良士焉。公与予皆拭目俟之。道光二十年岁在庚子嘉平月知安徽绩溪县事山右牛腱亭拜序。

《蚕桑说》序　《禹贡》扬州贡织贝，而所称桑土，乃在兖州，周末独称齐纨鲁缟。《汉书·本纪》三服官亦皆在齐，而东南无闻焉。至《新唐书·地理志》始载润州贡衫罗、水纹等绫，常州贡紧纱，苏州贡绯绫，杭州贡白编绫，越州贡宝花等罗，十样花纹等绫。自此以后，吴越茧丝美利遂甲天下。岂古今物土异宜哉？意必有人焉，化导于其问，使民知所从事，而地力亦因之以开，固不必拘于土训也。溧阳沈生剑芙持乃祖清渠先生所著《蚕桑说》，丐序于予，予读之而有感焉。夫小民之情，可与乐成，难与图始，以素不习之事为教，自非以身先之，且委曲详尽，辞足以达，则弗信弗从，而事终沮。先生秉铎梁安者十余年，身为名孝廉，文章震一时，其为邑人信从，固自易之，而况口讲指画，委曲详尽，化导之神又如此。使得历仕多省，广推利济，安知利于东南，不复被之西北，而仅得秉铎是邦，致蒙福者止于一邑，惜哉！今天下所患者，民贫耳！使抚有斯民者，咸如先生之用心，何在不可充杼轴而歌襦袴。乃大率视官守如传舍，兴百年之利者，迄无其人。予所为三复是书而慨然也。沈生，予癸酉主试顺天所得士，能以文章继家声，异日服官中外，奉乃祖成书，遵而行之，固不翅先生自为之也，生其勉之。光绪纪元岁在旃蒙大渊献燕秋节那拉氏全庆小汀甫谨敘。

《蚕桑说》跋　《蚕桑说》一卷，先王父清渠公所著。道光庚子，公官梁安学博，始付梓焉。咸丰辛亥，再刊于海阳。同治壬申，又刊于章门。近悦远慕，不胫而走。黔江台峤索书者，岁无虚月，不十数年，板又漶灭。光绪丙戌，宝青令浙之归安，爰重锓之，以广其传。湖州茧丝之利甲天下，意其艺桑育蚕也，当必别有术焉。以为获利之方。闲尝与田殳野老，悉心讲求。而言艺言育，卒未闻出乎是说之外。是则两法九十余条，实足以括蚕桑之全而无遗。全文恪师所谓委屈详尽，易信易从者，其是之谓欤！吾溧亦桑土也，岁产丝数不过湖十三四耳。而于留种一事最为经意，虽逢蚕丝薄收之年，不至有倾筐殭腐之患。湖人则不然，育蚕之家往往不自留种，余杭鬻种之贩，月辄数至，专取丑茧之不能缫者，畜种求售，种既不佳，蚕必易病，一旦猝发，莫可救治，甚至一家一村，无一蚕得免者。人咸归咎于蚕事之不登，而乌知鬻种者之祸之烈耶！说有之曰：养蚕必先留种，留种必择蚕。吾愿湖人之育蚕者，三复斯言也。光绪十有四年岁在戊子律中夹钟之月宝青谨识。

广蚕桑说

沈清渠撰，同治十二年（1873年），安徽六安州署吴郡邹氏。

［**编者按：目录有培养桑树法二十条、饲蚕法六十六条。**］

重刻《广蚕桑说》叙　《蚕桑说》一书，溧阳沈清渠孝廉司训绩溪所著书，为说精切详明，易知易学。先君子官梅渚巡司时，取以教民，深赖其利，曾附刊《人生必读书》卷末，流传已广矣。同治癸酉，俊权篆六安，公余巡阅乡闾，兵燹后户口凋残，田野尚多荒废。思所以振兴之，农桑实为先务。察看北乡与寿霍毘连处，亦有种桑养蚕者，惜未得良法，利薄而民不劝。夏间杨子湘明府自定远以清渠先生嗣君季美司马所刻《广蚕桑说》寄示，较前书为周备。窃念官如传舍，兴利非旦夕事。惟成说足师，因势利导，以为之创，固有司之责亦以承先志也。子湘回任霍邱，王虎臣刺史新莅寿春，均有志于足民者，壤地相接，同时兴办，较易奏功。爰将是书属孙作庵大令，梁衡卿司马，潘筠坪、吴肖傅两广文，王水樵少尉，同为校订，重付剞劂，以资传布。近者江安各处，多有兴办蚕桑之举，人之欲善，谁不如我，悉力遵行，其效甚速。下以裕闾阎生养之源，上以纾宵旰忧勤之意，岂不美哉。谨志其缘起，至于筹办章程，劝惩规则，各邑民情不同，是在留心民事者变而通之，以尽其利云。同治十二年秋八月既望调署六安直隶州事太平县知县吴郡邹钟俊书。

广蚕桑说辑补

沈练撰，仲学辂辑补，光绪浙西村舍本。

[编者按：另有一部《广蚕桑说辑补·蚕桑说》，合一册，光绪丁酉（1897年）九月重刊，光绪丁酉（1897年）四月校刊，浙西村舍本，中国农业遗产研究室藏。此书较本部《广蚕桑说辑补》，沈练撰，仲学辂辑补，光绪浙西村舍本一致。《广蚕桑说辑补》序：光绪三年（1877年）春正月浙江补用道严州府知府宗源瀚。原序：同治二年（1863年）岁次癸亥立秋后一日当涂同岁生嗛甫夏燮。原序：同治元年（1862年）岁在壬戌正月上澣前任江西玉山县知县同里姚继绪拜撰于乐平旅次。仅多出一篇光绪二十二年（1896年）赵敬如《蚕桑说》中的告示：任候选府特授太平县正堂黄为刊发蚕桑说以示成法而广利源事。]

《广蚕桑说辑补》序　自来言农之书，必兼言蚕。后魏之《齐民要术》，宋元之《农书》，明之《农政全书》，莫不皆然。农桑者，衣食之大本。凡宜五穀之地，无不宜桑，即无不宜蚕，见之前人论说者屡矣。不独檿丝桑土著于青兖，蚕月桑田播于幽卫已也。近代擅蚕桑之利莫如江浙，浙之杭嘉湖绍，比户皆娴蚕事。严地与为接壤，顾独逊谢弗能耳。食者且以为其地不宜于桑，予考旧志，宋时严有绢税，南齐沈瑀为建德令，课一丁种十五桑。夫民皆有勤惰，物力不能不因之为盛衰，而土之所宜，亘古弗为变。兵燹以来，郡圃树木斩伐殆尽，独余老桑十数株，披露含烟，亭亭如盖。乙亥岁，予于署中选仆妪育蚕。丙子，募绍人于府仓，开蚕局，招严之男妇，与其居处讲习，得丝皎如霜雪。又于杭境购桑秧数千种，于西郊外思范亭故址，逾年可成林。比闻建之东乡，人颇事蚕桑，且持所缫丝来城相较，自以为弗如。盖严之人甚有志于此，特未尽得其款要耳。言蚕专书，自宋秦湛后，不乏作者，惟本朝沈清渠《广蚕桑说》明辨以晰，妇孺皆能通晓。淳安学博仲昴庭志薄华靡，究心本务，其孺人又工蚕事，俨然有沈君之风。乃属昴庭取沈君之书，疏通证明，采湖人《蚕桑辑要》之言，稍稍附益。而昴庭又时伸己意，为《广蚕桑说辑补》，条理始末，灿然毕备。予亟刊以贻严人，以此为导师，无地不可蓄桑，无人不能育蚕。夫力田为农民之先务，而山多田少，旸雨愆时，严之农则久困矣。妇女以蚕桑为职，自饱食而嬉，不衣其夫，严之妇工又甚荒矣。诚能以蚕桑济稼穑之艰，以妇工补丁力之绌，赋事献功，劳思而不忘善富教之道，岂遽远哉！在严之人勉之而已矣。光绪三年春正月浙江补用道严州府知府宗源瀚。

原序　农桑之书，莫古于贾思勰之《齐民要术》，而其间名物，训诂通儒或不尽解，何论耕夫织妇，故便民之事必取通俗之文以晓之。至于蚕桑，则妇人女子之专职，古者后夫人亲缫，世妇献茧。及其成也，元紞纮綖以供祭服，命士以上皆衣其夫，故汉诏以锦绣纂组为害女红。女红者，女工也。然则四德之一，其无与于百工之事明矣。今则不然，自康熙二十一年平台湾，开海禁，于是番舶岁至中国，贸易于舟山四明之间，率取头蚕湖丝满载回国，以为常至。乾隆三十四年，始严丝觔出洋之禁。复经两广督臣奏请，照东洋铜商搭配之例，每船准买土丝五千觔，二蚕湖丝三千觔，著为额。又不数年，而头蚕湖丝之禁亦弛矣。燮昔撰《中西纪事》一书，参核西人月报，计湖丝近年出口之数岁不下二千余万，几几乎与茶利相埒。然则竭东南妇人女子之力，其足以给中外恒河无量之求乎？盖自女红失其职，而牟利者干之。乾嘉以后承平既久，晏安成习。苏湖之间，妇人靡不丽服靓装，粉白黛绿，以相夸耀。询以蚕桑，如扣盘扪烛，莫识谁何。而至于奇技淫巧，踵事增华，则一衣一裙一纯缘之费，其足以耗蚕事之杼柚者。方且百人并力，几度抛梭，于是利之所在，蚁附蝇营，反使工得之以居奇，货商操之以利转输。而妇人女子，逸居思淫，其与乃逸乃谚之男子、不知稼穑之艰难者，何异哉？吾友沈君清渠忧之，自其为秀才时，与德配陈孺人积苦自励，塾中诵读之声，与闺中机杼之声交相和答，无间寒暑。洎道光辛巳恩科与燮同出萧山文端公门下，是年榜首不禄君，遂以第二人领解赴南宫，一时同谱之彦佥，奉君为一日之长，而燮过从独久，其后弢甫伯兄司训婺源，与君同舟。又近十年，人但知君以文名噪海内，揣摩家奉为金科，而不知君务为有用之学，生平撰著酌古准今，以卓然可见之施行者为贵。其初至绩也，琴书在前，缫车在后，人鲜不以迂阔诮君。迨数年间，见绵蕝之旁，桑柘成阴，籧筐盈载，乃稍稍从君讲求，蚕事不得，则遣其家人入署，从陈孺人口讲指画，并刊《蚕桑说》以示之。迨大吏书之上考，君顾幡然引退，就近卜居海阳。海阳宜桑之土多于梁安，君益督家人植桑饲蚕。又增辑前说所未详，以期行远而传后。君之卓然见诸施行者多此类也。顷君之季子季美谋刻君《广蚕桑说》，属为校正，以广其传。呜呼！晨星落落，子发种种，追忆四十年来沧桑变易，读君之书，不禁感慨系之矣。爰序而归之。同治二年岁次癸亥立秋后一日当涂同岁生嗛甫夏燮。

原序　蚕桑之载于经籍者，与农事并重，而其法或不尽传。然绎《禹贡》“桑土既蚕”一语，则物之宜与地之宜可体验而得也。近世浙西之嘉湖二郡，土最宜桑，而湖桑为尤盛，湖丝之美甲于中土，达于外洋。然止习俗相沿，初非有成书可述而志也。吾邑土产之桑，甚多而叶稀，闾阎之饲蚕者鲜。乾隆中叶，茂林吴公学濂来为宰，始教民植湖桑，其夫人又娴蚕事，招妇女之明慧者至后堂，授以机要，自是递相传习，渐推渐广。数十年后，桑阴遍野，蚕丝之精好，媲美吴兴。商贾辐辏，享其利者，立专祠以祀之，如古人之祀先蚕焉。然吴公亦未尝著书以传教也，余挚友清渠沈公练以道光初元辛巳恩科江南乡试第二人司铎绩溪，多士以公之闱墨脍炙人口争以制举业，就公问学，然公固自有经济，非仅为文章宗匠也。公之至任也，德配陈孺人偕焉，但见图书担囊，缫车在后。有忌公者谓援陆清献公之故事以博令名，而不知公刑于式化。一家之中，自孺人以至子妇，皆业蚕桑。莅任后，见学舍墙外多隙地，遣人赴湖买桑秧来，遍植之，未几成林，蚕用蕃息。绩人闻而效之，每至蚕月，城乡士女纷至来观。公约令分日以进，孺人及长公子为之口讲指画，既各得其意以去。公复于校文之暇，咨询孺人，取育蚕培桑之所宜忌，条举件系，汇为一编，名之曰：《蚕桑说》。以贻绩人，俾之镌板流传，家喻户晓。由是麦秋之外，增一岁收，绩人德之，会逢计典，大吏遂书公上考，以堪膺民社荐，公以年逾六旬，不耐薄书，请免送部，愿就京秩。盖又惧前之忌者，藉口也。公家无恒产，解组后不能具归装，乃就近卜居休宁，买荒地十余亩，悉以树桑，兼种蔬茹，以佐盘飧。又以其间应李铁梅学使选刻试卷之聘者一年，主讲泾川书院，兼摄淳湖书院者又二年。咸丰甲寅，始以避寇归课诸孙读，又购得近人《蚕桑辑要》一书，见其中征引之详，有足补前说所未备者，采录而增订之，为《广蚕桑说》。将授梓以永其传，乃甫经脱稾，而公以疾作遽捐馆舍，两公子谨守父书，珍藏箧笥者八年于兹矣。余与公同里同窗，最称莫逆，自乙未大挑后，宦徽分驰，久不相见。己未秋，公之子琪字季美者，由郡庠援例得县丞，分发江西。庚申暮春，余自玉山来省，以贼氛梗阻，不得归，遂下榻季美寓中，询知陈孺人年近八旬，尚滞海阳。会是年之秋，歙休失守，季美亟求得粮道委札，前赴饶州守催七县道款，希冀就便回休迎养。讵行至乐平，哗言寇至，卒不得达。迨十二月初旬，而陈孺人骂贼遇害之凶问至，季美痛不欲生。时公之同年夏君嗛甫，方在祁门曾帅幕府，乃撰为事实，由嗛甫以呈请大帅，归入忠义科，汇题请旌焉。辛酉夏，季美回休安葬，于书册狼藉中检得公之手泽，尚存《〈禹贡〉汇诠》及《广蚕桑说》二编，携归示余，将并筹之枣梨，以垂久远。余与公相处最久，知其盛年稽经诹史，援古证今，务为有用之学，雅不欲以空言表见，故生平所作诗文，随手散佚，所辑《〈禹贡〉汇诠》未遑付梓，而《蚕桑说》则既刻于梁安，复于退居海阳时，推广其说。思续刻以行世，于是季美仰承先志，问序于予，予知季美他日为肖子，为循吏，而公之力学赍志，与孺人之取义捐躯，其食报岂有艾哉！旹同治元年岁在壬戌正月上澣前任江西玉山县知县同里姚继绪拜撰于乐平旅次。

广蚕桑说辑补校订

归安章震福校订。说桑一卷，说蚕一卷，说器具一卷，杂说并补遗一卷，光绪三十三年（1907年），农工商部印刷科刊印，中国农业遗产研究室藏。

[编者按：平陵沈练原著，雉山仲昴庭辑补。培养桑树法十九条，饲蚕法六十六条，缫丝器具说五条，杂说九条，章震福增说。]

序　是书向止上下两卷，所立各说，原本湖州育蚕法，辑补所采乃《湖州府志》与归安沈公秉成所著《蚕桑辑要》等书。又湖蚕法也，即其所自说者，亦不离其宗。鄙人生长蚕乡，于蚕事习闻习见。前在嘉定县署，曾拟就《湖蚕说》两卷，欲付梓而未果，今已稿无存矣。偶见是书，觉所说更有条理，无少差谬。因就其未著者发明之，未及者补缀之，较原书增说几十之四。分为四卷，首说蚕，次说桑，次说器具，而以杂说终焉。原书之末，有劝商贾之家仕宦之家俱宜育蚕两条。说虽近是，恐徒费笔墨，又器具有饲蚕凳、擔桑凳二图，亦不甚切要，概从删削。要之是书言湖蚕育法，可谓备矣。讲求是学者，必能辨焉。光绪三十三年九月归安章震福识。

浙东两省种桑养蚕成法

不分卷，同治六年（1867年），刻本，一册，绍兴图书馆藏。

[编者按：该书稀见，目前未见于各类目录。]

《劝种桑育蚕告示》　为剀切示谕讲求蚕桑以利民生事。照得农桑为民生衣食之源，原属并行不悖。乃县署乡民，只知力穑，而讲求蚕桑者，十无一二，殊未尽地之利也。本县生长吴兴，深知蚕桑之利甚溥。兹承之是邦，每于下乡之便，察看地土，尚与种桑相宜。第恐民间于植桑育蚕之法，未得要领，故就平日所习闻，并参以湖南丁星舫大令《蚕桑成法》，蓁辑成书，以示规则。第事在人为，尤望吾民实力奉行。俾收成效，合刊剀切示谕，为此示仰阖邑士民知悉。要知种植桑树，苟能培养得宜，则长发甚易。凡山边、田隙、屋角、墙阴，无不可以植桑，即无不可以育蚕，并不佔碍宜稻宜麦田亩。而每年辛苦，亦仅数月，尽可以女工任之，是用力少而获利多，亦何惮而不为耶？除将《蚕桑成法》，刊刻刷印，酌发各铺保甲散给外，尔等务各一体遵照，广种桑树，育蚕取丝，以济农功而收地利。庶几瘠土咸成沃壤，生计日见有余。是则本县之厚望也夫！其各遵行毋违，特示。

湖南丁星舫周明府示　为广推桑类，以兴蚕织，以阜民财事。照得农桑为天下之大命，山蚕尤兴利之良图。《孟子》云：五亩之宅，树墙下以桑，五十者以为衣帛。《史记》云：齐鲁千亩桑，其人与千户侯等。信乎蚕之为利大矣。昔范纯仁知襄城，课民种桑。张咏治崇阳，拔茶种桑。沈瑀为建德令，一丁种十五桑，无不广兴蚕利，以裕民生。夫亦以农之于耕，一熟再熟，所入可计，而有水旱之虑。蚕则自初生至成丝，仅四五十口，妇女老弱，皆可襄事，无沾涂之苦，其利与稼穑等。且农按亩计税，有十一之征，而桑无征。种桑之地，又不妨稼穑，屋角、畦稜、道旁、场圃，间隙处所，皆可栽植。然家蚕之利，人共知之，而野蚕之利，则鲜有知者。惟我朝陈榕门中丞抚陕时，槲树甚盛，于倡种桑树之余，复广行山蚕，民咸树赖。他如宁羌牧刘，从山东雇人来州，养山蚕织茧，到处流行，名曰“刘公茧”。乾隆九年，奉旨敕行山东将《养蚕成法》纂刊送陕，仿效学习。如鄜县令纪蓝田令蒋、商南令李，连年倡率教习，皆获茧成绸。其利虽不敌吴丝，却与蜀茧、山东茧争胜。近又如贵州茧，始自乾隆五十年间，缘遵义郡守陈君，系山东人，见其地青枫树甚多，即山东之槲橡树。而邦之民人，不知此树可以养蚕，乃遣人往山东买野蚕种，雇养蚕师，督率教导，始兴其利。嗣于道光五年，按察使宋通饬黔省，种橡育蚕，至今贵州茧绸，通行中外。该处贫民，于青黄不接之时皆有执业，道路无乞丐，其获益何如也？夫养蚕之树不一，榕门中丞有云：槲树、橡树、青枫树、柞树、椿树、柘树，均堪养蚕，但令遍山树株，可作蚕场，不比家蚕之必须种桑也。茧绸粗细皆宜，又耐人穿，不比丝绸之贵而难买也。本县知地不爱宝，采访山蚕一事，盖亦有年，人训乡间子弟，种植橡树，为居家谋生之计。今摄篆兹土念接壤当阳之河溶，有河溶绢；天门，有天门绢。《禹贡》荆州，厥篚元纁玑组纁绛币组稯属皆丝所织，不蚕其何以织?应邑天气和暖,地势平坦，水泉疏衍，其平地种桑甚便，高阜种橡实宜。特以民情难与谋始，无以倡之，大利秘矣。抑知橡树即青枫树，亦即俗所名之板叶栗树。今江夏之纸坊一带，尽多此种，惜乎徒以供樵苏板炭为。且其子又名橡豌子，可染采色，钱六百文可购一石。今购得此种，择其略高冈阜有谷棉杂粮不殖之处，于冬腊采买来县，先要晒得极干，俟腊底正初，厢土布种，逢春无芽，最易生长。次年即可养蚕，种树十万计，可获利万金。五六年后，树若过高，伐之可烧板炭。所存桄木，新芽丛发，复可养蚕。其养蚕之法，须往黔买种，于清明后，俟蚕种甫出，置之于树，即能自食其叶。及至成蚕，即依枝作茧，植树数千，但须一二小儿，持竿梭巡，以防鸟雀啄食。取茧缫丝俱不费力，其中略有诀法，尚须往贵州雇人教之，而本地慧者学习一年，皆称能手。今黄孝交界处有一菴僧系黔人，菴前后有树百株，每年取茧约卖百余金，以供香火，发给衣食，无须托钵。迂地不良之说，无虑矣。为此示谕合邑军民人等，各宜自谋生理，须知棉木达于西洋，番芋来自吕宋，可见衣食大利，俱在人为。留心蚕事鼓舞奋兴，往江夏买橡子，往当阳买桑秧，于可以种桑之处，人人种桑；于可以种橡之处，人人种橡。伫见家蚕野蚕业普一邑，利及百年。不惟丰年足乐，即荒年亦可无虞再求言志。比及三年，可使足民。《管子》云：衣食足而知礼节。本县权理县篆，不敢作伍日京兆之计，亦藉潜消盗贼，如果恪遵勤动，将见家给人己，有不风淳俗美，岂理也哉？特示。

蚕桑说略

宗景藩，收录于钟傅益的文集《相在尔室汇刊七种》第十三册《学治存稿》，同治八年（1869 年），南京图书馆藏。

［编者按：该内容被收录《相在尔室汇刊》，内容包括一些批文，说桑五条，说蚕十条。］

奉发《蚕桑说略》遵办缘由及示劝地方栽种竹木情形禀戊辰　宪台抚宪批

据蒲圻县宗令景藩禀呈《蚕桑说略》，钞发下县，展阅之余，喜出意外。盖卑县蚕桑不如江浙之美，今得细知其法，地方之幸，卑职之愿也。拟即照刊，俾业此者，依法行之。至于栽种竹木，卑职当荷耜山间，亲锄指授。苟征成效，则树之榛栗，可与桑田并咏。即遇歉收，自不至如今日之剥食树皮也。合将遵办缘由及卑职劝种竹木情形，照钞示稿禀请训示祇遵。抚宪何批：该县上年受旱歉收，今值青黄不接，民间乏食，情殊堪怜。该令劝谕有谷之家量为借贷，立春借秋还章程，尚属尽心民事。如邑中立有社仓，则出粜更易。社仓一法，本护部院前在藩司任内屡次通饬，不啻三令五申，而办事者寥寥。今秋尚得丰年，务即举办，以为备荒之助。至劝种竹木亦是为民兴利，应即行之，守道宪英札发《蚕桑说略》《种竹木法》合刊。**谨缮原序**赈廪以救饥，解衣以恤寒，非不可以济一时之贪。顾不培其本，无以为民百年之利，民之贫者自若也。然则培本之术，农耕而外树艺其大端矣。当阳尹钟涵斋刊署蒲圻令宗子城所著《蚕桑说略》十五条，并寄自撰《种竹木》三条，皆培本之术，利民之事。而二邑行之而已效者其事甚易，其法甚详。诚能仿而行之，必可同臻富庶，断无地势之异。远则汉龚渤海之树榆，王庐江之植桑；近则桂林陈文恭公、钱塘俞存斋诸公种桑种树各文载在《经世文编》者，其明征也。方今盗贼甫夷，民困未苏，治民者亟宜讲求养民之道，第恐畏难而驰，则鲜克济耳！天下事患在不为，不患不成，子城涵斋均可谓慈惠之师，此二箸虽寥寥短篇，凡所以为小民资食，为国家培元气者，胥于是乎在。爰合刊成册，俾广为流传，诸君子与我同志，知必能相与以有成。时同治戊辰季秋上澣分巡湖北安襄郧荆备道长白英详识。荆门直隶州宪潘批，贤令尹为民兴利，教以树植之法，并与《蚕桑说略》刊布乡曲，行之颇效，具见实心实政。兹蒙道宪采取合刊，通饬办理，以期斯民咸臻富庶，同官有所师承。诚能一体奉行讲求弗懈，则旱涝足恃，比户可封而余一、余三不难再睹矣。

附刊宗明府《蚕桑说略》 **同治七年岁在戊辰正月下澣权知蒲圻县钱塘宗景藩撰**

农桑之利，自古尚矣。独楚之人不事蚕绩，初疑其土之不宜桑也。顾《豳诗》言蚕事独详。诸葛居蜀，种桑八百本。慕容治辽，通晋以求江南之桑。似西北无不宜桑者。今四川产绸，荆州亦织緞，虽物不及东浙美，而川楚之宜桑，亦可见矣。蒲邑距荆不远，山水雄秀，有似江南，惟知耕而不务织，故民多穷。窃为深思详察，见城乡之间，间有树桑，枝杈芽而叶枯瘠。访畜蚕者，悉详询之。盖桑与蚕之种皆不美，而树艺饲养胥未得法，故采茧多而获丝少。且其质硬、其色黄，仅堪作线，而不能织文受采。获利既微，销售亦不广，业此者遂少。意者土无不宜，特人功未至，遂并大利而弃之耳。吾浙暮春之月，妇女采桑育蚕，穷一月之力，可获倍利。民之富也，半由于此。今欲为蒲民兴利，赴浙买桑二千株，又桑秧万余枝。并购蚕种，载以来蒲，量给乡民。恐其未解树畜也，乃作《桑说》五，《蚕说》十，缕晰条分，刊发四乡，俾获通晓。诚能先求树艺，粪多力勤，约计五稔，桑植繁茂，而蚕事可以盛行。其效似纡，其利至溥。《语》有之：民劳则思，思则善心生；逸则淫，淫则忘善，忘善则恶心生。耕耨之事，楚人知之，益以蚕织，则男力于野，妇勤于室，男女有业，邪僻之心，无自而生，或亦敦本善俗之一助欤！

蚕桑捷效

吴烜，板存江阴宝文堂，光绪丙申（1896年）孟春增镌，南京图书馆藏。

[编者按：浙江大学、中国国家图书馆均藏同治九年（1870年）刻本，而此版本内容与《续修四库全书》子部农家类吴烜《种桑说养蚕说》一致。南京图书馆藏光绪二十二年（1896年）版本内容多出开篇序言、公议禁窃桑章程四条、公议劝种桑章程五条。]

序　《蚕桑捷效》一书，乡先辈孔彰吴君所辑，邑侯渔垞汪公赞成之也。其命意处见于郑常博、何太守两先生序中。行之三十年，著有成效。仅东南乡几能家喻户晓，获利甚溥，西北则否。究其所以互异之故则曰水土未宜，桑需湖水涂泥，西北江潮沙土，是以若分畛域。然原书谓桑不择地，古人树墙下以桑，岂尽择土宜？要之愚民不知所以然，纵有成法，亦昧然罔觉，在有心人劝导之耳！且桑之利在二三年后，穷簷计岁入并乏资本，遂致自然之利因循就废。吾邑风俗朴陋，耕织外别无生计，偶遇偏灾，专资纱布。今则纱布之利日朘月削，一夺之洋布，再夺之洋纱，顷复广设纱厂，生计之绌不独江邑，而江邑尤甚。计惟广兴蚕桑，藉资补求，仆多购桑秧，遍劝种植，虽未能收效于日前，尚可收效于后日。更有说者，古盛时无旷土，无游民。为治术，江邑空地尚多，如能树桑育蚕，地利尽，民生勤，亦致富之一端也。时维光绪丙申孟春城西老圃苏道然拜序。

序 余自丁卯秋奉檄权篆蓉江，周历四境，地广人稀。盖兵燹之后，元气犹未复焉。而土脉肥厚，宜禾黍者固多，宜树桑者亦复不少。每思吾浙湖郡大半栽桑，获利甚钜，是邑苟能仿行于民，大有裨益。惜无人相助为理，欲行不果。吴君孔彰为邑善士，与余议兴是举，余喜同志有人购买桑秧，给民试种，果见蕃盛。迨己巳秋调署京江，屡以未及推广为歉。庚午初秋吴君复来，告余曰：江邑蚕桑年来购栽愈广。并示《植桑育蚕》一书，编成次第，法极周详，实能补余所未逮，从此家喻户晓，野无旷土。上以体朝廷敦俗之心，下可验乡里富饶之美，皆出吴君一片热肠。至区区捐俸载及简端，则适足增余愧赧，又何功之敢居耶？爰缀数语以志缘起。同治九年庚午初秋渔垞汪坤厚识。

序 盖仁民之术不外教养两端，前于咸丰五年会合同志禀明各大宪，举行乡约，遵奉朝廷之意，博采儒先之书，刊立规条，编成讲案，苏常两郡士庶，莫不观感奋兴。同治七年又禀请曾相通饬各属，一体推行，实于世道人心大有裨益。而养民之道，犹有志焉而未逮。数年来，历奉各大宪剀切晓谕，倡劝蚕桑。凡邻近之区，如苏属及锡金武阳宜荆溧阳等邑，向有种桑育蚕之处，不难转相则效，合邑遍行。独吾江素未讲求，无从取法，同志诸公非不关心民瘼，亦以素非所习，引导为难。吾徒吴孔彰于克复之初，即殷殷于蚕桑之事，以为因利而利，其利方大，而且久远，更得贤父母捐廉倡率相与有成。兹将所撰蚕桑诸说就正于余，其栽种养育之法备极周详，且次第井然，一见即能了澈。果能广为劝导，渐推渐暨，大江南北到处仿行，既非同议赈蠲租，仅救一时之急，且礼义生于富足，而于乡约一事，尤易率循。则教与养相辅而行，将见俗美风醕，渐臻上理，此则予心之所甚快也。特弁数言于简端，以志欣幸之私云。时维同治庚午季夏守庭郑经序于沙洲旅馆。

序 曩于乙卯仲冬道经于越，顾见两岸多嘉树林，其行列极整齐，而形状极奇崛，高不过五六尺，然槎枒丛起，如力士支拳，如药义探手，生气远出。若有勒之使还者，少则数亩，多则数十亩，了无杂木参错其间，怪而问其名，舟人曰：桑也。噫嘻！农桑者，天下之大利；种树者，致富之奇书，此岂独宜于越者耶？何吾乡未见有此桑也？况乎井田之制，五亩之宅，树墙下以桑，是三代之时，未闻有迁地勿良者，岂吾乡之桑独不宜如此耶？今阅吴君孔彰种桑之说，乃涣然释也。植物之性不择地而生，土产之原必待人而辟，宜于越者未始不宜于吴也，其说不信而可征耶！吴君少年时与予同受业于郑守庭师，又吾姊夫之从子也。予故知之甚深，尝惜其抱经世之略而不得志于功名，蕴利物之怀而不得见于措置。吾邑洊经兵燹，失业者多，里无富室，乡有废田。君不自恤其穷，而恤人之穷，思以蚕桑为耕者辅，为圃者导，为治贫之良方，为救荒之善策。信乎！昔贤所谓：家无儋石，而以天下为忧者。此固吾师所嘉予而吾党所难能也。始则试种于家园，继则分秧于邻里，聘蚕妇，招缫师，手口经营，孳孳汲汲，虽炊烟不继，典质相仍，未尝辍也。其说仿于茶经，优于莱谱，较之秦湛《蚕书》，鲁明善《农桑衣食撮要》，均为有益民事者也。邑侯汪公渔坨越人也，闻其事而善之，捐廉以为之倡，三年有成，可大可久。以为五年之后，息金百倍于田租，四境之中，贸丝一同于吴产，此非吴君之臆说，其说可信，固已信而有征者已。异日者，推原所自始，方将为乐公立社与嫘祖合祠。吴君经世利物之心，至是可以大慰，且与吾师劝行乡约之举，诚所谓教养兼施者，果能推而行之，三代富庶之风，何难复见于今日哉！同治九年岁在庚午同学何栻拜序。

自序　古来大利农与蚕桑，二者兼营，民多殷富。盖农之利犹薄而且难，蚕桑之利则厚而且易也。吾江旧俗仅解务农，麦稻之余，毫无生息，终岁勤动，寝食不遑，无论水旱虫灾，举家失望。即年歌大有，工本之外，所余亦甚无多，一时妇子欢欣，转眼依然枵腹，此仅恃农业者之难期康阜也。虽四民之家，多攻纱布，而昼夜勤苦，获利极微，自给其身尚虞不足，若家多数口，即无以为生，此仅攻纱布者之不能补助也。窃谓救贫之策，非蚕桑之利不为功，种植在废埄荒基不妨田稼，养育在暮春初夏不害农功，竭一月之劳即可供一岁之用。果能茨梁告庆，百室固愈见丰盈，即使饥馑，荐臻八口亦无忧冻馁。此种桑育蚕之处所以素称饶裕也。况克复以后，丝价之贵，桑叶之昂，尤为历来所未有，即谓素非所习，骤难育蚕。则先论栽桑，已能致富。夫种桑一亩，二三年后即可采叶一二千觔。以后年多一年，三四千觔，五六千觔不等。湖桑肥大，非比土桑，每年蚕季每觔至贱，值钱十余文，贵则二三十文，四五十文，皆未可知。以麦稻之息例之，诚觉无从比拟，且麦稻若遇凶年，甚至工本尽弃，而桑则止于价贱，并无旱涝之灾，况麦稻即遇丰收，一经樵割，必须复栽，而桑则采叶剪条，本枝仍在，来年再发，愈见蕃滋，传之子孙，世享其利。又况栽培桑树，尽在闲暇之时，于农事毫无所损，且施功甚易，更无霑体涂足，水耕火耨之劳。但以栽培一亩麦稻之工本，栽培一亩之桑，未有不畅茂条达者。予也久欲为吾江兴利，是以六七年来，每遇浙西吴下诸处熟谙蚕桑之人，无不留心咨访，考究详明，又恐江阴土性非宜，因于前年二月中购得接过湖桑数百本，试种家园。复劝友人数处分栽，既可验土性之宜，并可为各方倡率。而桑叶之盛，小者如掌，大者如蕉，并不似逾淮之橘。去春二月，又蒙邑侯汪渔垞公祖捐廉购桑，给发贫民。予复与本镇同志诸公集腋成裘，偕往浙西购归发种，随高随下，无不欣欣向荣，则江阴土性宜桑固已信而有征矣。至育蚕缫丝诸法，予请浙人来家教习数载，予亦如意审查，知之益精。凡养蚕之家，最多俗禁，虽亲族不相往来。予家则门户洞开，纵人学习，自旦至晚，庭前如市，而蚕事极盛，并无厌忌，缫丝则纯净光泽，不下湖产，良由桑与土宜，是以蚕丝特盛耳！至成功之速，价值之昂，较之纱布之利，又何止十倍耶！予因以数年中，耳闻目见，躬亲试验，复博采蚕桑诸书，择其可以取法者，汇著于编，以公同志，俾得广为劝导。果能家喻户晓，于务农之外，益以蚕桑，余时仍攻纱布，则较之浙西、吴下诸处，岂不更多一纱布之利？行见转贫为富，旱乾水溢不能灾，庶几革薄从忠、讲让型仁所由始。《语》云：仓廪实而知礼节，衣食足而知荣辱。未始非吾师守庭先生举行乡约之一助也。同治九年岁次上章敦牂仲夏吴烜自序。

宁郡蚕桑要言

费烈传，庚午（1870年）季夏，板存汲绠斋，华南农业大学藏。

[编者按：同治九年（1870年）版本。此书未见各目录收录。目录有论桑、下桑秧、栽桑秧、种桑、害桑虫、养小蚕、头眠、二眠、三眠、大眠、上山、收种、蚕病、蚕忌、又忌、论宁丝。]

庚午季夏慈东费烈传桐君甫口述　吾乡地滨大海，生齿既繁。自务农外，多以贸易为生计。鄞东之人，沿海捕鱼，此外土产不多，谋生维艰。余欲教以蚕桑，使男无旷工，女有常课，实为救时之良法。向来小溪樟村等处，间有种桑之家，土人未能深悉其法。今者余从申江至湖郡，一路皆属水乡，湖地最为低洼。又自湖至杭，近杭之土，地势渐高。桑性喜高燥，湖地实非宜桑之土，其所以擅利一方者，皆由人工所致。湖郡之田，名曰斗田，四边皆高筑塘以卫田，高处植桑，数十亩为一斗，或至二三百亩为一斗。约计植桑之处，不过农田十分之二。询去岁所入丝银，一千伍百余万缗。查湖府总捐局，丝每包捐洋廿六元，共计捐洋八十万元。是以富甲大江以南。吾乡土脉，胜于湖地，若能效法，几乎遍地可以栽桑，一二十年后，家家称富，无求于人矣。

蚕桑辑要

沈秉成，同治辛未（1871年）夏六月，常镇通海道署刊，中国农业遗产研究室藏。

[编者按：此为较早的版本。该版本吴学堦撰序与光绪九年（1883年）季春金陵书局版本在内容上有些许差别，常镇通海道署版本对沙石安的人物信息进行删减，因此将两篇序均列于后。]

《蚕桑辑要》序　世人泥《禹贡》“桑土既蚕”之说，谓种桑之地必择土性所宜，以致天下大利辄为方隅所限，不知五亩之宅可树桑，匹妇之家可饲蚕。天下有土之地皆可，种桑之地皆可养蚕之地也。文王善养老于西岐，孟子策王政于齐魏，俱以树桑为首务，未尝虑土性不宜，其明证矣。彼斤斤然谓迁地弗良者，皆游惰之民，不善治生，遂使先王良法美意不能遍及于天下，岂不重可惜哉！浙之湖州，蚕桑与农事并重，男耕女织，寖为风俗。秉成生长是邦，亲见每年所出之丝，四方来购者相望于道。窃谓此利若推之他省，更可衣被无穷，私愿所存，有志未逮。同治己巳夏奉命备兵常镇，冬季履任后，周历各乡，野多旷土，询诸父老，知重农而不重桑。乃捐廉为倡，郡之绅富，亦复乐成是举，踊跃输将。遂设课桑局于南郊，择郡人之公正者司其事，集资遣人至吾乡采买桑秧，得二十余万株，分给各乡领种，并颁示章程，导以培植灌溉诸法。年余以来，十活八九。高原下隰，蔚然成林。此后养蚕缫丝如法教之，亦在不惮勤劳耳。局董吴六符州同来请，将示谕规条汇成一编，付剞劂氏，以广其传。余谓劝课农桑，乃分内事，苟民得其利于愿足矣，然不欲重违其意，乃博采诸家之说，汇为一编，名曰：《蚕桑辑要》。又于书簏中检得先高祖所撰《蚕桑乐府二十首》，因并付之，非欲藉以传先人手泽也。其言简意明，人人可解。或亦利用厚生之一助欤。江南北壤地沃衍，果推而行之，其美利有不可胜言者，慎毋谓土性不宜，让苕霅间人独专其利也。同治辛未孟夏归安沈秉成。

告示条规　常镇通海道为劝种蚕桑以广生业事，照得生人以衣食为先，富国以农桑为本。镇江荐遭兵燹，物力凋残，弥望榛棘，地荒窳而不治，民流亡而未归，井里萧条，生计艰窘。周览郊野，恻然伤之。固缘军兴以来，土旷人稀，元气未复。而推原其故，实以民风逐末，一切治生本务从未讲求。为之上者，复无以倡率董劝之，以故地有遗利，家无盖藏。即力穑，农夫亦勤于男耕，惰于女织，偶值水旱偏灾，收成歉薄，赋税无所供，老稚无所养，不得不转徙四方，甚或饥寒，切身甘蹈刑纲。言念及此，可为痛心。夫天之生人，无论男女，皆有恒业，足以自食其力，无待外求。衣食之源，农桑并重。本道籍隶吴兴，蚕丝美利甲天下。尝见八口之家，子妇竭三旬，拮据饲蚕十余筐，缫丝易钱，足当农田百亩之入，举家温饱，宽然有余。江南地土松柔，天气和暖，与蚕性为近。即如郡属四邑，惟溧阳最号蕃阜，其民亦以蚕丝为业，富冠一郡。盖以天地自然之利，为斯民本富之源，妇职举而家道昌，用力少而成功倍，吾民亦何惮而不为乎？惟养蚕必先树桑，京口旧有蚕桑局，乱后中辍。且小民难与谋始，可与乐成。或因惜费而迁延，或以畏难而观望，苟安疑阻，迄用无成。本道来自田间，犆知稼穑，亟思所以纾闾阎之困，为吾民博求治生之方。捐廉派人前赴湖州，购买柔桑万株，并雇觅善种之人来镇，先于城中隙地酌量试植若干株，以为之倡。一面谕总董吴州同等，就城乡情形，妥议章程，设局劝办。仍俟种植有成，再由本道采买茧种，延请蚕师，遍行倡导。除另行示谕外，为此示仰郡城内外绅士军民人等知悉。尔等须知蚕丝之利十倍农事，无四时之劳，胼胝之苦，水旱之虑，赋税之繁。种桑三年采叶一世，大约每地一亩种桑四五十株，饲蚕收丝可得八九斤。今日多种一分之桑，他年即多得一分之利。凡我父老子弟，其各互相劝勉，切实讲求。一俟开局之后，报名认种领取桑条，分畦列植，务期多多益善，灌溉以时，为子孙美利之基，极家室丰盈之乐，庶无负本道勤勤保息一片苦心。所有种桑事宜，谨就前贤成法，摘录要言，开列于后。

《蚕桑辑要》后序　镇郡乡民只知耕稼，不知蚕桑，是以地多旷土，家无盖藏，兵燹后尤荒窳不治。同治己巳冬，观察吴兴沈公奉命来镇是邦，轸念民瘼，周历原野，遂出俸钱，兴蚕桑之利。学堦蒙宪谕董正其事，因商诸同志，学博张君太生，贰尹张君开淇，尚以镇地凋敝，一时筹款维艰为虑。其时别驾沈君增，司马魏君昌寿，力为怂恿，设法贷资。又得少尉包君履，正郎张君维桢，理问汪君淦，贰尹蔡君庆坊，皆观察同里，素乐善赞成其事。遂设局于城西之南郊，购桑分给乡民，并遴雇湖属善种之人，教以树艺之法。一时分司其责，如少府汪君玉振，太学王君铭勳，茂才眭君世隆，皆黾勉从公，不辞劳瘁。举行一二年，已有成效。噫！镇郡数百年来，户不知织，今观察兴此万世之利，其功岂不大哉！观察著有《蚕桑辑要》一编，并出其先大夫东甫鸿博所著《蚕桑乐府二十首》，言简意赅，亟请付刊，以广流传。俾读是书者，知树桑育蚕之方，详尽于此，于以见观察之为国为民如此其周且至也。行见美利普于江南，子子孙孙，衣被无穷，非皆观察之赐乎？谨附数语，以见饮水思源，不忘所自尔。同治辛未仲秋之月丹徒吴学堦谨识。

蚕桑辑要

沈秉成，光绪九年（1883年）季春金陵书局刊行，中国农业遗产研究室藏。

［**编者按：此书仅有一篇序，置于卷首。“常镇通海道为劝种蚕桑以广生业事”置于书尾。与常镇通海道署刊版本不同，书上前半部分为图说内容，后半部分为正文。**］

《蚕桑辑要》后序　镇郡乡民只知耕稼，不知蚕桑，是以地多旷土，家无盖藏，兵燹后尤荒窳不治。同治己巳冬，观察吴兴沈公奉命来镇是邦，轸念民瘼，周历原野，遂出俸钱，兴蚕桑之利。学堦蒙宪谕董正其事，因商诸同志，学博张君太生，贰尹张君开淇，司马沙君石安，尚以镇地凋敝，一时筹款维艰为虑。其时别驾沈君增，司马魏君昌寿，力为怂恿，设法贷资。又得少尉包君履，正郎张君维桢，理问汪君淦，贰尹蔡君庆坊，广文沈君凤藻，皆观察同里，素乐善赞成其事。遂设局于城西之南郊，购桑分给乡民，并遴雇湖属善种之人，教以树艺之法。一时分司其责，如少府汪君玉振，少尉杨君懋徵，太学王君铭勳，茂才眭君世隆，太学胡君裕伦，皆黾勉从公，不辞劳瘁。举行一二年，已有成效。噫！镇郡数百年来，户不知织，今观察兴此万世之利，其功岂不大哉！观察著有《蚕桑辑要》一编，并出其先大夫东甫鸿博所著《蚕桑乐府二十首》，言简意赅，亟请付刊，以广流传。俾读是书者，知树桑育蚕之方，详尽于此，于以见观察之为国为民如此其周且至也。行见美利普于江南，子子孙孙，衣被无穷，非皆观察之赐乎？谨附数语，以见饮水思源，不忘所自尔。同治辛未仲秋之月丹徒吴学堦谨识。

《乐府二十首》归安沈炳震东甫撰　湖之俗以蚕为业，甲午蚕月，余避嚣梅庄丙舍，比邻育蚕，自始事以观厥成，皆与焉。凡蚕一眠，即率钱赛神，相与族饮尽欢。余篝灯夜坐，偶亦见召闲语，父老曰：“赛神必有辞，何弗闻也？”父老曰：“唯讫事赛神，则有辞以述本末，然不文不可听。子盍谱之？”余偻指得二十事。闲数日，群聚索之，乃各缀一辞畀之，父老亦颇色喜。浅陋固不足道，然真率之意，有古风焉。渊明云：不觉知有我，安知物为贵？此之谓乎？

蚕桑辑要

三卷一册，沈秉成，广西省城刻本，光绪十四年（1888 年）春广西省城重刊，南京图书馆藏。

[**编者按：跋附书后。为沈秉成任职广西之际刊刻。**]

跋 窃闻地多盗贼，半由饥寒，野有流亡，皆缘游惰。盖民以食为天，衣次之，利以农为大，桑附焉。知民之生计，衣以辅食，即知政之本务，农必兼桑。广西土瘠民贫，百姓罔识蚕事。前同治年间刘武慎公抚粤，锐志兴办，刊有《蚕桑宝要》《种桑育蚕谱》等编，业经举行。旋因地方不靖，公亦移节，事遂中止，论者惜之，迄今十有余年矣。近幸边关底定，闾阎粗安，恰值归安沈宪来抚是邦，于下车之始，兴美利，怀永图。缘昔年备兵常镇，设局课桑，著有《蚕桑辑要》一书，言简意明，成规具在，民间至今食德。同一善政也，既可恩被南徐，何难惠敷西粤？今拟举办，凡在僚属，莫不鼓舞从事，唯与此邦绅耆谈及此举，有视为难者，有视为易者，不无滋疑，要之皆是也，必视为难，乃不至卤莽图功；必视为易，乃不至因循误事。即或地气有殊，物性不类，亦可以改种木棉，总期地无旷土，家少闲人，以共图乐利。近见朝邑相国以箴言作楹帖，有云：要自己耐劳耐苦，为百姓省事省钱。蚕桑劳苦在民也，劝蚕桑苦在官也，官能耐劳，使利归于民，民将自忘其劳苦矣。是去弊使民省钱，获利更使民积钱。厚生利用之源，其在是乎！夫敬姜贤媛警惰未尝废织，诸葛良相养廉犹赖树桑，民生于勤，往事有足法已。兹于试办之初，将辑要一编重刊剞劂，遍交牧令，使远近吏民奉为权舆，期不负我仁宪之心，他日桑叶成林皆棠荫也。其福被边疆，岂浅鲜哉！岁在光绪戊子春，按察使张联桂、布政使马丕瑶、署盐法道秦焕谨识。

蚕桑辑要

沈秉成、广蚕桑说·沈练合一册，光绪丙申（1896年）仲春江西书局开雕，中国农业遗产研究室藏。

［编者按：该书开篇第一篇序言为独有。其余有同治辛未（1871年）孟夏归安沈秉成序、常镇通海道为劝种蚕桑以广生业事告示规条、归安沈炳震乐府二十首序、同治辛未（1871年）仲秋之月丹徒吴学堦谨识、同治二年（1863年）岁次癸亥立秋后一日当涂同岁生嗛甫夏燮。］

序　古之言治者，农与桑并重。《诗》言：蚕月条桑。其地在豳。《孟子》言：墙下树桑，其地在岐。而今西北苦寒，鲜莳桑育蚕者。岂土宜异今古，地脉判肥硗欤？我圣朝勤政恤民，知民之大利，非农事一端可尽。乾隆年间《钦定授时通考》一书，颁行直省，树艺常经外，种植、织纴胪载綦详。江西书局敬梓行之。大哉！帝力弥伦乎天下万世矣。顾卷帙盈尺，既不能户置一编，而亲民之官复不能于校字之暇，按籍而导之。夫是以田畴治而地力芜，耕稼勤而妇功惰也。善有归安沈中丞《蚕桑辑要》一书，并溧阳沈君所著《广蚕桑说》，简而赅，明以晰，洵足以宣扬德意，而为化民成俗之捷诀焉。曩余守衡州，曾创设蚕桑官局，并印是书，散布民间，而衡民始享其利。乙未岁，恭膺简命陈臬江西。其七月又拜恩伦，署理藩篆。受任以来，事无巨细，必躬必亲。罅漏者补苴之，虚縻者撙节之，非敢谓弊果革、利果兴也，惟行吾心之所安而已。最不解者，江西与浙江相接壤，何彼以蚕桑甲天下，而此独阙？然适问江訒吾太守，华海初大令试行于瑞州吉水，业著成效，先得我心，良深快慰。爰循衡州旧法，受命大府筹款，于省垣东北隅，购置隙地，建立蚕桑官局。购桑秧、选蚕种，遴员任事，既粗有就绪矣。复取是书，付书局刊印，颁发各属，次第举行。务使民知其利，乐于从事。庶几田畴治，而地力以辅之；耕稼勤，而妇功以益之。由是而用汽机织丝绸，亦可徐图于数年之后，以杜洋绸之漏卮，与苏鄂织局相辅而行，诚江西居民之大利也。抑又闻之人道敏政，地道敏树，一也。江西风俗久渝矣，为民上者，果能躬行表率，以期乎潜移默化，上副圣天子励精图治之深心，尤愿与亲民之官同勉之。光绪丙申海虞翁曾桂谨叙。

育蚕要旨

董开荣，同治辛未（1871 年），抄本，中国农业遗产研究室藏。

[编者按：该书现存刻本尚未见。据说有同治十一年（1872 年）金陵刻本，但不知现存何处。]

序　黄帝制衣裳之法，而衣被天下。《周礼》因之亲桑作于上，树桑布于野。典至重、利至溥也。顾古农家诸子书传流绝少，魏贾思勰《齐民要术》九十二篇，始有蚕桑之说，而未能详尽，且不尽与今同。宋陈旉《农书》下卷，附论养蚕。秦湛又附《蚕书》一卷。元官撰《农桑辑要》，鲁明长又撰《农桑衣食辑要》，世久而渐详。国朝乾隆初年，钦定《授时通考》，以蚕桑列为一门，崇宏赅博，与《豳风》《无逸》鼎足不祧。按蚕桑盛于浙西，天下莫与敌。养蚕之月，夫不食，妇不眠，尽力以为之，勤劬六十日，而一岁之衣食赖焉。利厚而法密，匹夫匹妇类能与知。庚申之变，中废五载，数年以来，承弊兴作，渐复旧观。丝故产湖州，天下谓之湖丝。然迩岁，嘉兴所产，遂骎骎与湖角。又江苏溧阳，旧亦产丝，亚于湖。一县以为生计，此可知迁地弗良之说，不足尽之也。江南兵燹以后，田庐十损其八，旷土至多。今相国湘乡公秉钺秣陵，首重民食，出教命各属举废地劝民蚕桑。又遴需次官之贤者，分董其事。镇江、扬州各属以次举行。王君韵石，暨路青吾弟，膺是选，主金陵局。自夏涉秋，日有兴举，期以岁月，当必蔚然可观。近沈观察仲复撰《蚕桑辑要》，自种桑至收丝，条件分晰。又取诸器具，物物为图，其详备殆轶《齐民要术》而上之。昨路青相过，出所辑《育蚕要旨》，则又专取蚕政为专门，备述浙右民间之法。自浴种，迄酬神，凡二十四条。又补《蚕桑辑要》所未备者，二书相辅而行，扩而充之。自此，田无旷，民无游，王政之原起于布帛菽粟，此二书所裨，岂浅鲜哉？即以著述而言，列之农家，又可备天禄石渠之选矣。同治辛未十月全椒薛时雨序。

序 同治八年己巳冬，秉成分巡常镇，见民生凋敝，野多旷土，恻然伤之。遂出俸钱，建课桑局，教民树桑。逾年，而上原下隰，蔚然成林。适湘乡侯相再督江南，都人士亦请种桑，侯相以秉成首倡课桑之举，檄令选举熟习蚕桑之员。秉成以张司马亦贤、王贰尹良玉荐侯相，胥任之。两君度地垦田，购桑雇工，克勤其事。邮寄《育蚕要旨》一编，请序秉成。受而读之，由浴种，以至藏种，条分缕晰，详哉言之！与秉成所编《蚕桑辑要》有互相发明者。两君俱吾同社人，蚕事固童而习之，愿由茧丝而保障后之教养斯民，其更有大于此者乎。同治辛未孟冬之月归安沈秉成序。

蚕桑图说提要

张寿宸，同治壬申（1872年）孟冬耐园精舍锓板，华南农业大学藏。

[编者按：复旦大学亦有一部。书中其一首序撰者张寿宸，其二为常郡《蚕桑合编》原序，即道光二十四年（1844年）岁在甲辰仲冬月吉苏藩使者瑞昌文柱序，此处略。其三凡例五则。书后一序。]

序 浙省蚕桑之业，莫精于嘉湖，亦莫盛于嘉湖，而嘉湖得以享其利且专其利者，风行既久，比户皆习而知之，不待教而能也。吾宁籍隶浙东，此独缺而弗讲，岂服田力穑已足为仰事俯畜计乎！抑知务耕不务织，幸而年丰，尚不至时形拮据，不幸而年歉，则给公不能赡私，赡私不能给公。民之穷也半由于此。或以为宁之土不宜桑也。顾桑性喜高燥，嘉湖之地最为洼下，而人功所致，犹得获蚕桑之利，富甲大江以南。况吾宁地滨大海，无水溢之虞，仿而行之，可获倍利也，明矣。意者不习其事，不明其法，遂并大利而弃之耳。今年秋，友人刘静香过耐园，袖出常郡刊行《蚕桑合编》并《蚕桑说略》示予，披读一过，见其于树艺饲养之法，缕晰条分，至详且备。予从而汇辑以付梓人，颜之曰：《蚕桑图说提要》。意在劝兴蚕务，明切指示。又以明年癸酉，筑平原十亩，种桑三千株，学圃之诮，固所难免。然而得是编者诚能如法而行，将见蚕桑之业，不得专利于嘉湖。而既耕且织，亦未始非端本善俗之一助云。至是编雠校，则从兄鹿笙力也。同治壬申孟冬月鄞东张寿宸书于耐园精舍。

书后　天下多奇男子，而或出或处，显晦不同。故子房虎啸，安期生遐举于海滨；药师龙骧，魏先生高隐于岩穴，非才有不同，运有不同也。宾笙张君，天下奇男子也，与余交久且深。平生好击剑，读兵书。酒酣则操铜琵琶，拍铁绰板，唱大江东去，声情激越，一座皆倾。弱冠事科第，郁郁不得志，思挟策走燕赵川蜀，英姿飒爽，想见王景略陈同甫之风，亲朋以家有老母劝，不果。余以少有肝胆，疏而忘机，致蹈复社故辙，幸见几而作，不俟终日，登海舟客异乡，及弋人篡之，而鸿飞已冥冥之矣。厥后事渐寝，将归故里，先过宾笙家，窃以为其人意气磊落，顾盼自雄，精悍之色不少改。及入其庐，则安排笔研，闭户著书，炉香杯茗，清气飘然。余何人耶，乃以气节自负耶！而栗陆道路往返数千里，对之不觉爽然失也。坐定责余，以文章贾祸，勇而无谋。余询其所为，方以衣被天下为己任，分薄田数十亩，植桑三千本，为一邑倡。号其庐曰："赛南阳"，取武侯隐居有桑八百株之意。盖昔日志在经纶者，今则志在桑麻；昔日志在戎马者，今则志在俎豆矣。使一旦得用于时，知必舍桑麻而经纶，易俎豆而戎马也。余乃益奇其为人。咄咄惊诧曰：奇男子，奇男子！同治十一年十月盟弟屠正规子中甫顿首拜撰并书。

增刻桑蚕须知

叶世倬，同治十一年（1872年）冬月镌，板存署内，复旦大学图书馆藏。

[编者按：目录有郭子章桑论、水深土厚宜树桑说等。后附叶世倬序。《树桑百益》目录，均为医药知识。新增《桑蚕须知》目录有通饬黔省种橡育蚕檄、劝种橡养蚕示、养蚕事宜五条、纪山蚕、养蚕诸忌、劝养蚕歌、劝种桑歌、救病蚕方论。]

《增刻蚕桑须知》序　西蜀蚕丝之利衣被天下，以其地沃而人勤也。壬申夏余奉檄任大足，入其境，见田野辟治，而树木稀疏，种桑者更百无一二，甚诧之。接邑人士谈及去岁旱歉，百姓饿殍流亡。余曰：此间地肥宜桑，何不树桑养蚕以助农之不足。佥曰：五年前邑侯罗公劝民种桑，人多感动。甫年余受代去。后任此者，皆五日京兆，故蚕桑之事作而仍辍。余询邑学博沈君心如，复得其详，并知罗公曾刻散《蚕桑须知》一书。嗟乎！愚民之难于谋始而安常忘变也久矣，今幸值年丰，民安得与二三邑士讲求乎兴利救弊之道。复取《蚕桑须知》书板，残阙者增补之，印刷千百本，广为劝谕。邑士请弁语其端，因记颠末以成前人之善政，普斯邑之美利云。同治十一年岁次壬申冬城固王德嘉筱园氏书。

顷间接手书，并寄《增刻蚕桑须知》一册，属为序。余老废不复与民事，且学殖荒芜久矣。小垣能文者，何所重于余而远属之。小垣新政，道远未及闻知，而其素可信也。兹者留心蚕桑，则其肫肫于民事，已可概见，固亦所乐闻也。窃维孟子谈王政，百亩之田，五亩之桑，夫耕妇蚕，养以先教，无余事也。制产之政非今所能及，而沃野农田，在川省已无遗利。蚕桑又其土宜，以织佐耕，成效处处，而乃有未桑之土，此缺憾也。小垣既已布其书，设其局而告谕之、督劝之。计惟是设诚致行，久而无懈，使士民欢欣鼓舞而乐为之。数年以后，如食者之知味，虽禁之不能止。为小垣计，为小垣之为百姓计，如是焉已耳。而岂以区区之一言为重乎。书此以复小垣，其以为何如也。同治十二年癸酉开岁二十二日乡愚弟牛树梅书于成都寓邸。

《蚕桑须知》一书，罗鑑平刺史令大足时，刻以劝民者也。又栽桑二万株，俟成林，自养蚕以率民，未几升擢去。壬申秋，王小垣明府莅足邑，明府守道爱民君子也。岁值荒歉之后，民气尚未复元，明府奉公洁已，勤恤民隐。不数月，人和年丰，凡事有利于民者，无不次第举行。因念蚕桑以济民食之乏，又见罗公旧桑，凋枯过半，慨然以兴蚕利为己任，出示遍谕，复补种数万株于官地。命罗生典臣，姜生聘臣，知蚕者董其事。于是百姓咸知种桑，其勃发之机，浸浸乎桑遍四野矣。广谓鑑平刺史创始，其功固大，然非明府之实心任事，济其美而董其成，则蚕桑虽美政，行不行犹为可知，是明府实大有造于足邑，尤令人歌讴之而不能忘也。是书前经散发，而未得者尚多。今明府捐廉增刻，广为印布，将家守一编，物土之宜而获其利，从此风移俗易，衣食足而礼义兴也，岂不懿哉？因书数言以跋卷末。同治癸酉岁正月谷旦大足县训导沈廷广敬跋。

《增刻桑蚕须知》序　戊辰三月，予宰昌州，每见宅少树桑，室无蚕缫。窃谓天下大利必归诸农，夫人而知之矣，独不知蚕事与农事并重，而利有倍于农者。何欤？顾或者曰风土不宜也。吁！何所见而云然乎？斯邑土润风温，无不宜桑，即无不宜蚕，而况自兵燹以后，元气未复，继以津贴加以捐输芜，且邻省筹饷，接踵而来者不一而足，民力纾焉，否耶！则更宜开桑蚕之利而不容缓，正辨论间，沈心如学博过访，闻而欷歔，太息曰：曩于吾乡陆古棠同年权篆时曾议及此，旋即交卸，事遂寝焉。惜哉！志未逮也，暨遭贼匪蹂躏，并将所植桑株斫伐殆尽，尤为遗憾。今已十余年矣。噫！沈君诚有心人也，乃与商劝课法，出视其所藏叶公《桑蚕须知》一帙，纲举目张，条分缕晰，法已云备。又为采辑得醃种、裹种、窝种、子转、报头、妆蚕、喂蚕、体刮八则，增于擘蚁之次。较之原本益详，爰加核校，另刊成书，遍散闬里，家喻户晓。果能遵此法而行之，将见利溥桑蚕，俗成庶富，彼执风土之说者，应亦悟利不尽归农，而叹前此之坐失其宜也。夫仍颜之曰：《桑蚕须知》，广叶公之传也。而即以为成陆君之志，与遂沈君之心也。可是为序。同治七年秋九月古滇罗廷权鑑平氏书。

原序　尝读《周官》典丝掌丝，㡛氏湅丝。知古圣人为民计至深且远也。天下无不可耕之土，即无不宜蚕之地，乃关中宅多不毛，妇休其织，或曰风土不宜也。汉南阻山滨江，土湿少寒，其风景与楚蜀略同。夫润则宜桑，温则宜蚕矣。余前年来守金州，其宅不毛，妇不织如故，则亦曰风土不宜，出丝粗劣，不中罗绮，其利薄也。于戏！古人蚕桑之教起于西北，今则其利尽归东南，秦人知农而不知桑，一遇旱涝，则饥馑随之。不知蚕桑之利倍于农，而其功且半于农，毋乃先代之失其传，抑亦有司劝课之未详。与乾隆初兴平杨氏惜乡人坐失衣被之利，独古人成法一一躬亲试之，无不验者。初无东西南朔之殊，于是纂辑《豳风广义》三卷，其于树桑、饲蚕、缫丝、织纴之法，具有次第条理，卷末复附以树畜之道，田夫野老，皆可通晓。夫《农书》《蚕经》

《齐民要术》《士农必用》诸书非不详悉，要不若以秦人之书为秦人劝，则尤信而可征也。爰于桑蚕两卷，择其精要，先付剞劂。惟期山农简明易晓，其余则姑略焉。颜曰：《桑蚕须知》，凡我士民，其各依法行之。异日茧丝之利溥，织纴之工兴，当更求杨氏全书读之也，可杨名屾，字双山，西安兴平人。嘉庆十四年岁次己巳仲春既望上元叶世倬书于玉屏山馆。

《树桑百益》序 昔余尝刻《桑蚕须知》，劝山中树桑饲蚕，年来郡县士民，种植日广矣。顾人知桑之益于蚕，而不知其益于人。止知疗病者用桑皮桑叶桑枝桑椹，而不知桑柴之有火，火之有灰，桑之有虫，虫之有粪。又桑花桑汁桑耳，无一不可用也。余甚惜之，山僻购药不易，而庸医率多以草药应之，往往杀人而人不知。诚大病也。爰检《本草纲目》，截录桑之修治主治气味，及附载各方，其有发明者，亦间采录，而柘亦附焉。续刻《桑蚕须知》之后，俾人人知桑之物薄而用重如此，颜曰：《树桑百益》。而其实所益不仅以百计也。屋角田边，取携甚便，几我士民，幸益努力焉。嘉庆辛未季上元叶世倬书于玉屏山馆。

《桑蚕须知》跋 蚕桑大利也。我邑经数明府董劝难兴者，匪唯民之故，实倡率不先之故。今观小垣司马，其董劝故甚详明，而尤聘邑绅知蚕者，种稚桑数万株于附城隙地。通计旧植老桑，可养蚕若干箔。即令制箔网、车架等具，设局饲蚕，明示法则，俾士庶共见共闻，破除疑畏。既已刊布蚕桑书，复取书之难记忆者，作诗章纪其事，便民诵习，其用心亦良苦矣！且谓是诗得赴渝途中，嗟乎！风尘鞅掌，犹殚厥心，编氓虽愚，当知兴感。天生循良以养民。公其庶几乎？因亟请付梓，以附是书后，治晚生廖沛霖谨跋。

五亩居桑蚕清课

曹笙南辑，曹英履诠次，曹韶南、曹蕊校字，同治壬申（1872年），抄本，中国农业遗产研究室藏。

［编者按：中国农业史资料第257册，动物编。内容有池阳曹笙南自识凡例、卷一树桑征信篇、育蚕征信篇、农隙话、妪解录。安徽师范大学图书馆藏

同治十一年（1872年）青阳曹守成庄刻本。]

《五亩居桑蚕清课》序 庚午冬夜，与兄子履安联牀于里居之补巢。谈及乡里，户鲜不耕，邑有余粟，非复道光时土狭人稠，乐岁仅支三月粮矣。特陈陈相因，四达旱道，负戴未便，谷贱伤农耳。有识者耕而兼桑，诚地方转移之善策也。岁壬申，树桑育蚕者，村有其人，苦未娴其事，往往得失相半。一日邻翁谓予曰：子之树果木，艺花卉，无论大小莫不畅茂，信得种树之三昧矣。树桑育蚕，有说以惠我乎？予曰：有。随取陈西山《农书》、秦淮海《蚕书》，与之谈论竟日，邻翁喜而退。予久有树墙下计，因于炎夏，遍搜藏籍而獭祭之，证其源流，考其器具。复于友人处得近刻蚕桑书数种，辑述成编以自课。兼以应邻里之致问者，题曰：《桑蚕清课》。另录一册，寄兄子履安，谓就正于徽属之客嘉湖者，以坚所从也。不一月诠次校字，缮写成帙，赍还另函商付剞劂，为乡里导其先路。予初嘉其意而未果，复承族中诸君子怂恿之。因念兵燹甫平，流离失业，里人欲求一饱而不可得。今耕九余三，野多旷土，咸欲兴此以佐农事。若古所谓富而后教者，其庶几乎？爰增凡例数言，付之梨枣，以与蚕桑者商焉。邻翁闻其事，复语予曰，我池地瘠民贫，土人恒难自给，即舌耕亦未能厚获其馆金，故往往以贫累弃举子业，谋食四方。诗书发跡者，不数数觏，议者佥以鼓励儒术为难。许文正公有言，儒者宜以治生为急务。古者上出于农，我仪图之，治生之策，惟桑蚕宜。盖无有沾体涂足之苦，自裕仰事俯畜之资，仅分一月之功，不妨终岁之课，无论备束脩，供膏火，使之无内顾忧，可以掇巍科，衍实学，即释褐之日，亦可藉佐养廉也。有是编而为儿辈读书，志决矣。予曰：如翁言，桑蚕者，齐民利产也，亦儒门之诒谋焉。即谓是编为儒门谋生书，无不可，翁唯唯而退。时剞人告成请序，因书始末，并次翁言于右，请质诸同志者。旹同治壬申仲秋月吉泉流山人曹笙南序于济水书仓之静簃。

壬申季夏，得四叔家书，并《桑蚕清课》稿本，凡四卷，分门别类，考证详明。卷一、二为《征信篇》，类皆节录诸书原文，标以书目，所以征信也。卷三曰《农隙话》，言桑也。卷四曰《妪解录》，言蚕也。亦皆考核各籍，参互详述，而以浅语出之，使人易晓焉。且桑，农余事也。以“农隙”名篇，俾知其不妨农务，不致有恃桑而荒农者。蚕缫，妇本职也。以“妪解”名篇，则职业归之妇人，庶各勤于内助也。今古合参，雅俗共赏。蚕桑近刻，鲜此善本。窃思蚕桑利产也，行之一乡，岁可入资数万，广之一邑，岁可入资数十万。且桑皮可以造纸，桑枝可以作薪，熟葚可以制酒，冬叶可以饲畜，次茧可以成绵，茧衣可以络线，蚕沙可以壅田，蚕蛹可以为腊，产息既巨，余利足多。贫者可收捷效以周急，富者亦可取盈以继富。兴之可以勤妇职，传之可以贻孙谋。无耕耨之劳，无水旱之厄。少则贸于内地，多则通之外蕃，宜乎子舆氏言恒产，而以桑事为首务也。爰将稿本为之诠次，小叔藕生、四弟祖香，执校字之役，缮写成帙，赍还，函请镌木为邦人劝。久之得家书，始知已付手民，旦夕告成矣。嘱英附一言于后，英喜乡邦利产之将兴，因书此以附篇末云。同治壬申九月姪英谨识。

淮南课桑备要

方浚颐，同治十一年（1872年），抄本，南京图书馆藏。

[**编者按：内容有计开八条、诸家杂说十三条、缫丝法十二条、蚕桑杂说。**]

《扬州课桑局记》　自来耕田之外以织为先，而蚕利之兴厥桑宜树，是以张咏崇阳之植，姜彧滨州之栽，慕容平川之移，王宏汲郡之教，莫不植之沃土，采以春阳，法创一时，利赖百世。而况俗多游惰，室鲜盖藏，断壁颓垣，欲续芜城之赋，寸丝尺帛，畴为蔀屋之谋乎！余以同治八年奉命都转来扬，时寇难甫平，民居初复。邗沟四境，未编禾麻。蜀井一隅，尚沦榛莽。爰与属僚之能者，拟为课桑之策。于十年秋，举而行之，因民所利，甫创新规，迁地为良，远谋嘉种，亦既讲求务尽，劳费勿辞矣。又念课非虚设，宜立总枢，桑必先栽，须筹隙地。爰于小金山之东，得江氏净香园故址焉。路犹近郭，境已在郊，迆逦青芜，遥连萤苑，延缘绿水，低傍虹桥。遂因度地之宜，定为建局之所。港通舟楫，则逸于运输；陇拓圃畦，则宽于莳插；道里均会，则便于取携；官绅并司，则易于求应。而且种植多术，招及场师，经费预储，取诸市税，计必审，法必详也。尝考扬州之域，地控淮海，业擅（卤昷）（卤褭），男争负贩，广斥是营，女躭游熙，繼軠莫辨。在昔马稜之复陂湖，杜佑之积米谷，王琪之禁锦绮，刘晏之调枲麻，亦皆有志于鞠人，未及设谋于桑土。惟宋罗适之事，见秦淮海之文，其所称溉田六千顷，桑亦八十五万株有奇，是则既重农工，兼修妇职，中闺互勖，敦俗何难？今此举甫及一年，闻郡东诸处已有获其利者。果能树艺如法，培溉按时，将见陌上阴浓，墙下布濩，戴胜初降，如盖童童，仓庚其鸣，倾筐宛宛，是诚官斯土者之幸也。局之制前辟堂皇为办公之地，旁开轩槛为揽胜之区。因思国初，海寓承平，民物殷阜，时王阮亭司寇以推官主持坛坫，招致琴尊，案牍之余，颇多雅集，吟篇之出，竞入新声。曾因修禊良时，用葺冶春诗社，即今遗址已荒，典型未坠，小山可望，大雅堪思。败井颓垣，动行人之想像；流风余韵，致过客之句留。廼于屋划东西，别成新构，并以地宜觞咏，仍袭旧名，他日盛会代兴，文藻辉映，溪漾朝曦，时见漂茧，檐上新月，静闻鸣梭，即物摅怀，倘亦赋春游者之一事乎！夫功莫难于图始，效莫难于经久。予尝于簿书清暇，循行阡陇，喜睹沃若之盛，尤愿栽者能培诏彼野老，戒其荒嬉。习业既娴，余利斯券，从此比舍歆动，操作任劳，内梱所务，足佐田功，掺手所司，可赡食指，化佚乐为勤劬，转呰窳为康裕，所谓五亩之宅必树桑，未尝不胜于十年之计在树木也。工既竣，作为此记，以念来者踵而行之，当与予有同志云。时同治十有一年岁次壬申仲冬之月定远方浚颐撰并书。

上两江总督禀　敬禀者，窃查生人以衣食为先，富国以农桑为本。扬州自遭兵燹，土旷人稀，元气未复。推原其故，实以民风逐末，一切治生本务，从未讲求。为之上者，能无倡率劝勉，以与民间共图乐利。本司少时随宦吴兴，切见蚕丝美利甲于天下，八口之家，子妇竭三旬，拮据饲蚕十余筐，缫丝易钱，足当农田百亩之入，举家温饱，宽然有余。现在镇江府城已由常镇沈道设局课桑，劝民养蚕，行见地方蕃阜。盖以天地自然之利，为斯民本富之源。惟养蚕必先树桑，本司现拟筹款，派人前赴湖州一带购买柔桑，并雇觅善种之人来扬，先于城中隙地酌量试植，以为之倡。仍俟种植有成，再由本司采买茧种，延请蚕师，遍行倡导。除札扬州府英守转饬各属遵照，一面札委候补知府李守光熙、候补运判丁倅葆元，就城乡情形，妥议章程，设局劝办。一俟委员复到，再行详办外，合将现拟劝种蚕桑情形先行禀明，仰祈宫太保、侯中堂鉴核批示。祗遵奉批。据禀已悉。课桑养蚕实为培养民气善举，该司既筹议举行，仰即饬令印委各员妥议章程，次第办理。仍随时与镇江、江宁互相咨商，期彼此皆有利益也。缴。

布政使衔总理两淮都转盐运使司盐运使方为劝种蚕桑以广生业事。照得生人以衣食为先，富国以农桑为本。扬州荐遭兵燹，土旷人稀，元气未复。推原其故，实以民风逐末，一切治生本务，从未讲求。为之上者，能无倡率劝勉，以与吾民共图乐利。夫天之生人无论男女皆有恒业，足以自食其力，无待外求。衣食之源，农桑并重。本司曾至吴兴，蚕丝美利甲于天下。尝见八口之家，子妇竭三旬，拮据饲养十余筐，缫丝易钱，足当农家百亩之入，举家温饱，宽然有余。现在镇江府各属已经常镇道沈设局课桑，劝民养蚕，行见地方蕃阜。盖以天地自然之利为斯民本富之源，妇职举而家道昌，用力少而成功倍，吾扬属居民亦何惮而不为乎？惟养蚕必先树桑，本司现拟筹款，派人前赴湖州一带购买柔桑，并雇觅善种之人来扬，先于城中隙地，酌量试植，以为之倡，一面劄饬府县，并委员就城乡情形妥议章程，设局劝办。仍俟种植有成，再由本司采买茧种，延请蚕师，遍行倡导。除另行示谕外，为此示仰城乡绅士军民人等知悉。尔等须知蚕桑之利十倍农事，无四时之劳，胼胝之苦，水旱之虑，赋税之繁。种桑三年，采叶一世，大约每地一亩，种桑四五十株，饲蚕收丝可得八九觔。今日多种一分之桑，即他年多收一分之利。凡我父老子弟，其各互相劝勉，切实讲求。一俟开局之后，桑树购到，再行酌发领种。或由尔等自行前赴江南一带，采买种植，务期多多益善，灌溉以时，为子孙美利之基，极家室丰盈之乐，庶无负本司勤勤保息一片苦心。所有种桑事宜，谨就前贤成法摘录要言，开列于后，特示。

蚕桑实济

陈光熙，六卷，两册，同治壬申（1872年）刊，中国农业遗产研究室藏。

[编者按：《蚕桑实济》目录有《树桑捷验》卷一、《育蚕预备》卷二、《育蚕切忌》卷三、《育蚕急务》卷四、《蚕桑杂附》卷五、《蚕桑补遗》卷六。]

序 我朝以郡为府，以郡守为知府者，盖寓耳提面命、发聩振聋之意焉。何以言之？曰：知府云者，应知阖府政事有裨于民者，增之，无益于民者去之而已。第人心不同，风土各异，数千里外之人足迹未经之地，骤应职守，其政事从何而知之？曰："十室之邑，必有忠信；一郡之广，自有贤者。"先与郡之贤者讲求治理，或师焉，或友焉，何患不知其政事哉？余守此服官有年矣，辛未仲冬奉命守夔，晤夔人之官京师者，辄询在籍绅耆孰贤？佥以万邑陈缉菴先生对。壬申春来蜀，道出彝陵，晤夔人之官楚者，问之，其对如故。入夔接见僚属暨诸父老，又问之，其对仍如故。心窃景仰而又疑焉，经万谒先生于万川书院，先生道德光华，睟面盎背。乃知先生学养有素，诚中形外而称者非虚语也。咨以地方利弊，民生疾苦，政事得失，先生洞悉体要，剖析如流，益叹先生学有本源，体用兼备，而称者未尽其所能也。既及蚕桑，先生曰：是亦有裨于民，应增之一事也。蜀民本知蚕桑，成保顺嘉诸郡皆有成效，独夔未之行，或行而未广。蚕桑成法具在，惜无举行者。余因请先生采辑群书，折衷至当，自成一编，而以提倡董劝为己任。先生曰：善。迨余下车匝月，先生邮寄《蚕桑实济》一书，详加批阅，其于树桑、育蚕诸法，至详且备，亟付剞劂。行属按法举办，是有在贤有司实力奉行，鼓舞而振兴之，庶几先生之书利溥且长也。是为序。同治壬申秋八月江左蒯德模子范题于古云安官署。

序 世运之盛衰由风俗，风俗之厚薄关政教，而政教之足以阜民财，得民心，化浇风而成善俗者，则耕桑其首务焉。盖食出于耕，衣出于桑，生民之命，于是乎讬二者不可偏废也。昔者周公作《七月》之诗以明农事，而曰“求桑”、曰“载绩”、曰“授衣”。其为农桑政计至周且密。国朝本此意以教天下，孝弟而外，首重农桑。图绘耕织，悬之黼座，重本图也。蜀都古号蚕丛，蜀王教民养蚕，铸金蚕数千。春二月亲集蚕市，分给所铸于民，以为瑞诱。教数载，其政大兴。至今成保顺嘉诸郡，岁收丝利。夔亦东川大都会，地气温煖，无物不生，树桑育蚕未必多让诸郡，顾往往知农不知桑，有耕夫无蚕妇，此何以故？或者明季兵燹后，田且不治，此事遂废欤？抑亦入籍者半自远方，土著流亡殆尽，寖失其传欤？居今日而追盛治、踵前规，非得当道大有力者提倡董劝，官吏未必知所教民，亦未必知所从事也。岁之四月，郡尊子范先生奉简来夔，慨然以维风俗、兴政教为己任，道万枉顾，询以蚕桑事宜，并命详采验方，镌示合属。别后检家藏农书，凡树桑育蚕之说散见各集者，靡不搜罗。然都此详彼略，甚且铺张，无伦序，难以适从。既晤门人刘衍芬茂才，得睹《蚕桑琐说》。是书也，不知纂自何人，乃前署云阳县篆鄢明府所刻也。图说多本杨双山《豳风广义》，而引他书以尽其余，杨子殚精数十年，乃得出亲验良方，著为论说。其树桑则括以种子、盘条、压枝、修柯、栽接六法，其育蚕则先备什物、蚕料、蚕室、择种、浴种，然后下蚁、饲养，定为二十五日之限，日饲桑叶有数，而缫丝之法亦精。此外杂引群书，亦非茫无足据之说。刘为我邑右族，子姓业蚕者众，岁得丝累数千金计。获是编以来，如法行之，百不失一，洵善本也。顾其中亦有脱略处，如采双山树桑法，独遗种子、修科、接桑三说，而参以他说之简易。饲蚕取四眠四起，与蜀种不合。他如火具、丝车之类，存其图，遗其说。又有一物而两见者，有一事两说，而歧出两卷中者，先后失次，阅者茫然，即令瑕不掩瑜，未免驳杂之恨焉。爰就管见所及详加校雠，阙者补之，复者删之。间有二说并存者，旁注附录以别之。大率以《豳风广义》为经，以琐说中原引各条，及采自他书与所闻于近地试验者为纬，汇分六说，首以树桑，次以育蚕，而育蚕中又分预备、切忌、急务三说，以杂附补遗，终其音释，则详加考订，汇附各卷之末。总期宜土俗、合人情、不戾天时、不违物性，名之曰《蚕桑实济》。取先王务本崇实之义，且令阅是编者共晓然于实心实政，非等无济之空言也。孟子陈王道，首举农桑，当时诸侯王以为迂阔，顾未洞悉美利，虽有良法，不欲锐意讲求耳。商贾北马南船，靡靡然橐重资走数千里外，客老江湖，以求不可必得之利。诚知有如此之利出于自然，效归于必得，不匝月而罢课，不出门而奏功，抑亦何惮弗为者？汉兴劝课农桑，循吏辈出，其时政教修明，几至刑措，而风俗骎骎乎有三代之遗。夔俗史称浑朴，即今蚕桑废弛。而如大宁，如云阳，如我邑，南北两岸尚有人世守之以为业。幸际贤太守竭情劝督，示之成法，以利其从，立之限期，以观其化，要之信赏必罚，以齐其成行，将骈阡翳陌，桑荫葱茏。不数年间，蚕政备举，富可立致，教可渐行。固知春酒羔羊，秋风蟋蟀，豳土之风俗不难为我夔期也。或谓世运迁流，今不逮古，然衣食足而礼义有不兴者，未之前闻。窃愿夔之民实力体行，勿负贤太守维风俗兴政教肫肫爱养之至意焉，则幸甚！同治壬申夏六月既望万州陈光熙识。

湖蚕述

同治甲戌（1874年），乌程汪曰桢，光绪汪氏刻本。

[编者按：该书目录有四卷，记述桑、蚕、茧、丝等。]

《湖蚕述》序　蚕事之重久矣，而吾乡为尤重。民生利赖，殆有过于耕田，是乌可以无述欤！岁壬申，重修《湖州府志》，蚕桑一门，为余所专任。以旧志唯录沈氏乐府，未为该备。因集前人蚕桑之书数种，合而编之，已刊入志中矣。既而思之，方志局于一隅，行之不远。设他处有欲访求其法者，必购觅全志，大非易事。乃略加增损，别编四卷，名之曰《湖蚕述》，以备单行。所集之书，唯取近时近地，虽《禹贡》《豳风》《月令》，经典可稽，贾思勰、陈旉、秦湛完书具在，然宜于古未必宜于今，宜于彼未必宜于此。不复泛引，志在切实用，不在侈典博也。编甫成，客有消其繁琐者，余应之曰：吾湖蚕事，人人自幼习闻，达于心不待宣于口，视为繁琐宜也。若他方之人，恐犹病其缺略耳。至于提蚕择叶，有目力焉。出繀缫丝，有手法焉。分寸节度，匪可言传。器具形制，亦难摹状。且四方风土异宜，必不能尽拘以湖州之成法，是则变通尽利，存乎其人矣。同治甲戌六月望乌程汪曰桢撰。

《湖蚕述》序 蚕桑之事，我湖最详。蚕桑之利，亦我湖最溥。职是业者，已振古如兹矣。是何可无撰述以为他方之则效乎？《广蚕桑说》，沈氏清渠刊之于前；《蚕桑辑要》，沈氏仲复著之于后，且辑要中载其先大夫东甫徵君所著《蚕桑乐府二十首》，言简意赅，皆足以信。今传后，是知我湖蚕桑近惟我宗已并得推行而尽利矣。乌程汪谢城广文曰桢，前修《湖州府志》，蚕桑一门为其专任。将东甫乐府益以他书，刊入志中。惧卷帙繁重，难以行远。则编《湖蚕述》四卷，始于总论，终于占验，分类四十，事不厌密，法不厌详，视清渠、仲复之书，搜罗较富。予既序其《湖雅》，谢城又手此编索序，予谓此书行之我湖，利溥我湖；行之异地，利溥异地。国计民生所关更大。我沈氏恐不得专美于前矣，复不辞而序之如右。光绪三年岁次丁丑二月德清沈阆崐肖岩父撰。

蚕桑摘要

吴江任兰生，光绪元年（1875 年）刻本，中国农业遗产研究室藏。

[编者按：该书目录有培养桑树法二十三条、蚕性总说、育蚕收茧法四十三条、缫丝法十六条、蚕桑杂说三则、诸多图说。]

蚕桑天下利也，而不知其利者，每漠然置之，吁可惜哉！不佞从事皖北十有余年，发捻之乱，弥望萧然。荡平以后，亦既开垦田亩，各勤耕作。而历年已久，民气卒难元复者，良以治生本务，未能详尽。地有遗利，民有遗力，偶值水旱偏灾，家鲜盖藏，不得不转徙四方，另谋衣食，甚或饥寒迫切，甘蹈法网，兴言及此，真堪痛心。夫天之生人，男女皆有恒业，力足自食，无待外求。诚于农事之外，更勤蚕事，辛苦不过月余，操作可藉女工，且无胼胝之劳，无赋税之扰。综岁所入，有较之仅力南亩而利实数倍者。况蚕桑事了，然后插田，先后举行，两无妨碍。即使土性或有不同，而苟得其养，无物不长，天下有土之地皆可，种桑之地即皆可养蚕之地。孟子论政，诸葛治家，率以树桑为务，未尝有迁地弗良之虑。但购桑较远，获利稍迟，民间素非熟习，骤令自行兴办，难免疑信相参，仍怀观望。用为筹款，先于寿州设局试办，以凌苌村大令会州牧主其事，而以绅之贤者董之，往嘉湖采买桑种，募业桑之人，并先期示谕。令民各量地亩，于冬初赴局呈请，局中志其姓名、里居，及所请数。春初桑至，如数发给，即令所募之人，分途教导，主者时复周历，察其中否如。临邑之民，有闻风而愿兴此利者，当岁以九月为率，各以其数上之有司，有司以十月为率，汇告局中，同为购运。来春赴局请领，即以寿人之习者教之。统俟三年有成，酌归桑本，仍为购备蚕种、缫具，及教习之人，次第相授。约计五年，全功竟而效可见矣。以天地自然之利，为闾阎致富之源。织事举而家道昌，用力少而成功倍。由是互相劝勉，推行尽利，实生道之一大助也。爰于种桑、饲蚕、缫丝三事，取先辈时贤成法，择其要者，各录若干条，并图桑式，兼及器具，付之手民。俾种桑者家置一编，以其暇日，按图考说，详细讲究，庶领会于心，异日桑成，饲蚕缫丝，无俟远求浙人之教，不亦善乎。区区之意，尤望关心民瘼者广为传播，使蚕桑之利家喻户晓，衣被无穷，诚斯民之厚幸焉。光绪元年夏四月吴江任兰生。

蚕桑备览

恽畹香，光绪三年（1877 年）恽祖祁刻本，中国农业遗产研究室藏。

[编者按：中国国家图书馆藏有一本。另北京大学图书馆藏光绪七年（1881 年）仲冬遵义县署翻刻本，应为涂步衢本，见林肇元《种橡养蚕说》。]

《蚕桑备览》序　自西陵氏以蚕织教民，而蚕桑与稼穑并重。《诗》歌蚕月，《书》称桑土，《戴记》详躬桑之礼。孟子以王道勉齐梁之君，尤三致意焉。后世循良吏，劝课农桑者，不胜枚举。国朝陈文恭公抚陕时，设局省城，踵行各属，织成绫绸充供奉。高宗纯皇帝奖谕，良足为疆臣法式。然而督率在大吏，奉行则在有司。倡始在会城，因时因地，相机化导，则在一州一邑。何则？地近而情亲，其势然也。永州当楚粤之交，山多田少，商贩不通。农民偶值偏灾，即罹转徙之厄。又其地民猺杂居，往往丁男游闲，妇女负戴，内职不修，而礼教寖废。风俗之抏敝，盖亦由斯。予自辛未冬下车，每欲为吾民筹久远计。会莽戎间发，讼碟纷挐，怒然抱疚于中，而未获一当者，迄今六年矣。恽心耘司马祖祁，毘陵世家，夙负干略。去年秋来摄零陵，慨然以民鲜盖藏为虑，既清厘常平、义、社诸仓，俾缓急有备；并讲求蚕桑，为民兴利。郡绅席砚香、王阆青、黎宖轩、何子安、唐吟秋诸君，协谋殚力，相与赞成。今春延请毗陵善治蚕者，置之永善堂，遍谕城乡士民，转相仿效。得丝光洁，殊不亚江浙间所为。又以郡中桑树，叶稍薄而性韧，故山乡间有饲蚕者，其利未溥。倾复偕诸君捐资往购湖州桑秧数万株，再延善手十许人来郡。予闻而大韪之。又出尊人畹香先生所辑《蚕桑备览》见示，凡说桑、说蚕、㬥缫丝之法，委屈详尽，纤细无遗。并辅以图说，义取通俗，简而易明。自来蚕桑纪载之书，未有周备若此者。予披读惊叹，亟为校刊，颁行阖属，例弁数言于简端。或谓湖桑移植，恐其生不藩，不知桑之为性，迁地皆良。燕辽边塞之区，而北燕冯跋下书令百姓种桑，慕容廆通晋求种江南，而平川有桑息。况永州泉甘土肥，旧种犹存，新秧广布，教民压接灌壅诸法，转瞬桑荫帀地，尚何不藩之有。或又虑小民难于谋始。夫熙熙攘攘，为利往来，郡民向未睹蚕桑之利，安于朴陋而莫之为。今岁零陵东安成效著矣。要得是编，使家喻户晓。力田务三时，饲蚕仅数月，田有水旱之虞，蚕无凶荒之害，泽霑于衣被，而利权乎贸迁，一再稔间，必趋之若鹜矣。惟购桑制器，及延请治蚕教织者，举不能无所资以成，是在官绅一心，因势利导，毋惜劳费，与始勤终怠耳！《管子》曰："仓廪实而知礼节，衣食足而知荣辱。"恒心与恒产相因，此自然之理也。蚕事既兴，妇功毋旷，虽狉獉之俗，皆有以专其职业，而壹其心志。礼教修明，讼狱衰息。由一邑推之一郡，由一郡遍乎三湘。然则是编也，诚康乐之先声，循良之芳轨，岂特小补岩疆云尔哉！予多畹香先生用心之远，心耘司马图治之殷。私幸获偿数年夙愿，藉手观成，而重为吾民庆也。谨述其缘起，并区区属望之诚，愿偕僚属诸同人，与父老子弟共勉之，是为序。光绪三年岁在疆圉赤奋若十一月望日，赐同进士出身盐运使衔湖南补用道署永州府事前永顺府知府翰林院检讨嘉定张修府撰。

蚕桑实际

王约时，六卷，王约时纪韩来安遗政附，光绪戊寅（1878 年）六月滂喜斋开雕，中国农业遗产研究室藏。

[编者按：本书分为六说，纪韩来安遗政，并附养蚕成法。另有中国国家图书馆藏《蚕桑实济》，光绪辛巳年（1881 年）重镌，屠立咸凤城官廨，彩盛刻字铺藏版，沈阳钟楼南路西，下文所收屠立咸序与跋取自此版本。中国国家图书馆亦藏光绪十年（1884 年）铁岭杨霁版本。另有南京大学藏《蚕桑实济》壬午年辑，光绪八年（1882 年）六月津河广仁堂刊，玉田于弼勳校，无序，两册六卷。]

纪韩来安遗政盱眙王效成约时　潍县韩梦周理堂，乾隆三十一年以进士令来安，五载罢。道光初士民咸感其泽，请正祀名宦祠。来安土荒隘，户仅赢二万。而垦田弗克给，耕种卤惰，又拙于他生业，遭旱饥率流殍。梦周省境内丛山谷颇产栎树槲樗，则大喜，乃募其乡齐鲁蚕工，教之蓄山蚕方，山蚕子育即放蓄山槲樗诸树上，食其叶，作茧巨者若鸭卵，以织帛，功省而用便，视他丝、木棉为中。遂具详其哺护、宜忌，及缫织法，刊布野聚中。邑有水口者沙河，会诸涧流于此，湧大，民翼岸筑圩田，以通灌溉。凡十八圩，大者周四五十里，小十余里，稻获三倍平田，而实丰美硕大，顾岁涝圩善崩，漂沦频仍。梦周巡相地势隆陁，增隄广高丈尺，坚设门窦，更修汪陂、荡红、草场诸故潴地，备时蓄洩，农以大利。乃图其规制，而记以属后无废。沙河下会和滁山水，道六合瓜步口入江，水益盛，而盘纡三百余里，下狭壅，则上溃。昔人议开朱家山，达浦口入江，里不逾三十，而近且直，屡开屡梗。梦周详记前卫官李之琨议，而躬按筹度，计功有绪。会罢去，未及施。至嘉庆初，大府决计疏凿，果安流如梦周议。梦周醇儒，嗜学，注《易》《春秋》《大学》《中庸》，兼长古文辞风诗。晚居潍之程符山，授徒谈道，学者称理堂先生。而其始涖来安，访知汤公潜庵祖墓在焉，亟修表之，增筑书院、朱子祠堂，以募赈赢资更建江清书院于邑相言乡，与诸生约旬一会，讲归本躬践，文章以安溪望溪陆清献为标准，而务勉以笃守不惑。邑明经张元楷，宿学也，延为书院师。来安士故少蹑科第者，自是张大中、戴沛霖、姚世芹、朱树基辈，相继举于乡，皆受业元楷弟子。而徐选贡侃方试童子，梦周赏拔之，称其高标物外。侃诗出入太、白昌谷间，著诗文集若干卷。岁戊子饥，梦周踏灾北乡，睹农家煮麦屑、杂糠、野蔌盆中，询农黠者以食，对而不知其饲豕也，梦周闻惊泣曰：余为民父母，而民食如此，奈何不早知。俾民独苦若此，既乃亲啜尽二碗去，农更感泣。庚寅蝗作，监司过境，上怒令不力捕，梦周方分校省试事，县更有摄者，监司不省也，揭黜去官，梦周顾不更辩，而士民愤且扳号，去之日东门道香烟萦袭，不绝者竟日。方来安旱时，梦周步诣关神武祠祷雨，更以十事自责，其誓文曰：有若贪黩贷利朘民之生者乎？有若残忍酷刑以戕民者乎？有若受请托枉是非者乎？有若骄逸弗念民戚旷厥官者乎？有若法弗及恶以莠贼良良者弗式者乎？有若置民依桑农弗兴者乎？有若学校不举教士不以诚者乎？有若谄上以利与色固宠位者乎？有若厥鳏寡膜不在抱惟心之丧者乎？有若纵吏役假官威用毒虐于我小民者乎？凡兹十事有一于此，神其降罚，夺知县生年，视罪多寡，即立夭死，不恨。愿神更无吝泽困我民也。至今来安人犹载诸邑志云。王效成曰：余读汉循吏传，非尽异政也，独筹利于田桑乡校者远耳，而后顾以听决当之，何其浅也。余览新城鲁絜《非文集》，见其与梦周往还书，并附载梦周寄书，粹然有道言也。殆有不尽于是者耶！闻诸来安人言及得其邑志考之，盖仿佛其人焉。嗟夫！嗟夫！安得尽如斯人者而拯吾民哉？

蚕桑实际

屠立咸，光绪辛巳年（1881年）重镌，凤城官廨，彩盛刻字铺藏版，沈阳钟楼南路西，中国国家图书馆藏。

序　夫蚕桑为政之本，生民多所利赖。以故古昔圣王养民之政。农事而外，即重在蚕桑。为天下开衣食之源，其事顾不重哉。自时厥浚，疆土既分，遂有南北地气不同之说。盖桑本易生之木，又况种类繁多，随地皆产，即随地可树。非若橘之踰淮化枳，迁地弗良。但须于其种类所宜，各适其性，则条叶自能畅茂，乃益于蚕。苟失其宜，微特不利饲蚕，抑且恐其难活。先人树木，所以必用场师者，职是之故。予也籍隶之江，夙称沃土，桑林遍野，比户业蚕。综其所获之资，每岁不可胜计，人固谓其风化使然。予则谓其世传有法。迨予历官北直，恒见民之修妇职者，专赖麻枲布缕为生活，而置蚕桑本计于不论。不观夫《豳诗》所陈：蚕月条桑，八月始云载绩。是丝事毕，而麻事方起，两不相妨。而况蚕桑之利，更有胜于麻枲布缕之利倍蓰什百而无算者，亦何惮而不为哉！大抵育蚕先要植桑，植桑必须有法。予则久欲溥其利于编氓，奈徒口而授，恐无征不信。乃今于改调奉省之初，获睹兹编，欣然乐购。则见其间于植桑育蚕之事，条分缕晰，本本源源，无法不周，无图不备。洵可谓桑者之南针，蚕家之至宝也。得此实获我心，以之劝民，不啻挟持有具。无如差委频仍，终岁鲜暇，藏之行箧忽忽又经数年。昨者除授凤城，率属一州两邑，将此付之手民，亟为广布。为牧令者，果能实心实力，依法授民，其责效也自必可立而待。伏思陪京为昭代发祥之地，川岳钟灵，甲于他省。兼且星分箕尾，桑即上应箕星之精，厥土所宜，是其明证。采闻辽东向有蚕桑。惟讲求未至，出丝不无稍殊。今更因利而导，益以栽接饲养各法，桑则可逮鲁荆，蚕定不亚吴越。行见家锦绣而户纂组，熙熙皞皞，衣被之利，挟纩之欢，充溢乎亿世，兆民于容暨矣，岂不猗欤！光绪辛巳夏浙江屠立咸德庵甫刊于凤城官廨。

跋 蚕桑一事为国朝最重之典，恭读列圣《耕织图诗》，洋洋圣谟，昭示中外，靡不钦承之矣！下此专以蚕桑成书，见者盖罕。今岁余承乏辽学，屠公德庵适赴凤凰厅任，便道过余，谈次即出是编，商订重刻，意在广布流传，用资化理。余素谂公之所莅，每治一方，必欲兴利除弊，大展才猷。忆昔与余同官穌阳，见公于下车之初，清理庶狱，未币月而积案一空。人咸奉为神君，上游目为老吏。旋即广开书院，增设义学；修城凿池，务坚务深；练勇置械，必精必锐。而且环城种柳，隙地栽桑。凡此皆自捐廉，于民无取。彼都人士，迄今犹称道弗衰也。兹复履新伊始，即加意蚕桑，刊布是书，诚可谓法良意美。

亟为赞助，并附庚简末，非有意揄扬，聊以志欣慕之意云尔。

蚕桑问答

温忠翰，光绪五年（1879年）刻本，板存东瓯郭博古斋，浙江大学藏。

［**编者按：全篇以问答形式撰写，一问一答。皆以种桑养蚕为主，最后问：温州之楠溪亦有蚕桑，其丝何以不佳？**］

《蚕桑问答》序　耕织二字为衣食根源，民生要务，耕种之事，农家无弗习之矣。蚕桑之事则盛于浙西，而浙东无闻焉。以天地自然之利，舍之不为，亦良足惜。若牧民者示以准则，俾家喻户晓，咸知织之不可偏废，而美利可兴，民风可变，岂非甚善举哉？温郡时序阳和，土田肥润，于蚕桑尤宜。瓯城南北两河乡，溪流环绕，万顷桑田，不难于数年中观其成，特患人之畏难苟安耳！爰就前人所刊《广蚕桑说》一书，择其要者，编成俗语，名曰《蚕桑问答》，必使野老农夫粗通文义者，皆知所解。庶几互相传习，各思自赡其身家而奋然兴起也。光绪五年孟冬月太谷温忠翰志于山阴道中舟次。

蚕桑织务纪要

魏纶先，光绪辛巳（1881年）小阳月，河南蚕桑织务局编刊。附蚕桑辑要略编·豫山编，光绪六年（1880年）。南京图书馆藏。

［**编者按：该书专门记录河南蚕桑局兴办过程，内容详细，收集诸多论说，大量文书。**］

《河南蚕桑织务纪要》序　自前明中叶以来，海外泰西诸国，以巧雄天下，务为冥搜苦索，穷极万物之变；审其窍会，以为之机括，钩距而捭阖之；其为用至捷，而程效甚巨，斯亦奇矣。然而究其成功，幸皆以一器而擅千百器之用，以一日而竟千百日之工。遂至以一人一家，夺千百人千百家之利而专之。此有所赢，则彼有所绌。其势不能以大同持久而不敝，巧极变穷，而无所为施。则竞为奇淫纤靡无用之物，以眩骇耳目，罔利于他国。虽足以耀荡于一时，而事久相习，为利日微，其穷可立而待也。圣人之治天下，荡平简易，以通天绝地之神智，创而为愚夫愚妇之所能为。耕以为食，蚕以为衣，行之万世而无弊。而其寓至巧于至拙，有非泰西诸国所可思议者，尤莫如蚕织焉。今夫饲蚕以为茧，浴茧而为丝，此天地之化机也。而其事则妇人女子尽得为之。其利则匹夫小家皆能有之，何其溥邪！机杼之用，实泰西机器之所自昉。而山龙藻火，以为黼黻文章，以辨等威，而彰轨物。使尊卑有序，贵贱有章。精粗本末，粲然大备。用致文物冠裳之盛治，非圣人不能为也。东周以降，古制渐湮。故《孟子》言王政，以树蓄为王道之始。两汉帝后，皆亲有事于蚕桑。逮及东晋建国江左，故家巨族，尽室南迁。至今江浙遂独擅蚕织之利，而中原之杼柚几空。虽以中州为自古神圣经营之地，莫之能振异也。今皇上御极之三年，豫晋大饥，朝廷颁粟给穛。赈抚既定，诏直省讲求休养之政。于是河南巡抚六安涂公，区画沟洫，以备旱涝。而廉访长白豫公，权守藩司，肇兴蚕桑，举数百千年久废之典。方伯成公，既履斯任，嘉谟协谐，资用具集。佥以魏温云观察董司厥事。购致湖州稚桑数十万本，班艺于诸府州县地，授之程式，而责其成功。买附郭隙地百数十亩，赁民树植，而亲督课之。既导以饲蚕缫茧之方，又募杭湖织工，以教民子弟，使尽其技。不及二年，桑荫蔽陇，与吴越之产无少异。而越绫江锦，华藻相宣，见者不知其非南来物也。当始事时，州县吏召民受桑，率逡巡顾畏，若奉徭役，至是而行省附郭之民，争自陈请。又如发粟散缗，苦不尽给，甚矣。民之可与乐成，而难于图始也久矣。非有至诚恻怛之意，若饥寒之迫于吾身，其能致率兴之效若此乎！温云将有南行之役，迺汇其始事本末，见诸文牍者，都为一编，以资考镜，且为凡有事于蚕桑者导焉。推之以渐，贞之以恒，天下事其曷克罔济，则是编者，殆又为将来之左券也。抑又闻之，往者泰西岁购浙丝，累资巨万。顷年以来，彼国亦效其法，以事蚕桑，渐致缯纩。又其俗以商为国，而贵粟重农，克敦本计。盖以信赏必罚，所为必要其成。富强之原，或亦以此。然则海外之民，尚知取法中夏，务本计以持其末，而今之语富强者，顾惟舍其本而末是图，欲尽弃其学而学焉，抑又何也？卒读是编，为之三叹。光绪七年秋九月义宁陈宝箴序。

《蚕桑织务纪要》序 蚕桑之利，自古惟昭。奠川宅土而后，兖有漆丝，青有檿丝，徐有纤缟，扬有织贝，荆有纁组，何地无蚕，即何地无桑？矧豫贡絺纻篚纤纩，在昔固已然也。迨至筐人失职，典丝无官，时殊世异，竟置蚕桑于不讲，谁普美利于无言者。庚辰春，豫东屏廉访陈臬中州，时摄藩事，首倡树桑之议于涂朗轩中丞，中丞曰：善。爰拨闲款三千金，置百塔庄地百二十亩，开辟草莱，创筑墙垣屋舍，是为省之桑园。购湖桑分植各州县属，以其余环种之。嗣成子中方伯莅任，更筹经费，规模于是始备。司其事者，成方伯、豫廉访及任乐如、麟子瑞两观察。纶先不敏，亦从其后焉。襄办则余二尹秉钧暨诸君子，矢慎矢勤，兢兢业业，以期无负为民兴利之至意。是秋遴员赴湖，购得桑秧二十余万株。辛巳春，各属分种，入秋报成活者过半，尚节省银三千五百余两。因于老府门西置立机局，招徕浙匠，教习幼徒，所织绸绉，不亚江浙。各州县闻风慕义，捐资助美。今冬又可再购湖桑三十余万株，蚕织并举，所谓因民之所而利之者，其在斯乎？是举也，东屏廉访开于先，子中方伯助于后，而尤赖各寅好踊跃急公，以底于成，将使豫州片壤，尽布桑荫，梁省游民都成织户。在昔贡絺纻篚纤纩，至是而益大其观。彼兖之漆丝、青之檿丝，徐之纤缟，扬之织贝，荆之纁组，何足数耶！事既定，履新守令有请抄存案者，邻省官绅有询访成规者，录不暇及。特综奏折、禀稿、书札、公牍，择其紧要，汇为一编，付诸剞劂，俾观者知其梗概。世有同志，更斟酌损益而进教焉，则幸甚。光绪七年岁次辛巳重九日衡阳魏纶先温云氏序。

《蚕桑织务局园舍告成记》 惟大中丞涂公之来抚豫也。时方大祲，亟修人事。感召天和，而否泰之机，得于是乎转。夫既弭患于已然，即思防患于未然。重农贵粟，裕仓储，劝积贮，凡所以为敦本计者，已历历举行。吾乡麟子瑞观察，豫东屏廉访，时先后莅兹土。越明年廉访掌藩条，观察权臬事，得左右筹度于其间。慨然念天下大利在农桑，农有丰歉，桑少歉多丰，补农事之不足者，惟蚕桑是赖。豫民少有知其事，未尽食其利。洵由讲求致力者，其法不周，其效故不著。乃起白于大中丞公前，公曰："然。予曾思之熟而筹之久矣。今亟行之便。”爰设局集议，博采东南各省种桑、养蚕各成书，择其精要，辑为一编，绘图列说，至纤至悉。魏温云观察楚材也，能躬亲其事，更相与讨论而实成之，通示全省，一律劝办。乃先于会城东郭外，购地百余亩，遍植湖桑。又于会城南门内，购葺公舍，列具机张。广募南省匠工，开织授徒，为劝办蚕桑织务者始。盖亦非一朝夕之故矣。兹属记于余，余不敏，敢不辞，然又不敢辞。嗟惟斯役也，大中丞轸念民生困苦之极，为之谋乐利；诸君子奉令承教，而勇于任事，相与有成。由一会城推之十百郡县，由十百郡县推之千万村闾。茂蔚青葱，河山生色，衣帛养老，王道化行。而且以之课女工，而使豫民知勤俭；以之聊梓谊，而使豫民知敬恭。治丝治茧之中，寓教孝教忠之意，彼追《豳风》奏雅，元黄为裳，朋酒羔羊，跻堂称兕。则即古所谓先天下之忧而忧，后天下之乐而乐也。善夫！光绪辛巳季夏六月北平黄振河撰。

蚕桑辑要合编

二册，附补遗，光绪庚辰（1880 年）春月，河南蚕桑局编刊，南京图书馆藏。

[编者按：是书共上下两册，第二册有：道光二十四年（1844 年）江苏藩司文柱撰写的集文江苏兴办蚕桑序、福州知府李拔《蚕桑说》、襄阳知府周凯《劝襄民种桑说》三则、周凯《种桑诗说》、陈宏谋《倡种桑树檄》《广行山蚕檄》、贵州按察使宋如林《请种橡育蚕状》《通饬黔省种橡育蚕檄》《劝种橡养蚕示》、光绪六年（1880 年）三月二十八日《赵伯寅都转复书》。另有单行本豫山辑《蚕桑辑要略编》，光绪六年刊本，中国农业历史博物馆藏，仅有豫山撰《蚕桑辑要序》。另有华东师范大学藏《蚕桑辑要合编》，光绪二年（1876 年）仲春刊于荷池书局，是书无序跋，与该书上册内容相似。]

《蚕桑辑要》叙　曩藩湖湘抚粤西，皆尝辑为农桑诸说以劝民。比移豫疆，遭时大祲，不遑为深远之务。及今岁事转丰，适长白豫东屏廉访来陈臬权藩篆，出所集《蚕桑辑要》一册见示，将以颁行，牧令，实先获我心，且所说较予加详，亟怂恿刊发，并书卷首，以为之倡。夫农桑之业，为治之本，王者兴教化，厚风俗，未有不权舆此者。顾即为一时富强计，亦莫此为先。豫之牧令，苟能奉行利导，使吾民知所乐趋，十年之间，其必有效也。以视违教令种罂粟，倖邀末利，其贤不肖必有能辨之者矣。光绪庚辰五月抚豫使者涂宗瀛序。

《蚕桑辑要》序 桑之用不尽于蚕，蚕之利端资乎桑。中州地广土腴，北曰邶；南曰鄘。读“说于桑田”“降观于桑”诸诗，知当日所以为桑计，即为蚕计者，深且远。洎后世民畏习劳，初则置焉而弗讲，久且欲讲而罔知所从，坐使古人良法荡废无存，卒莫有起而兴之者，良可慨矣。豫自前年大祲，郊外林木株伐殆尽，其他流离困穷，尤不堪设想。今虽转歉为丰，而小民元气未复，为之上者，思欲从而补救之，则维桑与蚕未始非善后之一端。因是朗轩涂中丞，孜孜图维；又得东屏豫廉访，适绾藩条，极力讲求。而椿亦以权臬，得参于其间。爰择同寅中熟习此道者，设局董之。刊《蚕桑辑要》一书，俾广传布。盖其为言也简而明，其为法也美而备。洵足以家喻户晓，使人油然生鼓舞之心，诚善举也。昔孟子在梁不云乎：五亩之宅，树之以桑。果使梁民宜古则今，循法力行，将户有盖藏，野无荒芜。桑蚕之利，用与稼穑共宝之。而水旱并不得为灾，庶不负大中丞图治之苦衷。而亦椿与东屏之厚望也夫！光绪庚辰仲夏月长白麟椿子瑞甫识于河南臬署。

《蚕桑辑要》后序 忆庚戌岁，随侍先壮敏公于松江任所，习闻苏常诸郡蚕桑之业尚知讲求，而清淮一带滨河之地，风沙满目，树艺之说则概未之闻也。乙丑仲春，重至江北，得晤滇南尹莲溪观察，时奉湘乡相国檄，创立蚕桑局。于清江浦上见其所植之桑，条繁而叶大，为从来所未睹。爰叩其详深，承指授赠书二册，并取桑叶数十片，纳行笥中，携归东海。出示同人，颇有歆动而慕效之者。惜未能广其传也。客秋八月，豫山仰承恩命，秉臬中州，旋摄藩篆。时值大祲之后，悯民生之凋敝，念财赋之艰难。垦荒课农，而外兼劝植桑以兴蚕事，庶几图匮于丰。爰即禀请中丞，设立试办蚕桑局于禹王台庙中。并先捐购桑秧若干株，遍植于藉田之右。复蒙中丞颁示《蚕桑辑要简明清单》，益复有所禀承。更得魏温云观察共相讨论，分刊图籍。畅申其指趣，以供同人之采择。虽南北之天时寒燠不一，地利之燥湿异宜，家蚕山茧之品类各有不齐，未敢遽谓尽能合法。但事属经始，合二三同志讲明而切究之，所冀中州士庶家喻户晓，俾天地自然之美利，广被于嵩山洛水间，不让大江南北专美于前，谅亦关心民事者所乐为也。区区愚忱，实有厚望焉。光绪六年四月中澣长白豫山东屏氏撰。

《河南蚕桑辑要》序 夫事有出于因者，因势利导，人人乐从。事有出于创者，创为造作，人人退缩。岂知蚕桑之利以浙湖为最盛，流行秦豫亦已有年。近复于新疆南路等处试办，足见随地可以树桑育蚕，并非囿于东南一隅，彰彰矣。其畏难而不前者，或诿为天时，或诿为土性，致失自然之利，而不知振兴之道耳！昔子舆氏、魏王推谕王政而曰："五亩之宅，树之以桑"，是大梁之宜于蚕桑也，又彰彰矣。况豫境连年荒歉，窘迫万状，几不堪言。近虽岁值中稔，民困稍苏，而欲为编户筹生理、计长久，莫若率作兴事，则地无旷土，而利赖更溥。纶先籍本湘楚，寄居江南已二十载，于蚕桑之事见闻颇熟。己卯秋，捧檄来豫，见民生艰苦，即有是志而未能行。甫匝月，而东屏方伯亦奉命陈臬斯邦，旋权藩篆。素知方伯官鲁时，以民事为己事，有利必兴，无弊不除，东省人民咸感盛德，与召父杜母而并称。今官豫未及三月，果于理财、用人、课农诸大端外，首先捐廉，倡兴蚕桑之利。由密县购买桑秧若干株，种于宋门外，一面禀请中丞亦出抚粤西时创办此举，有《蚕桑辑要合编简明易知单》，谨遵照分刊二种，附补遗及檄说等文，与夫试办章程分别给发，以资则效。仰见我中丞历官有年，声绩显于中外，如治吾湘也。本勤求民瘼之怀，为休养生息之计，政教行而风俗懋，岂仅树甘棠于粤西已耶？今幸得侍中州，又与蚕桑之事，自顾不才，惟有竭力勷办，成此盛举，以副大君子为豫省兴富教之效也。光绪六年岁在庚辰孟夏月衡阳魏纶先温云氏序。

蚕桑简易法

马丕瑶，光绪丁未（1907年）之夏河东道署重印，解梁书院本，中国农业遗产研究室藏。

[编者按：按序为光绪六年（1880年）。亦被收录于《四库未收书辑刊》，第四辑二十三册。南京农业大学藏中国农业史资料第258册，动物编。内容有

植桑法，养蚕法，种桑杂说，养野蚕法，又种橡子法，又养野蚕法。]

《蚕桑简易法》　《豳风》《孟子》详论蚕事，其地皆指西北。后世蚕桑之利，东南特盛，西北转少，岂今异于古耶？一由不得其术，一由懒惰成习。兹辑古法，参以时宜，命曰：简易。易从易知，俾知西北高原最宜蚕事，苟知其法，事半功倍。乘天地自然之利，补耕农不足之财，男女稍勤手足之劳，室家得免饥寒之苦。《语》云："十年树木"。桑不待十年，而利已溥。家给人足，可翘足待也。何难媲美东南乎！爰列其法于左。光绪庚辰秋署山西解州直隶州知州安阳马丕瑶识。

蚕桑辑略

林新北、吴书年劝刻，光绪七年（1881年），山东东昌府堂邑县城西张家屯张驭富刻，中国农业遗产研究室藏。

[**编者按：该书内容有栽桑法则十六条，养蚕节次三十五条，蚕事趋避三十九条，蚕室器用二十条。**]

弁言　农桑树畜，斯人养命之源。《孟子》言王政，始则曰："不违农时"。继则曰："五亩之宅，树之以桑。"盖民生以衣食为先，礼义为辅，未有衣食不充而能教民以礼义者也。介休自前明史公莲勺作宰是邦，教民凿井灌田，栽桑植棉，于时风俗醇美，甲于通省。嗣后弃本逐末，竞趋商贾。维富庶著名，而古风顿失。近时自军兴以来，商业凋敝，十室九空。光绪丙子、丁丑、戊寅之间，连遭大祲，生机荡然，而人心犹不知返。不佞恻焉愍伤，由湖州采买桑秧，招匠培植。欲广其法以惠人，因辑前人成说，订为一册，以便观览，无暇注明出处，非掠美也。府尊林心北先生，县尊吴书年先生，见而是之敦劝付梓。不揣冒昧僭序数言于首，览者原其心而略其跡可也。光绪七年嘉平月上澣三日无名氏谨序。

桑蚕提要

方大湜，光绪壬午（1882年）夏月都门重刊，直隶大挑知县贺荣骥校，山东农业大学图书馆藏。

[编者按：此书山东农业大学图书馆藏光绪壬午夏月都门重刊、光绪癸巳（1893年）孟夏月黄冈景苏园检印两种版本。南京农业大学藏中国农业史资料第259册目录，动物编，收录光绪壬午夏月都门重刊本。此外，《续修四库全书》子部农家类为光绪壬辰（1892年）夏月瑞州府署重刊。]

湖北分守安襄郧荆兵备道方为劝民种桑以兴蚕利事。照得襄阳百姓，贫苦居多，贫而安分，无救于贫；不安分者，又罹于法。念此蚩蚩，良深悯恻。本道为尔百姓计，生财之道，莫大于养蚕，而欲兴蚕利，则必自种桑始。查种植豆、麦、棉花、芝麻等项，每亩不过获利二三千文；价贵之时，亦不过值钱四五千文。每桑一株，彼此相离六尺，每地一亩，计可栽一百五十余株。三五年后，每株得叶二三十斤不等，姑以二十斤计之，种桑一百五十余株，便可得叶三千余斤。每大眠蚕一斤，食叶二十五斤，可得丝三两。桑叶三千余斤，便可养蚕一百二十斤，可得丝二十二斤有零。每丝一斤，以至贱之价计之，亦可值钱二千数百文。蚕丝二十二斤有零，便可值钱五六十千文。况头蚕毕后，桑树又复抽丝长叶，名曰二桑，可养二蚕。合头蚕、二蚕而计之，每亩所获，尚不止五六十千文。且桑树之下，可种菜蔬，可种绿豆、黑豆。桑葚可以御荒，可以酿酒，桑皮可以造纸，桑叶可以饲羊，桑枝可以为薪，桑干可以为车为弓，桑螵蛸、桑寄生、桑根白皮可以入药。蚕外余利，不一而足，尔百姓何乐不为？道署东偏有官地十亩零，本道现拟栽蓄桑树，以为之倡。并设立公局，选派委员及总首士，督同各地方散首士，经理种桑事宜。今与尔百姓约，毋论大户小户，都要种桑，凡屋前屋后屋左屋右，以及田头地角、路侧沟旁、山坡水际，悉种桑树。其种地较多者，应种桑三五亩；地少之家，或种桑一亩，或种桑半亩。一俟种齐，即由各地方散首士，开造清册，交总首士呈送本道查核。

尔百姓如谓不知养蚕种桑无益，则世上好事，都从学习而来，纺绵可学，织布可学，岂养蚕缫丝独不可学？尔等只管栽桑，俟桑树长成，本道再延浙江之善蚕者，教尔养蚕，一人传十，十人传百，自然家喻户晓。如谓种桑之后，难保不被人偷窃，若不送县，窃桑者毫无畏惧；若必送县，又觉事太细微，且恐差役需索。则本道现已设局，尔等只管栽桑，倘被偷窃，准尔等扭送公局，由委员即刻枷责，以示惩儆，并不延搁半刻，亦不花费一文。本道视民事如家事，此次种桑志在必成，倘敢抗违，便是惰民。本道无所用其爱惜，定即拏案究惩，决不轻恕。再本道纂有《桑蚕提要》一书，种桑养蚕之法，无一不备。现在刊刻发局，并即知照，特示。

《桑蚕说》 光绪五年冬，余奉命分守安襄郧荆四郡。其明年二月，兴劝蚕桑，既已谆切晓谕，复遣购浙桑四万株，蚕子五连，分畀襄民，教之种饲。而浙人缫丝之车，治桑之刀若剪亦附颁焉，以为之式。种美而器良，苟非游惰，余前示所云利十倍于他物者，必有征矣。然事艰创始，民听尚疑。及今不划掇净尽，且怠于继而隳厥成。盖尝为檃括其端，约有三焉。一曰襄阳地近西北，土不宜桑也。不知桑无不宜。《方舆胜览》：成都古蚕丛之国，其民重桑事。《三国志》：孔明自言成都有桑八百株；苏子由诗序曰："眉之二月望日，鬻蚕器于市，谓之蚕市。"则蜀地宜桑。蜀即今日之四川。《豳风·七月》曰："爰求柔桑"；曰："蚕月条桑"；曰："猗彼女桑"。则豳地宜桑。《大雅·皇矣》曰："其檿其柘"，檿山蚕也。则岐地宜桑。《桑柔》曰："菀彼桑柔"，《秦风》曰："交交黄鸟，止于桑。"则丰镐宜桑。豳岐丰镐，即今之陕西。《晋书》载凉州刺史张天锡语，谓："桑葚甜甘，鸱鸮革响"，则凉地宜桑，凉即今之甘肃，其地皆在襄阳之西。《韩非子》子产开亩树桑，则郑地宜桑。《卫风·氓》之诗："桑之未落，其叶沃若"，则卫地宜桑。《列女传》：陈辨女者，陈国采桑之女。则陈地宜桑。郑卫陈即今之河南。《魏风》言："采其桑"；《唐风》："集于苞桑"；《春秋左氏》："宣子田于首山，舍于翳桑"，则魏晋宜桑。魏晋即今之山西。《禹贡》：青州，"厥篚檿丝"；《左氏》：晋公子重耳在齐，从者谋于桑下；《史记·货殖传》："齐带山海，膏壤千里，宜桑麻。"则齐地宜桑。《禹贡》：兖州，"桑土既蚕”，《鲁颂泮水》：“食我桑黮”。则鲁地宜桑。《曹风》：“鸤鸠在桑”，则曹地宜桑。齐鲁曹即今之山东。后汉张堪拜渔阳太守，百姓歌之曰：“桑无附枝”。汉昭烈宅在涿州楼桑村，宅有桑，层荫如楼，因曰：“楼桑”。《后燕录》：慕容庬求桑种江南，平州之桑，悉由吴来。则燕地宜桑。《古今注》：邯郸女秦罗敷，采桑陌上。则赵地宜桑。燕赵即今之直隶，其地皆在襄阳之北，西北且宜桑矣，何独于近西北者疑之？考襄阳在《禹贡》为豫州之域，其连界之南漳，为荊州之域，荊豫之贡篚，元纁玑组、纤纩、纁、绛色幣、组绶属，皆丝所织。纩，细绵，古无吉贝，所谓绵，即今丝绵也。丝任土贡，饶桑可知。司马德操采桑树上，坐庞士元于树下，共语，事载《蜀志》。韩系伯以桑枝阴妨他地，迁界数尺，事载《南齐书》。又刘邈有见万山采桑人诗。苏东坡《万山》诗，有“传云古隆中，万树桑柘美”之句。司马德操、韩系伯，皆襄阳人。万山隆中，皆襄阳地。而晋桓宣镇襄阳，劝课农桑，见称于史。凡此皆襄阳有桑之证，何谓不宜？一曰：野无旷土也。不知桑随地可种，《诗·小雅》：“南山有桑”，则山上可种。《秦风》：“坂有桑”。坂山胁也，即崎岖硗埆之处，则坡地可种。《鄘风》：“降观于桑”，则平地可种。《小雅》：“隰桑有阿”，则下湿之地可种。《郑风》：“无踰我墙，无折我树桑。”《孟子》曰：“树墙下以桑”，则墙下可种。《周礼·载师》：“宅不毛者有里布”。宅不毛，谓宅不种桑麻也。《史记·食货志》：“还庐树桑”。还，绕也，谓绕屋种桑也。则屋之前后左右皆可种。《魏风》：“十亩之间兮，桑者闲闲兮”，“十亩之间”盖郊外所受场圃之地，则稻场菜圃皆可种。李太白《子夜吴歌》曰：“采桑绿水边”，杨万里《桑畴诗》曰：“夹岸溯河种稺桑”，吴均《采桑诗》曰：“嫋嫋陌上桑，荫陌复垂塘”，则河边、塘边、沟边皆可种。曹子建诗曰：“采桑歧路间”。郑震《采桑曲》曰：“晴采桑，雨采桑，田头陌上家家忙。”则田头、地角、路旁皆可种。桑田见《鄘风》：“桑阴相接，恐妨禾豆”“移桑率十步一树”见《齐民要术》，“治肥田十亩，合种黍子、椹子各三升”见《氾胜之书》，则豆麦绵花芝麻之熟地，亦无不可酌种。何谓无土！一曰：虑荒本业也。不知妇女业布之利，十不敌蚕事之一。因蚕而辍布，乃取十利而弃一利耳！况蚕老最速。

《淮南子》曰："蚕食而不饮，二十二日而化。"高启《养蚕词》曰："新妇守箔女执筐，头发不梳一月忙。"前此余守武昌，令家人效功署中。自初生至结茧，历二十有余日。由结茧而采茧而缫丝，又历十有余日。盖四十有余日而蚕事毕，十分一年之三百六十日，蚕事得一分而稍赢耳。业布之日，尚八九倍之，何谓荒业！或又曰：襄阳境内，非尽无蚕，或未茧而殭者半焉。今强合县以素所未习，如前患何？余曰：唯唯。此吾《桑蚕提要》之所为而作也。古人之成法，与夫浙人之所专精，凡可以善事利器者，盖纤悉毕著于篇。夫棉花未入中国之前，人不知有是物也。花俄而缕，缕俄而布，岂天授哉？浙之蚕利甲天下，又岂其人独巧。然而莫与争者，彼身命所讬而肄习之勤有加焉尔。余惟自古生财之道，不越夫地无余利，人无余力，襄民利有可取而不取，力有可为而不为；驯至饥寒切身，陷于刑辟而不能止。而为之上者，顾坐视其愚，不为之所。或一再告焉，遂谓吾之责既尽，不更反复晓譬以取必于有成，甚非天子所以慎简监司，爰养元元之意。因复为之说以贻此邦人士，士者齐民之倡，而国人所矜式，勉诵吾言，而爰焉传焉，相率以听。襄民庶其有豸，而吾旷官之责，亦以少逭也。呜呼！是则使者之所厚望也。夫安襄郧兵备使者方大湜。

《桑蚕局记》　桑蚕何由而局也？闵襄民之不事桑蚕而兴劝之也。前此无兴劝者乎？周芸皋太守，盖尝行之而卒废也。既废矣，又奚能行？夫民趋利，有禁之不止者矣，乌有导之不从者？彼特未睹桑蚕之利耳。吾种桑桑茂，饲蚕蚕旺，见而歆焉，不待劝矣。襄阳非尽无桑，非尽不蚕也。岂无所见者，而不桑不蚕自若也。吾乌乎歆之？桑非襄桑也，蚕非襄蚕也，来自浙者，夫人而知其美。吾以浙桑饲浙蚕，诸器具无非浙者，缫浙丝而艳以浙利，见所创见焉。乌呼！其不歆，利犹后也。劳费于先，歆焉而惮矣。吾先为之购蚕子桑秧，购桑不可数继也。又为之种葚，葚而秧矣。拔秧分给而复种葚，源源而给之，第借彼手足之勤以树之采之焉尔。乌乎！惮，无所惮。而治丝不工，利犹薄也。吾既笔诸书以代徇铎，又俾浙人宦楚者，监局事而为之师。师不能遍教也，教一人而渐及一乡焉，教一乡而渐及一邑焉。浸远浸久，襄变而浙焉。《禹贡》扬州赋下中，而后世西北漕挽，仰给东南，非桑土也。而衣被天下，岂古今异地？人力有至不至耳。吾置斯局，将以人力生地利，为襄阳百世之赖也。局所旧为道署旁官地，募民佃种，傭其二人以当租入。吾罢傭收地，且购佃民宅在官地者，扩而新之。宅前后凡九楹，其深十三丈，前广三丈有五尺，后广四丈，中广四丈有五尺。后中各翼以二室，为饲蚕缫丝之所，其地十亩四分二厘。种浙桑以株计者，一千五百有余。本土桑葚以斤计者五百，斤可得子万粒。局员浙江宋学庄，董绅徐廷楠、徐家成、杨开炳、黄中行，局章既定，乃捐廉一百二十万钱，岁十一其息，为蚕桑永久经费。局设于光绪六年，二月初十日，吾备兵安襄郧荆受事之后五月也。记于是年七月初五日，吾奉命按察直隶谢事之前一日也。新授直隶提刑按察使方大湜记。

蚕桑须知

黄寿昌编撰，光绪癸未（1883年）仲夏刊，浙江台州天台学廨刻本，北京大学图书馆藏。

［**编者按：该书内容有种桑各则，养蚕各则。**］

序　《书》曰：“既富方谷”。《孟子》云：“无恒产者无恒心”。盖衣食不足，则礼义莫兴，理有固然，势所必至，亦在牧民者因势利导之而已矣。天邑处万山之中，山多而田少，土瘠而民贫，生齿日繁，生计渐蹙，农事虽勤，方隅限焉。以故粮赋正供，任意拖欠；钱债细故，动成仇雠。余于壬午春暮捧檄涖兹土，心窃虑之，因思嘉湖各县地非袤延于此也，而丁漕或相倍蓰，踊跃输将，狱讼衰息者，岂天之降才尔殊哉？盖蚕桑之力居多。夫天邑未尝不讲求蚕桑也，而养不得法，种不得宜，终觉丝劣利薄，业此者恒退然思阻，亟欲购求良法，以因势利导之，而以未得善本为憾。适晤黄访廉广文以籍隶嘉郡，细心咨访，具道种桑养蚕之法，甚详且备。并言曾于辛巳春，由梓里携得桑秧数百本，依法植于署侧，无不欣欣向荣，是地土之宜桑已可概见。爰商请以其法条分缕晰，勒为成书，竭数日夜之力而书以成。余得先睹为快，亟谋付梓，颜之曰：《蚕桑须知》，俾之家喻户晓。通禀各大宪，报曰“可”。乃商诸书院董事王厥堂广文拨款，赴嘉湖购桑秧数千株，如其法于公地试种，以为之倡。而令民间各自种植，并就邑中已成桑树，购觅蚕种，招雇老成妇女，教以饲蚕缫丝之法，闻之者无不踊跃争先，不取偿工值。噫！民情大可见矣。将来年复一年，由一人教及数人，由一村教及数村，日渐扩充，推行尽利。由是而衣食以足，礼义以兴，输将踊跃，狱讼衰息，得与嘉湖均利益焉。于以仰副圣天子子惠元元各大宪殷殷求治之至意，则是书之刻，未始非因势利导之先资，所愿与后之官斯土者交相勉焉。将付手民，为书其缘起如此。光绪九年癸未春二月昭陵石玉麒识于天台公廨。

序 蚕桑之事，由来尚矣。恒不能共收其利，何也？盖一格于地土有殊之见，一苦于提撕不得其人，于是视为畏途者有之。夫地之不宜于蚕桑者，非无其区，如北地苦寒，南域病湿，有碍于植桑，即难以育蚕。外此者，而亦不思尽其利，则计出殊左已，且闻外洋印度国境近年广兴蚕桑，所植桑株，悉购自嘉湖二郡，其天时土脉之异不问可知。然亦收成效，则又见蚕桑之无地不宜者。余秉铎来兹，见斯邑之地高土坟，望而知为宜桑之所，孰意其间所树之桑类皆出自天生，荣枯听其自为，求所谓接本桑株者，从未一见。爰询其故，咸以斯土恐允宜桑为词。余闻而疑之，遂于辛巳春由梓里购得接桑数百本来此，依梓里所植之法植之。越一载，见其发生有过之无不及，乃戚戚焉。欲为兴其利，而以冷官不便越俎，未果行。壬午春暮，适邑侯康侯石君来莅斯土，见其关心民瘼，一以兴教兴养为怀，因于接晤时略陈其概。邑侯深慝于志，今年春买桑数千本，先于公地倡植之，属余拟植桑育蚕之法以晓众。爰就所知议成数则以应命，邑侯复虑事当创始，保无旋兴而旋废，用是通详各大宪树案，而以植桑育蚕诸法，捐资付梓，颜之为：《蚕桑须知》，冀夫家喻户晓，垂之永久。从此渐推渐广，共收天地自然之美利，幸勿目为浅鲜之策而忽之也。旹光绪九年癸未三月既望当湖黄寿昌识于天台学廨。

山蚕易简

贵筑茹朝政绩芝氏编，光绪甲申（1884年），刻本，中国农业遗产研究室藏。

[**编者按：南京农业大学藏中国农业史资料第331册，动物编。内容有种树、检种、烘茧、下子、育蚁、收茧、秋蚕、剃山、卫蚕、缫丝、附树遗利、附蚕遗利。**]

《山蚕书》叙 吴越桑蚕之利甲天下，欧洲用阿芙蓉毒中国而夺其利，出洋之银岁数千万，中国取偿丝三之一，蚕之为利溥哉！山蚕非桑也，食则槲柞橡椿，种则春秋，所畏风湿狐蛇鸟鼠，产于兖，延于秦豫，而最盛于黔。利不逮桑蚕，而瘠土为腴，贫者致富，譬之谷、桑蚕、稻麦也；山蚕，菽粟菰秫也。其种殊，其养人一。遵义之茧绸价，倍汴，三倍山东，而秦无闻焉，则工之为也。陈公玉壂移兖蚕以利播，宋公如林推之黔他郡而不果，则官之为也。吾昔见杨君文菴育山蚕于赵州，今见茹君绩之育山蚕于安陆，二君皆黔人，慕陈公之政而效之。吾闻茹君之治，资官输，种官购，器官具，又躬率匠役教习其事。尝以烘茧火其廨署，力行不怠，民知利矣。犹详述养育缫丝之法以告后人，垂之久远。殆所谓以实心行实政者欤！书以嘉之。光绪十年十月贵筑黄彭年叙。

序 壬午秋，政委权安陆，见市间所售柴炭类皆栎质，多而价廉，询所自出，产于本县并应随等处。后因公下乡查看，果然。忆黔省多此树，乾隆间山东陈公玉壂守遵义，教民以之养蚕。至今民赖其利，所谓贵州绸是也。然每年须往河南买种，计往返八千里，安陆与河南接壤，购种聘匠甚近，天时地利亦符，较黔当事半而功倍，因往河南请蚕师至县。查看得九里岗槲栎成林，决其可蚕。据云胜河南者有三，山石少且平，叶肥厚而便工作，一也；山下多水，蚕由火烘出，近水则不受病，二也；风少雨多，蚕不吹落而叶嫩肯食，三也。有此三利，亟倡捐资本，得千五百金，往购种六十万，偕蚕师二十五人至，即在县署烘养。凡出蛾下子一切事宜，示民往学，公暇并躬亲阅历，一一而笔记之，以自信者取信于民。兹当蚕事告成，一如前云三胜。众绅董请将喂养诸法发刊，以公诸世，因将亲身历练明验实效，汇成十条，附树蚕遗利于后，题曰：《山蚕易简》。盖取易知易从，以冀垂诸久远，是亦因民之利而利之一端也。于山居地方，或不无小补云。权安陆县事同知衔补用知县贵筑茹朝政绩芝甫识。光绪十年闰端阳月吉日。

蚕桑类录

三卷，杨雨时编，浙江图书馆藏。

[编者按：按序为光绪十年（1884年）。目前该书仅见于浙江图书馆。沈秉成《蚕桑辑要》流传版。]

伊古以来，农桑并重。迄汉末木棉来自遐方，遍地皆种，蚕桑之务遂多偏废不讲之处，而出作入息者专以稼穑为宝焉。夫用天道分地利，力穑有秋，固为治本。然而水旱虫蝗，岁谷不登，则饥馑乏食，粒米狼戾，年丰大有，则粟贱病农。执此一途以供取拾，兼贫擅富之家，虽幸有余；薄田数亩之室，究多不足。况自兵燹而后耗蠹凋残，野无盖藏，偶值偏灾，穷檐陋巷之迫于饥寒者，何可胜道。雨时才愧浅陋，蝼处蓬庐，致富无奇，救穷何术，欲藉恒产以养恒心，免同小人之滥，思索徒劳，恍渔人再访桃源，迷不得路。顷于书簏中偶取江苏常镇通海道吴兴沈观察《蚕桑辑要》，披阅一过，其栽培桑树、饲养蚕虫法则详明，如告童蒙，废如复举，若可为治生之助矣。但其书文虽通俗而散见各说，学者似难领悟。予因遵照原本，审其众说，意旨有合于此条者，并入此条；意旨有合于彼条者，并入彼条。逐节标题，分类编辑，俾从事者临时翻阅，有所持循焉。再将《授时通考》及《农桑辑要》紧要语摘出补入，以资参考，名曰：《桑蚕类录》，而蚕桑楷模于是乎备。书既成稿，知为生财之准，即欲鼓舞乡人同兴桑利，奈无同志之士，求有力者捐资设局，买秧分给，以为之劝，大为抱歉耳！惟兹书头绪井然，诀要尽吐，而一切治畦布种诸务，尤予幼习，仿而行之，则金针线脚，分明在目，何妨自绣鸳鸯。诚使有心世道者信予不谬，广为流传，俾乡邻依法奉行，由是一倡百和，群相树育。而行至数年，桑柘成荫，机丝满巷，了蚕桑而又插田，五月便卖新丝，七月可粜新谷，一岁之中，收成两次，八口之家，同庆温饱，宜敦俗者殷勤偕劝焉！吾于是不惮疲劳，亟为录之，且亲行以为之导，庶观察跻世平康之念，将溥美利于无穷者，悉尤此推广焉尔。光绪十年岁次甲申仲秋月上浣薌谿杨雨时。

桑蚕说

上元江毓昌，瑞州府刻本，中国农业遗产研究室藏。

[编者按：推测时间光绪十年（1884 年）左右。另湖南图书馆藏萧厚德堂重刊本。]

钦加盐运使衔特授瑞州府正堂加十级纪录十次江为劝蚕桑以广生业事。照得人生切已之图，惟有衣食，衣食从出之处，首在农桑，此农、桑之政所以由来并重也。瑞郡民勤耕凿，皆知尽力田畴，独蚕桑一事，虽经举行，未能推广。追求其故，或谓野无旷土，或谓土性不宜，或谓三县各有土产，孰肯荒已成之业，谋未成之举？各拘所见，所以迄用无成。夫四境之大，何至竟无闲土？且桑最易生，山边墙外、地角田头，处处可种。即令并此均无隙地，竟种于陆地之中，计离六尺远一株，占地无多，依旧可种稼穑。迨桑既成林，占地渐大，其利亦远胜于苗稼。试看江浙两省，人稠地窄，而无处不有桑园，若非利厚，何有舍稼穑而种桑树？其明证也。则无旷土之说，不足虑。至于土性，查府署院中，有自生桑树十余株，枝叶茂盛，询问民间，桑亦如此，若谓土不宜桑，何能自生桑树？此不待智者而后辨也。其所以养蚕不佳者，由于未接。盖江浙谓接过者为家桑。又勤于修剪浇灌，故叶极肥厚，用以养蚕，蚕大而丝软。谓自生者为野桑，蓄以待接，不以养蚕。嫌其养蚕不大，出丝不软也。今以从未接过，从未修剪浇灌之桑，归罪于土性，土性何能任咎？则不宜之说，不必虑。三县土产，新昌造纸，不用女工；高安绵布，现因洋布盛行，销路日滞；上高夏布，虽可畅行。然养蚕之事，自生蚁以至缫丝，妇女勤劳不过四十余日，以一年三百六十日计之，除去四十余日，尚余三百一二十日，皆可各为本业。又况此四十余日所得之利，可敌三百一二十日所得之利乎！至于种桑，以及修剪浇灌，为时有限，小民断无日夜操作，竟不能分片刻工夫料理桑树之理。则荒废本业之说，无庸虑。本府籍隶江南，本地所产五谷，不敷食用，全赖蚕桑以佐生计，深知蚕桑之利，十倍杂粮。今忝守是邦，何忍不与吾民共此美利？特为重刻《桑蚕提要》一书，教以种桑、养蚕、缫丝之法。尤恐篇幅太长，难于披阅，又作《桑蚕说》，一同刷印散给。仍由本府捐廉，赴湖州购买桑秧，作为桑母。并雇湖州匠人，教令栽种接换。一有成效，再买湖州蚕种发给，并雇蚕师，教习养蚕缫丝，以期尽美尽善。除将各书札发各县转发外，合行出示晓谕，为此示，仰绅民人等一体知悉。尔等须知蚕桑为利最大，且无水旱之虑，四时之劳。又为妇女职业，不碍男子生计。务将书内各条，过细讲求。一面于八月间，多压桑条，广蓄小树，以待明春接换。数年之后，家桑遍野，蚕事大兴。本府必雇觅匠人，织成裁料，以广销路，以为我瑞郡永远之利。凡尔绅民，宜体本府不惜心力，不惜银钱，又不要尔等花费分文，为尔等谋无穷利益，务必互相劝勉，按法广种，以待教习。毋负本府苦心，是为至要，所有章程开列于后，其各凛遵，毋违，特示。

蚕桑说

李君凤（疑），四川藩署刊本，中国农业遗产研究室藏。

［编者按：书估计在光绪后半期。书前《救饲蚕弊说》多讲技术内容。］

《蚕桑管见》　衣食之计，曰：农；曰：桑。迩时人知务农，惟桑务废弛，力穑专以疗饥，今则兼给御寒，是以财源细而民日贫。川俗为元妃始蚕之地，素以产丝著闻。究之食桑巨利，不过嘉定等数处，其余饲蚕之家甚少，且有数百里无一家。饲蚕之区，向亦多实心爱民牧令，以蚕桑事宜，剀切劝谕，利卒莫兴，告示仅涉空谈无补。推原其故，止因保甲未行，督率无从下手。蚕桑久废，民欲饲蚕而无桑，一二有桑之家，又以不知饲蚕之方，兼饲蚕人少，获茧获丝，偏隅无从易钱，茧丝终是废物，遂置蚕桑漠不关心。欲兴蚕桑利，宜辑栽桑饲蚕之法，捐廉刊刷，照保甲册，户给一帙，劝家家务蚕桑，自有收茧丝商贩入境，贫民无论饲蚕获茧丝多寡，均可卖钱，民自乐从。蚕桑之政，以树桑为要，亦以劝树桑为难，树桑须三四五年，始渐获利。穷檐朝不谋夕，不暇计远，兼蚕事全废之乡，欲栽桑而无处觅种，且桑葚既老，不过一二十日即落尽，纵有觅种处，稍不经意，仍采不获。非司牧者实心劝课，蚕利无由而兴，劝课欲能收效，宜于保甲册每户之下，令注明无桑、有桑、多桑字样，以备查考。指示民采桑种处，桑葚将熟前一月，指定某保某甲于某日期内可在某处采桑葚。特下札示，责成保正督率甲长、牌长，遍告民户，务令每家采葚种桑秧一幅，或二三家移种一幅，于保甲册每户下注明已自种桑秧，或已与某户移种桑秧，以备抽查。地方官于近城之地，或捐廉，或筹款，佃山土种官桑秧数幅。抽查贻误未种桑秧之家，近城者罚令出一日工，来灌粪官桑秧。距城远者，予以严饬，免罚。官桑秧长成，饬领官桑秧栽植，又或饬差，多采熟桑葚，淘净阴干，抽查得误未种桑秧者，给与淘净桑种一酒杯，饬令补种。种桑秧一关最要紧，倘一贻误未种，即须下年方能劝办。牧令宜于采种期内诣乡，认真督率一身，耐十余日之劳，即为万民兴数十世之利。桑秧种遍，灌粪勤密，次年可择其大株者移栽。又次年尽可移栽，仍于保甲册每户之下注已栽桑若干株备查，桑树种遍，课饲蚕甚易。惟缫丝诸蚕书言之凿凿，山农恐未能遽解其法，牧令宜招缫丝匠入境，听民自行雇缫。或招收茧商贩在境缫丝，令每保选伶俐数人往学，互相传授。一二年境内会缫人多，渐令妇女学缫。桑树遍种，长成一年，每州县可获数十万金蚕利。十年以外，黎民殷富，可期至桑土。川农巨利在稻田，山土长薪木，获利甚微。以树桑较之，利之厚薄，不啻什伯。其平原植桑，空处仍可种杂粮，决不占农地。况山麓、河边、路旁、墙下，夙长荆棘，荒地辟出，亦宜桑膏腴。在司牧者耐烦劝垦耳。若夫饲蚕之期在插秧以前，而蚕事本女红妇孺优为之，亦不妨农务。卑职夙辑栽桑饲蚕之法一帙，谨附陈宪览。

蚕桑乐府

归安沈炳震，光绪乙酉（1885年），刻本，中国农业遗产研究室藏。

[编者按：中国农业史资料第261册。山东大学图书馆亦有一册。卷末光绪十一年（1885年）东屏跋。]

卷首 湖之俗以蚕为业。甲午蚕月，余避嚣梅庄丙舍，比邻育蚕，自始事以观厥成，皆与焉。凡蚕一眠即率钱赛神，相与族饮尽欢。余篝灯夜坐，偶亦见召闲语父老，曰：赛神必有辞，何弗闻也？父老曰：唯讫事赛神，则有辞以述本末。然不文不可听，子盍谱之？余偻指得二十事。闲数日，群聚索之，乃各缀一辞。畀之父老，亦颇色喜，浅陋固不足道，然真率之意，有古风焉。渊明云：不觉知有我，安知物为贵？此之谓乎。归安沈炳震东甫撰。

卷末 余既录方宜田先生《看蚕词》，同人见而善之。嗣得《蚕桑乐府》一册，则归安沈东甫鸿博所箸，以示其乡人者也。指事类情，博雅详赡。尤爱其笔墨精妙，以文言道俗情处津津有味，深得劝导微旨。爰重刊之，以公同好讲求斯事者，得此二书，果能互证参观，进而求之，庶几乎与民兴利，有所取资也。是则区区所厚望也夫！光绪乙酉十二月初八日书于齐河公寓，长白豫山东屏敬识。

劝种桑说

新昌吕桂芬子香，抄本，中国农业遗产研究室藏。

[编者按：中国农业史资料第85册，植物编。据石康侯人物、设立天台劝桑局，王莲舫学师辑《蚕桑须知》一卷等信息，推测该书为光绪十一年（1885年）撰刊。]

国家设立教官，非徒为士子课诗书、讲文艺、勤勤督责已也，其必使遊庠者，各怀士君子之行，以为斯民之表率，而后为不溺职，乃可与邑贤侯相助以为理。天台山城土硗确，虽间有素封家，而苦读之士，恒十之八九焉。其间趋绳轨步，贫不为病者，原不乏人。而为救贫计，而即丧其所守者，亦正不少。夫衣食足而后有廉耻，饥寒迫而不恤礼义，人情之大较也。故出治有原教，必先教之以富。而规时图利，桑更数倍于农。芬籍隶新昌，与天台壤相接，新俗向课蚕桑，民赖以活。近仿湖州俗，种法益精，计时益速，即获利亦益厚。漫山遍野，四望桑林。春间浴蚕献茧，更得申商群集收买。筑竈间行，货多成市。而又以泰西各国所需于丝者甚众，而丝价特昂。丝价既昂，即茧价亦贵，较之从前，价几加倍，故野之种桑者日益广。桑多故宝之，养蚕者人加勤。以芬计之，吾新十年后，户尽小康。二十年后，俗臻殷富矣。**近年新卖茧洋，约可四十万元。嵊县倍之，嗣后均可渐增。**盖吾邑树桑仿湖郡法，自西乡梅渚村始，渐而遍于西乡，渐而及于城中，渐而及于东南北乡。夫吾邑之东乡，地多界天台，年来东乡之桑，十村之中，尚不过一二村仿之，十家中尚不过两家仿之。不数年后，东乡之桑必且与西乡之梅渚等。**现在梅渚一村，卖桑卖茧之洋，年可二万元。**必且与天台连界，东而迤北之芹塘茅洋，东而迤南之儒岙黄渡等村，无地无桑，即无家无蚕。种桑养蚕之俗，行将不胫而走，入天台可无烦芬之多方劝也。特不为之劝，则蚕桑之利，其兴稍迟；有为之劝，则蚕桑之利，其获较速。为此闲散官，无薄书鞅掌之劳形，无敲扑喧哗之犯虑，而家居闻见所及，有可利吾民而得以基吾之教者，安忍膜视之而默不一语哉？愿有受芬者曰：吾师秉教铎树人职也，何戈戈焉作树木计乎？芬应之曰：子不见《周官》司徒乎？司徒掌邦教而九土之物生辨焉。宜筴宜皁，所致辨于山林川泽者綦详，非琐也。亦谓兴养即立教地也。彼大司徒且然，党庠之师，益当亲其役矣。然邑之人，有虑及土之不宜者。夫土诚宜讲也。考《禹贡》扬州称桑土，台与新均扬地，其宜桑一。且芬见邑之城厢内外，其草桑均大如斗，其桑子为鸠雀所食，而散遗于间旷之地者，秧且遍生，则地之宜桑可知矣。如谓土薄，吾新之土，亦未尝独厚，特视人功之爱弃为厚薄耳。且有虑其事之无益者，曰：在昔乙酉春，邑侯石康侯明府，悯台人之贫，而土产之不丰，上畂之粮无出也。适学师莲舫王先生乃湖产，相商而劝民桑。王学师辑《蚕桑须知》一卷，分授台之人。邑侯则捐廉，集帑数百金，往湖郡购桑秧之已接者数十挑。就书院设劝桑局，使台民领秧分种。且分送于乡之绅士家，使为之倡。其年适吾师主讲文明，吾师且目见之，业今迄无成效，吾师何复饶舌焉。然天下事，每有今昔之不同者。当年吾邑树桑之法未精，而桑之树亦未广，即蚕之利亦不厚，台民虽多来吾新，顾亦见之而漠然，无所动于中。今且不然，芬自履任以来，与吾邑之士及邑之野老辈，论及蚕桑之利，窥其意亦若于吾新树桑之多，育蚕之广，与茧灶茧价之昂贵，有所闻且见，津津然乐道之。而若未得其法者然，此即吾前说蚕桑之利，行将不胫而走，入天台之谓也。《孟子》曰："虽有智慧，不如乘时势；虽有镃基，不如待时。"由今以观，正待时已至，而弃时可以利导者也。且芬观上下学隙地，所树桑本已成林，学中无人培壅，年年亦可收自然之利一二十贯。学中往还者，当亦见之。诚得吾门中之读而兼耕者，本身以为倡，多方以相劝。则南阳八百，比户皆然。行将士也各有弦诵之资，即可不担衣食之忧。合邑效之，有不俗臻富庶而教化之行，即于此卜之哉！至于种桑养蚕之法，逐一详列于左。

蚕政编

光绪丙戌（1886年）仲冬韩江郡廨重刊，华南农业大学藏。

［编者按：蚕政编目录有栽桑说、种桑法等。］

《蚕政编》小引　耕织者，衣食之原，生民本务也。秦抚邠岐，柔桑侯甸，古称殷庶。阅世而后，妇休其织，蟹筐蚕绩，胥无闻矣。夫有耕而无织，则必购而衣焉，分终岁之所入，以分于远贾，是衣其食之半也。衣其食之半，衣不足，衣其食之半，食亦不足，衣食不足，吾民生计蹙矣。守土者所为惄然忧也。茂陵杨子身其利，著书曰：《豳风广义》，余既序之行之。顾以卷帙稍烦，购求既艰，不能家喻户晓。案牍余暇，撮其要者，汇刻是编，庶简帙轻便，可以人手一册矣。昔吴华覈谓：户以一女计，十万户则十万人，人人织一岁，以一束计则十万束。循是编也，一以丰衣被，一以裕盖藏，地力尽，本计勤，风俗端，而文章著。春阳桑陌，夜月机声，知不数年间，吾与吾民将共庆有成也。乾隆七年壬戌季夏兰皋帅念祖书于绿澄轩。

古者农桑并重，夫耕妇织，所以勤本业也。近数十年，江浙等处最讲求蚕政，乡人生计半在于此。予典潮郡数载，稔潮民殷富，得之远贾者十之六七，得之力田者仅十之二三。若蚕桑之利，则茫乎未闻焉。予心蹙然，愧无术以化之。频年邮书，禾中戚友捆载桑秧数千本，并蚕种十数纸，资雇乡农之老于斯事者几辈来，分赴各属，于城外隙地，及远近各乡村，广为栽种，而徐导以育蚕之宜忌。惜桑未长成，不遑蚕事，尚幸贤有司尽心劝导，而潮民亦微有能领略者，明年思踵而行之。暇日料检旧籍，得帅中丞所刻《蚕政编》，于栽桑育蚕之法，至为明备，且语简而易晓。因板片久失，书亦丛残。爰重付手民，以广其传。潮之民倘有见之而兴起者乎？予将与吾民几其有成也。光绪十二年丙戌仲冬海盐朱丙寿跋于郡署之三至堂。

简明蚕桑说略

又名《增蚕桑杂说附图说》，叶佐清辑，光绪十三年（1887年）松阳叶氏刻本，青海省图书馆藏。

[**编者按：山西省图书馆亦藏。闵宗殿《明清农书待访录》言《简明蚕桑略》，叶佐清辑，民国《松阳县志》卷十二，即为此书。目录包括蚕桑论、蚕桑说略、祭蚕神祝文、说桑十条、说蚕十条、缫丝六条、养蚕各图记。**]

序　古者未有麻丝，食鸟兽之肉，而衣其羽皮。逮轩辕氏始为冠裳，厥妃西陵乃兴蚕桑，衣被天下。考古传记所载，中国之土靡有弗宜蚕者。而自天子诸侯必有公桑蚕室，后妃夫人以下无敢淫心舍力而不以蚕为务，诚以利溥而获丰也。蚩蚩者氓，难与虑始，风尚颓惰，猥云不宜。于是古所谓桑土桑田之地，几无复蚕，而蚕桑之利，独归吴越，吴越之中擅其利者，又惟吴兴等郡。天地自然之利，委弃于榛莽，岂不惜哉？夫物其土宜，以前民用，有司之责也。勤其手足，以辟地利，小民之事也。讲明切究，以导愚氓，贤士大夫之任也。余自宣平调署松阳，稔知松土视宜为沃，而愧未能遽兴民利。邑绅叶君葵生出所著《蚕桑杂说》见示，且云其家试行有验，比邻近壤有慕而效之者。然则是书也，可见诸行事非徒讬之空言，且其行事非徒见诸乡邑。试推之以衣被天下，又何难乎？其书自奉种以迄卒蚕，凡曲植蘧筐，以及风戾手缫诸法，靡不具备。兹欲刊以教世而使余序其简端。余嘉叶君之意，非为一身一家之利，盖讲明其法，以倡导愚氓，补有司之弗逮者，皆于是乎在，诚无愧贤士大夫之为也。故不辞而弁其端云。光绪八年仲冬月署松阳县知县愚弟皮树棠拜撰。

序 松邑隶括苍郡，半皆山地，向无业蚕桑者。古市叶绅葵生仿制西法，试种半年，颇有成效。余观其植桑、饲蚕、缫丝诸法，俱极精致，慨然曰：此并非地土不宜，实种植之法未能家喻而户晓也。夫人情于素所不习之业，一旦使之强就我法，鲜不疑畏自阻，故必先为之乡导，俾有成法可遵，成效可睹，而后乃渐次推行。爰搜旧帙，得广文沈君清渠所刊《蚕桑说》，益以叶绅葵生增补数条以广之，汇为一册。暇时与邑中诸父老讲求此举，俱慨然愿仿行其法以率先乡里，因付手民，以广其传。噫！松川一僻壤耳，其土非瘠，其民甚贫，揆其由，大半农瘁于田，而妇嬉于室，终岁勤动不尽能瞻其妻子，而女婴之溺，嫠妇之嫁，率由于此，心窃悯之。此举行，将来树艺有成，女红无旷，化无用为有用，而保婴恤嫠诸法均寓其中，当不徒获利之厚倍蓰什伯已也。光绪庚辰嘉平月知松阳县事朱庆镛序。

序 余山民也，少不自量，期读书有用，既念父兄皆通儒而卒不显，遂无意科第。乃捧檄为永康教谕，移任于潜。于邑经兵燹，地瘠俗陋，从而新之，稍有起色，为同列所忌，坐是改官，宦橐萧然，归无以为计，率妻孥躬蚕桑数年，颇得其法，赖以拯贫，邻里多有效而行之。嗣复需次江左，以于潜任内采访捐廉微效，为上官所保，少伸前屈，然距十亩间闲之时，已忽忽十余载，而手经攘剔，沃若成荫者，盖不数南阳八百株矣。夫鹿鹿仕途于世，奚补依依桑梓，大半食贫，利不可私。木较易树，因不讳浅陋，举向所辑《蚕桑杂说》刊而公诸同井，冀以兴浙东之利，且志解组时若况云。光绪丙戌仲春月松阳叶佐清葵生甫识。

桑麻水利族学汇存

李有棻，光绪十三年（1887年）武昌府署，中国农业遗产研究室藏。

[**编者按：武昌府知府萍乡李有棻，南京农业大学藏中国农业史资料第86册：桑。**]

委员赴浙采办桑秧并咨南洋饬海关免税禀。敬禀者窃查江浙桑秧为种最佳，上年曾经卑府督同本属各州县捐廉，委员前赴江浙一带采买桑秧，运赴来鄂，发给绅民领种在案。兹卑府闻各属绅民领种桑树已有成效，自应推广办理。现同府属各州县捐廉，谕饬大冶县贡生杨茂葵前赴江浙苏湖一带，采买桑株桑秧，运赴来鄂。卑府现在檄饬各属设局，举办保甲，即将买来桑本分给保甲局，转给绅民栽种。拟采买桑秧数万株，于春初萌芽未发时，捆载前来。惟此种桑本一经离土编梱，行程稍迟，势必干枯，必附轮船装带，方能迅速。诚恐沿途关卡，或指为药材，或认作花木，抽提重税。卑府同各属捐资谕饬该贡生前来采买，并往返程途所费，业已不赀，若再加关卡税厘，既属力有不逮。更恐途中任意留难，节次耽延，必致种植失时，不能生发。查卑府上年委赴江浙买桑已禀，蒙咨行各关卡，免税放行有案，此次谕饬贡生杨茂葵前往苏湖一带采买桑秧，事同一律合无。仰恳宪台俯念卑府为民兴利起见，准予详请咨明两江督宪，檄行江苏江海关，照会该关税务司，遇有前项桑秧到关，随时验明，免税放行。并恳行饬江汉关一体遵照，实为德便。再接本小桑树及桑秧共数万株，约计捆载数百石，惟赴江浙采买，尚难预定石数若干，是以未能开列，合并陈明。

论发桑秧并种桑养蚕章程：为发领桑秧并刊给《简明种桑养蚕章程》以示遵守事。照得蚕桑之为利最大，尔百姓应无不知之，惟苦无桑秧，未免向隅，且不得办理成法，遂致功效莫睹，殊为可惜。兹本府县发来桑秧，系买自湖州，叶大如巴扇，如法种植，每株养蚕卖丝可得钱三四百文，比种谷麦棉花杂粮有十倍之利。又不怕天干水旱，且为尔等子孙衣食永远之计。前屡次发桑，不见成功者，由尔小民以为不费自己一钱，领后遂不爱惜故也。今特交各乡保甲绅士，择其愿种而不弃掷者与之，并将领桑人姓名、乡贯、株数，注明呈候，本府县密查以分勤惰而示劝儆。此谕。

谕各总绅请领桑秧**光绪十二年**：为谕知转给事，照得本府县捐廉，自浙江采办桑秧到省，由各总绅发各里屯绅。惟为数无多，各里屯各发若干株，择其勤劳而善培植者酌给。凡领者给章程一纸，取领状一纸，另单随保甲草册送局备查。为此谕，仰该总绅遵照，发给各里绅收领，仍将收发数目报局。毋违此谕。计发总绅桑秧若干株，某里桑秧若干株，某屯桑秧若干株，通共桑秧若干株，桑秧章程若干纸，桑秧领状若干纸。

谕各里屯绅领桑种植：为谕领事，照得本府县捐廉，自浙江采办桑秧到省，由各总绅发各里屯绅。惟为数无多，各里屯各发若干株，择其勤劳而善培植者酌给。凡领者给章程一纸，取领状一纸，另单随保甲草册，送局备查。为此谕，仰该里屯绅遵照，择给各户领栽，务令妥为保护，毋得轻弃。是为至要，切切此谕。计发桑秧若干株，桑秧章程若干纸，桑秧领状若干纸。

禁桑园切勿毁伤示：开园种桑，兴利城乡。雇工看守，昼夜严防。铺保差役，巡查宜常。谕尔居民，切勿毁伤。偷枝窃叶，更属不良。违者重究，共凛刑章。

禁窃取桑秧示：种桑兴利，各守各分。物皆有主，一毫不紊。有窃取者，以盗贼论。倘敢违抗，拿案重惩。

桑秧到省分别领买若干给送若干示**光绪十三年**：为民买官送分别各半出示晓谕事，照得种桑之利，与百物倍加。上年本府县派人往浙采办桑秧，散放各乡领种在案。本府县访闻，尚称得法。惟为数无多，各处未能遍给，且给非其人，徒耗费而无益。今惟以能自备价买者为凭，盖自愿备价，即系其真为务本之人，本府县应量为奖助。现复派人往浙采办，业已购买，由轮船运载回省，刻即分发栽种。综计每桑一株原需价八文，本府县酌定凡领买百株者，除照发百株外，另由本府县捐廉买送百株；领买千株者，除照发千株外，另由本府县捐廉买送千株，余可类推。诚恐未能周知，合行出示晓谕，为此示，仰领买桑秧人等知悉。尔等自买若干，官更送给若干，两项桑秧到家，务须照数收明，如有短少，即系挑夫偷窃，许赴局禀请究办。但须好为栽种，加意培植，毋得率意置之，有负本府县为民兴利之至意。切切特示。

票仰差夫运送桑秧小心照料：为派差押运事，兹派差某督同挑夫若干名，运送桑秧若干株，前赴某某里屯，交绅士某查收。除发给往返夫价役食，不得索取分文外，合行给予印票，为此票仰差夫沿途小心照料，如有短少，除责惩外，定问该差夫照数赔缴，须至印票者。

榜示民买桑秧钱文并官送桑秧数目：为榜示事。照得本府县上年捐廉派人赴浙采办桑秧，回省散发各乡栽种在案。本年复思推广行之，以昭溥遍。前已派人往浙采办，每桑一株需价八文，凡各乡备价赴局领买若干株者，除照发外，另由本府县捐廉，照乡民所买若干数目送给若干株，以示奖助。其运桑差费夫价，概由本府县捐给。所有各乡绅耆买桑钱文，及所买桑秧与送给桑秧各数目，合行分别榜示。俾乡民共见共闻，为此榜仰各里屯军民人等一体知悉，须至榜者。

计开：每里每屯每洲各绅民买桑秧若干株，收钱若干文，官照民买数目捐廉，送给若干株，合计四十八里十三屯一洲皆仿此。

附代买桑秧局条式：江夏保甲总局为发给局条代买桑秧事。今据乡屯里洲地名甲牌交来九八典钱八百文，定价桑秧一百株，年内汇齐。禀请府宪派人赴浙采办，俟来春二月桑秧到鄂，知会经手各绅，查照此票，就近照数转给，以归简便。须至局条者，桑秧发领，此票仍缴总局以凭查核。

附发给桑秧局条式：江夏保甲总局为发给桑秧事。今据乡屯里洲定价桑秧若干株，每株扣价八文，业经照收外，又府县宪捐廉奖助，凡自行买桑百株者，更另送桑百株，不取分文，通共若干株，合并随条声明，须至发条者。

树桑养蚕要略

撰者不详，光绪十四年（1888年），莲池书局刻本。中国农业遗产研究室藏。

［编者按：南京农业大学藏中国农业史资料第262册，动物编。《四库未

收书辑刊》，第四辑二十三册收录。另有一部内文一致。封皮题蚕桑辑要，树艺良规附，又题树桑养蚕要略，光绪十四年三月莲池书局刊，中国国家图书馆藏。]

《树桑养蚕要略》 经传所言蚕桑之利，多在西北。张堪为渔阳太守，百姓歌之曰："桑无附枝"。邯郸女秦罗敷，采桑陌上，是燕赵之地本宜桑。昔之燕赵，今之直隶也。近时京东如迁安等处，遍地皆桑，迁安桑皮纸久著称。三五年来，撷叶养蚕，售茧得利，遂专事缫丝，茧不外售，利又倍于售茧。风气所开，渐及永平、滦州各属。足见北土宜桑，推广宜亟。兹先购桑于浙，并及丝车棉矩，以裨补遗阙。至蚕性虽喜温忌凉，然南方自小蚕初生，以至三眠，皆用火盆以温之。至蚕上山时，亦用火盆盛炭，以防阴雨。北地养蚕，遵用其法，无不顺利，此固闾阎勤求本富之一大端也。爰述要略，用资倣效焉。

蚕桑简明辑说

黄世本，钱塘黄氏原本，光绪十四年冬书局重刻。四库未收书辑刊四辑二十三册。

[编者按：《四库未收书辑刊》，第四辑二十三册。该书原本藏于中国科学院图书馆。目录有种桑说、养蚕说、补遗。]

叙 靖邑濒江，地皆沙土。禾麻而外，厥宜维桑。余下车以来，周咨民俗，虽地方夙称完善，而瘠苦情状过于江南。盖近年谷贱伤农，纺织之利所获甚微，欲为闾阎筹补救，谋富饶，惟有请求蚕桑，庶可开利源而裕风俗。考《禹贡》桑土既蚕，兖州卑湿沮洳，尚修蚕事，豳岐之域，素号苦寒，而蚕月条桑，载在《风》《雅》。即至五亩之宅、匹妇之家，靡不勤树艺执懿筐，蚕织之利兴而女红兴，农事且并重焉。靖邑土脈既松，地亦高燥，以视下湿之地，滋长倍易，即下种培壅时日稍稽。而湖郡桑秧购栽甚便，数年之间，本根茂而枝叶繁，较之接种子桑尤征捷效。又况大江南北气候多暄，哺养得宜，茧成尤易。大约桑性喜燥而恶湿，蚕性喜煖而恶寒。间考《志乘》，靖邑素饶桑柘，兼产绸绵。如果四境之内蕃植成阴，百室之中浴缫不辍，即富饶无难立致，补救之策莫切于兹。浙西，余桑梓乡，蚕事向所熟闻，夙夜思维欲与吾民共习之，而家喻户晓未得其术。适见澄江吴君孔彰所著《蚕桑捷效书》，一再披览，说甚周详。因复广事咨询，旁加搜采，区分门类，汇为成编，倥偬授梓，未遑润色。而栽种之法，哺养之程，无不备焉。纂次既毕，以《简明辑说》名其篇，并缀数语用志缘起如左。光绪八年岁在壬午暮春既望权知县事钱塘黄世本叙。

教民种桑养蚕缫丝织绸四法

马丕瑶，光绪十五年（1889年），刻本，中国农业遗产研究室藏。

［编者按：目录有光绪巡抚部院马示，种桑，养蚕，缫丝，织绸。皆为歌谣形式，朗朗上口。］

钦加三品衔补用道署桂林府事兼办交代征信蚕桑局尽先补用府正堂黄为出示简明各法劝民养蚕事。照得机坊之设，原为民兴利起见，但兴蚕桑而不习缫丝，茧亦无用，是缫丝尤为蚕织一大关键也。今已将种桑、养蚕、缫丝、织绸，一一举办，听民观看，劝民学习。抚宪暨臬藩署道宪爱民之心已深且切，而犹虑口讲指画之劳，不能家户喻晓，饬拟简明教法以示民间。本府仰承委任，义何敢辞。爰就现办情形合之见闻，采择集成五言四法，俾妇孺皆能诵习，由此进求，日久自能精熟。除刊刷成本发给外，合行出示晓谕。仰郡属人等，一体知悉，所有各法，胪列于左，特示。光绪十五年十二月初壹日。

广西巡抚臣马丕瑶跪奏，为广西俗悍民贫亟宜通筹教养，拟开设书局机坊以培本源而资休息，恭折奏明，仰乞圣鉴事。窃前抚臣沈秉成于光绪十五年六月十七日片奏，粤西素称瘠苦，与司道等悉心筹划，非教养兼施不能挽回弊习。盖不泽以诗书之气，则犷悍不驯；不广以农桑之利，则游惰失业。饬各州县设立义学，颁给《弟子规》《童蒙养正》诸书。又令兴办蚕桑，于吏治民生大有裨益等语。八月二十五日奉到硃批“知道了，钦此。”钦遵在案。臣于上年春初到广西藩司任，随同前抚臣筹商整顿，意见相同，当议兴办义学蚕桑。年余以来，民间渐知向学，饲蚕亦遂成丝。沈秉成于调任安徽，行时切勉力底于成。兹臣蒙恩简擢，责任尤重，亟应力求鼓舞振兴之法，敬为皇上陈之。一书局宜开也。广西人文夙盛，自汉有陈元士燮以经术显，著在史册，代不乏人。我朝文治日新，前大学士陈宏谋崛起偏隅，所至以正学导化，刊书垂训，探载籍之精英，措诸实用，蔚然为世大儒。近年兵燹后，人士流离，藏书悉毁，旧刊片板无存，寒畯远购无力。每届考试不过零星书贩，或舛错模糊，或洋板缩本，难资诵读。且多系时艺讲章，无以为绩，古培才之助，以至流风日沫，俗尚嚣陵。即间刊布一二种，或行或辍，究未能推广流传。将欲力挽颓风，必先广储经籍，拟在省城开一书局，先刊六经读本，续刻有关实学诸书。查江南、浙江、广东、湖南北、四川各省书局，刊本精博，请旨饬下六省，将局刻经史各本，及陈宏谋《五种遗规》等籍，每种刷寄十部，以九部分发梧州、浔州、柳州、南宁、太平、泗城、百色、郁林、归顺各府厅州书院，妥议章程，俾士子获资借阅。平乐近省，庆远近柳，思恩近南宁，镇安近归顺，可就近往看，以一部存省局，为择刊式样。西省经费维艰，书价无款可筹，请即由各省报销。俾穷荒边隅，汉苗朴陋，得读所未见书，欣然向化。各省当亦乐助，不吝此区区也。臣仍当专函切恳，其广东、两湖，书即由请饷委员就便领回。江南、浙江、四川各书，请觅便搭解来桂。俟仿刊装成，饬发各府厅州县，照价分售，以期散布城乡，务使渐渍涵濡，皆消悍戾，可以清源化俗，可以育德兴贤。臣愚以为立教之规，莫先于此。一机坊宜设也。臣尝阅唐《韦丹传》，丹为容州刺史，教民耕织，止惰游，其化畅行。容州，即今梧州府属之容县，地宜蚕织，伊古已然。同治年间，前容县知县陈师舜劝办有效，现每岁可出丝二万五六千斤。又唐张籍诗：“有地多生桂，无时不养蚕。”桂林宜蚕，亦其明证。上年于省城开办蚕桑，今春请领桑本者日多，得丝渐盛。若官置机收买，无论丝斤多寡，即出即售，小民狃于近利，更将趋之若骛。臣前任山西解州知州，创办蚕桑，曾设同善机局，民以为便。兹拟于西省设一机坊，梧州府城设一机坊，责成署桂林府知府黄仁济，署梧州府知府志彭，署临桂县知县张棠荫，署苍梧县知县洪昌言，妥为经理。该府县四员均明敏精强，办理可期得力。每坊觅雇广东机匠三名，教民学织，本地转相效法，日久能自织纴绸匹。通行则利愈溥而民有赖，可化游惰，而清盗源。至柳州府属，界连黔省，有青㭎树可育山蚕。亦饬柳属州县仿黔试办，柳州应否添设机坊，俟有成效，再行酌核。臣愚以为休养之方，莫良如此，惟是二者并兴，筹款不易，与司道等再四熟商，设法措办，并据两司酌核会详，请奏前来。一面饬备工料机张，逐渐兴举。虽未能收效，目前但早一日，即有一日之益。迨数年后，渐能化悍为驯，易贫为富，庶仰慰宵旰，嘉惠边氓至意，亦无负前抚臣拳拳教养之心。所有开设书局机坊各缘由是否有当，理合恭摺具奏，伏乞皇上圣鉴训示，谨奏。光绪十五年九月二十四日拜发，光绪十五年十二月初十日奉到。硃批“著照所请该部知道，钦此。”

光绪己丑秋，奏设桂林、梧州机坊以兴蚕利。孟冬，桂垣先设，昨诣坊间遍阅各处，见悉勤厥事，来学日多。归署，喜而不寐。爰成四截，用示劝勉，又虑经费难筹，不足广传而持久也。更望官绅同心合力，共普开此利源云。腊八日抚粤使者安阳马丕瑶识。

己丑秋，抚宪奏开机坊，俾民知所趋效。济适承乏桂林，责成经理。禀承各大宪指训遵办，稍有端倪，民情亦甚踊跃。爰采撮四法，编成浅语，俾妇孺皆能记诵，得以家喻户晓，利溥无穷。有无遗漏讹错之处，仍俟识者鉴正焉。善化黄仁济兆怀氏并识。

蚕桑摘要（一卷）附图说（一卷）

羊复礼，光绪十六年（1890年），海昌羊氏传卷楼粤东刻本，海昌丛载三十二种子目九。

[编者按：南京农业大学藏，中国农业史资料第261册，动物编，抄本，无绘图。]

序 粤稽《书》言桑土，《诗》咏蚕月，《礼》详躬桑劝蚕之典。是知为天下之本者，农功而外，厥惟蚕桑。孟子备陈王道之始，而墙下之桑，与百亩之田，言之至于再三，故后世先蚕坛与先农并重，盖抚世长民者之所必有事也。厥后贾思勰著《齐民要术》，陈旉作《农书》，秦观作《蚕书》，元初颁《农桑辑要》于民间，明徐光启撰《农政全书》，备言农桑之事。至我朝乾隆间，奉敕撰《授时通考》七十八卷，至详且备。惟边隅绝徼，罕观其书。迨沈中丞颁《蚕桑辑要》，马中丞颁《笃劝蚕桑歌》及《教民四法》等书，人始知种桑育蚕之法。现复奉檄办理蚕桑机坊，诚欲使边荒瘠壤，皆习种艺织纴之劳，与斯民同登乐利也。第镇属风土异宜，天时地利与浙粤不同，民情质陋，耕而不蚕，亦未知寒温燥湿之宜。曲植籧筐之器，且所植皆粤桑，与浙桑迥异。所育皆粤蚕，即所谓乡贡八绵者，每年收四造五造之利，与《蚕桑辑要》所载者，互有异同。因就粤人所习者，纂辑其要，加以成法而论次之，以示吾民，俾览者有条而不紊，用者有序而易循。且晓然于委曲纤悉，具有良规。朝夕勤劳，非可慵惰，而民之利用厚生在乎是，即民之饮和食德亦在乎是矣。男耕女织，农桑广兴，不将变硗瘠为富庶哉！若由是推而行之，知尚无不知而作，与不适于用之弊焉。爰书数语，而为之序。光绪十有六年岁次庚寅十二月朔日海昌羊复礼撰于郡廨之宝澹室。

跋　庚寅冬，奉檄兴办蚕桑，镇人未知种桑育蚕之法，问者踵于门。因纂《蚕桑摘要》二十余则教之，旋以刊本质之黄兆怀太守仁济。适安阳中丞马公索观，不以为简陋不详，饬加绘图说，以成全帙，复礼惧不胜焉。今岁春夏种桑成荫，育蚕成茧，缫丝之事，次第以兴。因补纂缫丝十则，并绘图加说，俾家喻户晓。知所取法，且以浙西蚕簇、缫车较粤东价廉功倍。前复礼摄局事，曾给发临桂全州等处，行用与否不可知。然蚕事初兴，当法乎上，故又饬匠制造，颁各器于汉土各属，使乡农村妇，皆习知条理，观摩仿效，亦利用厚生之一助也。至织绸各器，名目繁多，非良匠教习不为功。况乡民之事，实止于种桑育蚕缫丝三事，故不复殚述。是书掇拾成规，加以己意，详于镇属，特俚拙其词，冀人人共喻，不免重复凌杂，幸阅者谅焉。光绪十七年辛卯夏四月复礼又跋于镇安郡廨。

蚕桑图说

宗景藩，吴嘉猷绘图，华南农业大学藏。

[编者按：按序光绪十六年（1890年）。全书图文并茂，十五幅图。]

重刻《蚕桑图说略》叙　《豳风》陈王业，首详丝事。《孟子》制民产，先言树桑。诚以蚕桑者衣之源、民之命也。懿维国朝恩隆教养，律中姑洗，后必躬桑，农桑并劝，圣训煌煌。而植桑养蚕之法，浙民为善，以故丝帛之利甲天下。楚人耕而不桑，未谙其法耳。或者曰蚕桑利东南不利西北，德安地近西北，故不宜桑，非也。闲尝考之《禹贡》：荆州厥篚元纁玑组，豫州厥篚纤纩。《传》曰："组绶类纩，细绵。"组绶、细绵，胥丝成之。不桑不蚕，何以有丝？德安当古荆豫之交，此宜桑一证也。杜君卿《通典》载唐朝土贡，汉东郡贡绫十疋。唐之汉东，今之随州也。《德安志》亦称土绢与皱纱包头，唐时合罗绫为汉东郡土贡，此宜桑二证也。或者曰：德安有木棉利，产应城者曰梭布，行东南诸省；产安陆各属者曰棉布，行西北万里而遥。植棉植桑利益相当，蚕事加务，功作有妨，是又不然。夫艺木棉，侵菽粟之地，有水旱之虞，桑则宜野、宜山，墙下、畦稜、道傍、场圃，间隙之处无不可树，水旱无虑，一便也。木棉历芟柞灌溉之劳，极碾弹纺绩之力而成一布，值不敌丝帛什一。桑则随时培养，农隙可治，取斧执筐，子妇之事始蚕。迄登三旬而已，其功则半，其利数倍，二便也。至若桑下可以种蔬，桑落可以酿酒，桑木可以樵薪，桑皮可以造纸，而蚕沙饲豕，缫汤浇田，犹其余利也。况棉以秋成，桑以春美，以布以帛并行不悖。江南苏松等郡丝帛棉布并为厚产，未见其相妨也。德安既有棉布利矣，益以蚕桑，其所以利民者不更溥哉？同治朝先世父朝议公宰蒲圻，撰《蚕桑说略》，倡兴蚕桑，著有成效。余忝窃兹卫，四更寒燠，目击屯黎生计日蹙，夙有志焉，教以树畜。今秋奉大府以余浙人素解蚕桑，责成举行，因捐资赴浙，采购桑秧，以散诸旗。并觅善桑者来兹，先自种植，为众人导，冀以由近及远，渐推渐广，鼓舞而振兴之。待五年后，桑茂，设立蚕局，叶茧丝帛，平值兼收。盖人有知愚之不齐，家有众寡之不一，俾织者利其帛，缫者利其丝，饲蚕者利其茧，栽桑者利其叶。固不必人人饲蚕也，不必家家缫而织也。惟种植饲缫之法，恐不能家喻户晓。爰检朝议公《蚕桑说略》，倩名手分绘图说，付诸石印，分给诸屯读书之士，转相传阅，俾习者了然心目。诚能如法讲求，勤劳树畜，则多一桑即多一桑之利，多一蚕妇即多一养蚕之利。勤其体而正其心，娴其艺而世其业，然后地无旷土也，邑无敖氓也，衣食由此而足也，廉让于是乎生也。余其拭目俟之矣。光绪十有六年岁在庚寅辜月丁丑钱塘宗承烈少棠敘。

绘图《蚕桑说略》 **钱塘宗景藩撰**　农桑之利自古尚矣，独楚之人不事蚕绩，初疑其土之不宜桑也。顾《豳诗》言蚕事独详。诸葛居蜀种桑八百本，慕容治辽通晋以求江南之桑，似西北无不宜桑者。今四川产绸，荆州亦织缎，虽物不及东浙美，而川楚之宜桑亦可见矣。蒲邑距荆不远，山水雄秀，有似江南。惟知耕而不务织，故民多穷，窃为深思详察。见城乡之间间有树桑，枝槎枒而叶枯瘠，访畜蚕者悉详询之，盖桑与蚕之种皆不美，而树艺饲养胥未得法，故采茧多而获丝少，且其质硬，其色黄，仅堪作线，而不能织文受采，获利既微，销售亦不广，业此者遂少。意者土无不宜，特人功未至，遂并大利而弃之耳！吾浙暮春之月，妇女采桑育蚕，穷一月之力，可获倍利，民之富也，半由于此。今欲为蒲民兴利，赴浙买桑二千株，又桑秧万余枝，并购蚕种载以来蒲，量给乡民。恐其未解树畜也，乃作桑说五、蚕说十，缕晰条分，刊发四乡，俾获通晓。诚能先求树艺，粪多力勤，约计五稔，桑植繁茂，而蚕事可以盛行，其效似纡，其利至溥。《语》有之：民劳则思，思则善心生；逸则淫，淫则忘善，忘善则恶心生。耕耨之事，楚人知之，益以蚕织，则男力于野，妇勤于室，男女有业，邪僻之心无自而生，或亦敦本善俗之一助欤！

蚕桑实济

马丕瑶，光绪辛卯（1891 年）仲春刊于桂垣书局，中国农业遗产研究室藏。

[编者按：南京农业大学藏，中国农业史资料续编，手抄本。书中序跋，收录方大湜《桑蚕提要》三篇，即湖北分守安襄郧荆兵备道方为劝民种桑以兴蚕利事、桑蚕说、桑蚕局记。书中奏折与马丕瑶《教民种桑养蚕缫丝织绸四法》的《广西巡抚臣马丕瑶跪奏为广西俗悍民贫亟宜通筹教养拟开设书局机坊以培本源而资休息恭折奏明仰乞圣鉴事》部分一致。北京大学藏书又名《奏委督办广西柳庆思泗镇五府蚕桑事由》。]

再广西兴办蚕桑经臣奏奉谕旨，于桂林、梧州两府开设机坊，责成守令妥为经理，觅雇男匠女师分辟舍宇，教民缫织，并随时收买茧丝。俾小民就近获利，咸乐争趋。自去冬开办以来，民情歆动，群相仿效，到坊学习，坊间人满。织纺所成绸匹丝线，不亚广东。今春育蚕之户似觉倍增，新茧新丝烂盈筐箧。惟系开办之初，购种桑秧，置办器具，工本较重，获利尚微。前抚臣沈秉成于光绪十五年五月，曾以举办蚕桑，新出茧丝为数有限，沿途关卡厘税，奏请豁免，仅收落地税，以冀成本减轻，畅通销路。臣伏查此项新出茧丝多半便于就地销售，似宜将关卡厘税暨落地税一并暂行豁免，庶几获利较厚，渐广推行。俟数年后丝利繁增，行销畅旺，再请照例抽收厘税，实于生计课则两有裨益。再此项请免厘税，系专指广西新出茧丝而言，其外省入关，一切茧丝绸匹丝线，仍照常抽收，不在此内，合并陈明是否有当，理合附片具陈，伏乞圣鉴训示，谨奏。光绪十六年三月十三日拜发，光绪十六年六月十一日奉到。硃批著照所请户部知道，钦此。

头品顶戴广西巡抚臣马丕瑶跪奏为劝办蚕桑成效渐著，仰恳天恩俯准豁免广西新出绸疋税厘，并将办有成效员绅择尤请奖以示鼓励而利行商，恭折具陈仰祈圣鉴事。窃臣于本年三月十三日曾将桂林、梧州两府开设机坊，暨茧丝免抽落地厘税各情形附片具奏，奉硃批“著照所请户部知道。钦此。”钦遵在案。臣维农桑并重，地利当兴，自开办蚕桑以来加意董劝。近省一带民情兴起争趋，第恐宜此或不宜于彼，便民或未必便商。本年八月遵旨巡阅出省，沿途接见官绅，询察土宜，就所见闻互相印证，乃知广西桑蚕之利有三宜三便，亦有二难，敬为皇上陈之。蚕性宜煖，北地严寒只春夏一造，故三月为蚕月。广西四季温和，无时不可养蚕，平乐以上可四五造，梧浔以上可六七造。昔称交广乡贡八蚕之绵，征之良信，是天时之宜一。广西水萦山复，除石田童山不宜种植，又或膏腴成业，不必改夺种桑外，其余近山坡地尚多闲旷，草木丛植，经冬葱碧，两山之间，涧水渟积，若以种桑，可收地利，灌荫亦便。所过浔梧府属之平南、滕县，两岸桑林枝多童秃，问之土人云：交冬蚕已七造，桑叶渐稀，芟去旁枝，入春新条愈畅且柔润，最宜蚕食。推之他处，当亦同然，是地利之宜二。广西民风朴实，缙绅之家，能闲礼法，其乡村贫苦，妇女井臼亲操，耕樵自给，不谙女红，闲即赌博，杂赴墟市，奸拐并生。今令事蚕，乐业安居，获利倍蓰，浮荡之习不戒自除。况田有凶荒，蚕无旱涝，能养必收，风气已开，闻者争思学织，则人事之宜三。至创办伊始，缫织需人指示。广东顺德所出丝绸，通行已久，工匠精夥，招致西来，舟行立至，一便也。桑蚕器具，多资竹木，各属所植，匝野弥山，仿式自制，并可省费。二便也。广西各府皆通河道，苍梧为众水所归，无论何府所出绸疋，悉可顺流达梧，并至广东，四达六通，即与苏杭绸丝畅行相等，商运灵捷。三便也。夫既有三宜三便，何以历任抚臣叠议兴办，或作或辍，至今犹未易行者，则以有二难在。一难于绸疋厘税之征，综计开办以来，桂梧两局约各得丝两万余斤，容藤两县共得丝五万余斤，其余各属出丝或一万，或千数百斤不等。查东贩来梧属设栈收买者不下八九家，官局虽有织成绸疋，购丝者多，购绸者少，则以丝斤既免税厘，较可获利，绸疋犹须完纳，价重难销。夫官设机坊，原为民倡，须令民间自能织绸，通行利源，乃可广远。且自丝自织，不至为商贩抑勒丝价。广西向不出绸，本无此项税厘，今即请免，无损于课，有益于民。拟恳恩施豁免广西新出绸疋税厘，于机头上另织广西某府州县机坊新造某绸概免出境厘税字样，所过关卡验行无滞。绸既通行，民心争思学织，即可渐成行业，非徒通商正以利民。一难于官绅倡办之力，种桑养蚕教缫设机，在在需费，广西缺多瘠苦，户鲜殷实，官难赔垫，绅无余财，办理本属不易。今于无可设法之中立一集股之法，多者每股五十金，少者一金，或百钱，均为一股，分少合多，众擎易举。现在平乐府属之贺县，梧州府属之岑溪集股盛行，成效昭著。然非才干之员实心爱民，及公正绅耆协同劝办，不克通筹无弊。夫劝课农桑本地方官分所应为，何敢妄邀奖叙？然场圃耕桑胥入《豳风》之图绘，鸡豚材木悉劳仁政之经营。家长代谋子孙生计，官长代谋黎庶身家。衣食足而礼让兴，饥寒迫而盗贼起。不敢不为是兢兢也。况广西兵燹之后，元气未复，粤民俭而不勤，全恃贤有司孜孜劝导，若不择举贤能，稍示优异，不足以振吏治而树风声。拟恳恩施于各属办理蚕桑，确为实效者，或官或绅，择尤奏保，以励其余，是二者皆系因时酌请，冀去二难，以收三宜三便之全功。倘仰荷天恩，俯如所请，免绸疋之厘税，商运日多，奖贤干之官绅，群心一振，将见大利蔚兴，边氓乐利，庶冀仰副朝廷实边教养之仁恩。臣迂拙之谋，琐渎天听，实为富民励能起见，是否有当，所有请免广西新出绸疋税厘，并将办理蚕桑有效官绅择尤保奖各缘由，谨会同两广督臣李瀚章恭折具奏，伏乞皇上圣鉴训示，谨奏。光绪十六年十一月初八日拜发。光绪十七年正月二十七日奉到。硃批“知道了。广西新出绸疋著准免税厘，办理有效之官绅，准其择尤酌保数员，毋许冒滥，钦此。”

耕蚕树畜四者合而谓之农，粤西农民知耕而不知蚕，是以富庶不如粤东也。光绪己丑秋，奏设桂梧机坊，先后请免丝绸厘税。年来督属劝办购桑、养蚕、浴茧、缫丝，求良工教织染，日渐兴起，创始法多未谙，讲求又鲜善本。今秋奉命巡阅至邑，有客赠《蚕桑实济》一书，于辨别土宜、栽桑育蚕，及制造器皿、缫纺织组诸法言之綦详，语皆征实，且音注易晓，喜吾民之可循是以求也。亟为刊布，旋省后又睹方鞠人方伯《蚕桑提要》，并采其说记告示诸篇，缀之简端，以资印证。余之殷殷焉，不惮劳费而为此者，良以兵燹残黎，地未尽开，生计甚拙，此为善后第一要事。饥寒迫而盗贼起，衣食足而礼义兴，教养通筹，为民父母，职当如是。况粤西通南海，达重洋，蚕事畅行，利倍他省。凡我同寅尽一分心，民受一分惠，为闾阎开乐利之大源，即为朝廷培边荒之元气，而循吏之子孙亦将食报于无穷。慎勿以余言为河汉，是编为琐俚也哉！光绪庚寅嘉平抚粤使者安阳马丕瑶谨识。

劝民种桑歌 养蚕先养桑，无桑空自忙。山脚水旁，下湿平岗，城市村庄，近岸沿墙，凡有空地，植桑皆良。岭南和暖，一年六七造，较北省尤强。男三棵，女四棵，急早种桑秧，水旱无伤，常收胜稻粱。问道机坊，茧愈出愈好，色愈染愈光。又道税场，厘则一文不收取，丝则四处通商。非止老人可衣帛，贸易利无疆，缫出一把丝，换得两月粮。织成十匹绸，起得三间堂。勤耕勤读兼勤织，这纔是良善人家丰乐乡。劝我民快种桑，莫将本业等寻常。富丽从来说苏杭，多靠养蚕金满囊。粤西贫瘠何难富，家家丝茧户户筐箱，只要桑株百万行。光绪十六年八月抚粤使者安阳马丕瑶。

蚕桑浅说

卫杰，中国农业遗产研究室藏。

[编者按：按序光绪十八年（1892年），李鸿章直隶劝课蚕桑。]

蚕桑无地不宜 北方寒而多鹻，树艺之法未能讲求，故与山东仅隔一壤，而蚕桑之利卒未能兴。自同治九年九月奉中堂示谕，劝民种桑养蚕。顺德府任升守于山东周村购桑秧八百，分种城隅，著《蚕桑说》。丁升道种桑静海，游升牧种桑深州，行之未久，其事暂辍。嗣蒙中堂饬周升任关道，及幕府汪于天津北仓柳滩试种官桑，浓阴竟亩，树可如拳，民间傚而行之。高阳、南皮渐种葚桑，葚繁叶少，桑仁作果售市。任邱、阜城多种地桑，以桑条作器售市。赞皇、博野、束鹿每种小叶桑，取其叶与皮入药售市。满城、完县多种花桑，谓蚕必不能养，冬则邻舍穷民伐其条以作薪，种者亦不能禁。易州山北一带，每种大叶桑，出丝可作线。饶阳、安平桑叶最小，出丝甚粗，织绸未佳。深州多桃柳及桑，惮于养蚕。迁安以桑皮作纸。清苑渐亦有桑，以葚售钱。是桑株随地宜植。实由我中堂督直以来，颁发树艺良规，通饬州县劝办，种者日起。惜民间未知养蚕之利，且不谙其法也。上年八月蒙中堂示直省土厚地寒，屡购湖桑来直，栽种难成。川北地高土实，与北方相近，可在川购运桑秧。蚕子并邻省就近地方采办，劝民间种桑养蚕，以为根本至计。春初发散蚕子，民间闻风鼓舞，风气渐开，事机得手，彼此劝勉，就有桑之家为养蚕之计。其浴子较南方缓二十多日，食叶较南蚕日少，各处得茧六七十万斤，相率织窗纱茧绸。局中更收茧抽丝，色泽光亮，条理细匀，可织贡缎、湖绉、巴缎、大绸等项。清苑南关处水源为一亩泉，大清河水甜净，不亚湖水锦江。水土既佳，蚕茧自旺。易州山北茧黄而粗，赞皇、束鹿茧毛而实，任邱、阜城茧柔而滑，迁安、昌黎茧粗而亮，深州、安平、饶阳茧肥而泽，清苑、满城、完县茧大而坚。至条理之粗细，则视工匠之高低。谨就蚕桑局目前所办者著为论，若逐渐推广，力求实效。无论平原高阜，近山近水，皆可栽种。庶美利日兴，而从前未有之利源，可从此开矣。

蚕桑总说 自来蚕桑之说，考古者类能言之，要维身试而有验者，其言乃亲切不浮，此陈旉《农书》所谓：非苟知之，尝允蹈之。盖自道其所得与胜口空言者有间也。杰夙尝留心树艺之书，所至辨土宜。窃谓农桑者，民生至计，亦即地方自有之利源，其法随在可行。而北省独习于农而略于桑，美利弗彰，心焉疑之。客岁秋谒中堂于津门，蒙谕以直省蚕政，前此累岁经营，亟宜踵事兴办，以竟其绪。因筹及办法，并三辅民风土性。暨由江南齐蜀雇匠运桑，道理远近，孰良孰否，靡不周至。杰私心窃计，大宪之轸念民依、勤求周密若此，自维智识短浅，曷足以副委任之重。迨返省时谋之裕寿泉方伯、周玉山廉访，所见悉同，始敢毅然自任。于是派人回川购桑秧、觅蚕子、募丁匠。约以今春正月至，预相宅于省城南门外滨河之区为织纺所，度地于城西之三里庄为桑园。购备农器，并讲求丝车织机各成式，授梓人之慧者，仿而造之。洎蜀中丁匠桑蚕如期至，则栽桑育蚕，织纺诸务，以次毕兴。然创办方始，犹虑北地风劲，而气候较迟，且非务农者所素习，纵已艰难缔造，而成之迟速，犹未敢期。乃一二年间，以言桑，则移根、压条、接枝诸法并举，成活以数十万计。而种葚所生约百万株，尤青葱可喜。以言蚕，则本局饲养五十余箔，为之倡率。兼散蚕子于民间，使转相传习，而筹款以收其丝茧。有赴局呈交者，按时价给之，俾免滞销之患。以言织纺，则各路工匠咸集，兼择附近村童之聪颖者数十人，相从学习，咸欣欣焉。争能竞智，并力合作，共献技于一堂之下。月成绸绢罗绫若干疋，各如式丝，性绵软，花样亦灿然可观。而各邑士民之承领蚕子，捐种桑株，请设机坊者，相属也。此其效岂一朝一夕之所能骤几。夫非我中堂敦俗务本，衣被群生，积廿余稔之精思粹虑，久道化成，曷克臻此也哉！因奉命编辑《蚕桑浅说》，遂并述其缘起如此。时光绪十有八年岁在元黓执徐孟秋月朔蜀中卫杰谨志。

农桑章程

又名《种桑成法》，汤聘珍，光绪十九年（1893年），刻本。中国农业遗产研究室藏。

［**编者按：书中有种桑简明成法十六条。中国农业史资料第85册，植物编。该书原藏于金陵大学。**］

《种桑成法》叙 为政之道，教养而已。孔孟言之详矣。管氏亦云："衣食足而礼义兴"。生逢圣世，久道化成，教已大备，慎守而审行之可已。唯生齿日繁，生计日绌，民无所养，兴利宜亟。自古民生根本之图，农桑并重。此邦务农之众，固无不耕之田，而地不宜田，不解树桑以尽地力，间知治茧不及二三。偶逢偏灾，救赡不暇，使尽以蚕桑辅之所全多矣。矧今海国通市，番帛满廛，民率买之，利其贱也。抑思齐鲁胜区，果无处不桑，无村不织。女红之利可敌上农。行之十年，缣素将与布匹同价，又何取乎瀛寰质脆易败之物哉！利源以广，漏卮以塞，岁有四秋，恒为丰国，此《平准书》所谓本富也。小民易与观成，难与虑始。爰采辑《种桑成法》，著于篇，愿贤有司身为劝焉。光绪十有九年春三月承宣使者汤聘珍识。

粤中蚕桑刍言

卢燮宸，光绪十九年（1893年），番邑黄从善堂梓行，顺德卢延禧堂新辑。中国农业遗产研究室藏。

［编者按：《续修四库全书》子部农家类已有影印。设局开办蚕桑节略条陈，种桑事宜目录，养蚕事宜目录，养鱼事宜目录。］

自序　凡物之生成，其必兼天时地利人事者，莫如蚕与桑。考之桑本星精，上应箕宿，蚕属气化，号曰天虫，由来尚矣。溯其利赖，殆历前古而已彰。逮我朝而尤溥，与夫以一物兼三才之大，自来经书所载，传记所详，已各隐含其义，惜未揭明而阐之耳！顾天地有不齐之憾，当尽人事以弥之；天地有自然之利，必藉人事以兴之。粤地当古南交，天气温煖，物产繁殖，其可桑可蚕之处，何地蔑有，奚止广属诸邑为宜哉？但未获人事，以为之鼓舞，则纵得天时，而地利亦无由自辟也。鄙人生长农乡，素知蚕事虽非传家之业，颇廑利众之怀，曩曾详考老农，透参各法，实具天地人相需之理。爰辑是书，原欲刊传远近农民，以便依仿。惟虑位望卑微，难期行世，且以未经就正，常歉于衷。岁壬辰，友人邓君荣干过访，偶谈各属创办蚕桑之利，渐有起色，并谓彼处若得此书，斯榜样添传，厥利倍，堪推广，遂再三索书钞送。适黄君天侣备闻其概，即欣然捐金代付剞劂，以节钞胥之劳。乃覆加雠校，缮而付之，名曰：《刍言》。聊作刍荛之自效焉。极知僭妄鄙琐，无足仰补高深。倘蒙大人先达，惠正其疵，则又幸矣。光绪癸巳荷月朔越六日岭南顺德卢燮宸谨序。

跋　夫著述之有裨于世者，经史而外，凡百家众，技亦觉小道可观。矧农桑为衣食之源，古今而并重者哉。吾粤首郡，树桑养蚕之侣，十居其四，每岁所获利逾稼穑。然操是业者，多不知书，故止谙其法，而未克达于词。若此间之学士文人，又或鄙为习见，或视为无关学术，不屑，屑以翰墨从事。用是数百年来，载籍虽繁，鲜有蚕桑全书出而问世，心窃惜之。顺德茂才卢君燮宸，潜心稽古，于九流之学多所博涉。去冬荣与晤叙，纵谈业蚕之利，君乃出书示荣，披读一过，喜其法备语详，允堪信今传后，遂再三怂恿付梓，而君以未经就正为辞。展至今春复往，借钞代传，始蒙珍授，如获拱璧，旋值黄从善堂为之赞成其美，允将钞本刊行，益酬鄙愿，因附数言于编末，以表黄君闻善乐为之勇，至于书中要旨，元元本本，首序已赅，荣不文，无庸再赘也。时光绪十九年季夏之月粤东肄江邓荣干谨跋。

蚕桑图说

卫杰，光绪二十年（1894年）刻本，中国农业遗产研究室藏。

［**编者按：中国农业史资料第262册，动物编。内容上册八图，中册十二图，下册八图。**］

《蚕桑图说》序　钦差帮办北洋大臣头品顶戴兵部尚书署理直隶总督云贵总督仁和王文韶撰。光绪二十有一年春，余奉署理直隶总制之命，甫视事，而蚕桑局卫道以所撰《蚕桑图说》寄呈问序。余维蚕桑之利，衣被群生。自国朝康熙三十五年御制《耕织图》，民赖其利，富庶日增。惟北方地寒多城，蚕利未兴。今合肥李傅相于保定创开蚕桑一局，痌念民瘼筹生计也。检阅卫道所著蚕桑一编，自桑政、辨时、治地、蚕政、祈神、育子，以迄缫丝制车、攀花成锦，凡为目二十有八，分为三册，次第节目，纤细该备，编户齐民，都可诵解，以视昔人蚕桑各书于直省时令、土宜、民情更为切近，非稔知允蹈，乌能简当若是乎？夫胡棉之利兴，其种植、纺织功省事便，民赖其用，而蚕桑之产日就耗减。惟江浙、川蜀俗尚茧丝，故纂组文绣之奇赢，甲诸行省。说者谓天时地利，南北异宜，风气所关，靡克补挽。然考诸往代，王后亲蚕，缫三盆手，分田画井，五亩树桑，曷尝有畛域之分、人事之别哉？是在为上者教之以法，授之以具，敦劝而勉行之耳。昔方恪敏公督直时绘《棉花图》，以励本业，至今流播，传为美谈。今李傅相兴办蚕桑，而卫道实理其事，撰此图说，行将家喻户晓，积渐推行。因民所利而利之，于以仰副朝廷衣被天下之意，岂不懿欤？余权篆斯土，民隐勤求，凡吏治民生之切要者，虽值军书傍午，靡不尽心筹策，纤细不遗。暇阅此蚕桑一编，司事者其克勤厥职也。因公余而为之序云。光绪乙未年春三月。

《蚕桑图说》序 钦差北洋大臣太子太傅文华殿大学士直隶总督一等肃毅伯合肥李鸿章撰。国朝畿辅总制历年最久，善政最多者，首推桐城方恪敏，公绘《棉花图》以惠闾阎厚民生也。余久忝督篆，念畿辅水旱偏灾，亟思补救，因办蚕桑一局，命司道综理其事。今春卫道以所述《蚕桑图说浅说》问序于余，戎机之暇，批阅是书。上册种桑图说有八，中册养蚕图说十有二，下册缫丝纺织图说有八，事有本末，语无枝叶，稚童老妪犹能解晓，以其心体力行，故言之历历如绘也。粤自同治九年移节畿辅，因地瘠民贫，即饬官斯土者兴蚕桑利。或政事纷繁，不遑兼顾；或视为不急，未肯深求。间有究心树艺，一经迁任，柔桑萌蘖，多被践踏斧戕，及综核名实，咸以北地苦寒不宜蚕桑对，每闻而疑之。《豳风》农桑并重，觱发栗烈，与此地等。且余往年躬履川北各郡，风土气候略同，三辅岁获蚕桑重利，是非北地不宜，实树艺有未讲也。迨光绪十八年春，以卫道籍隶蜀郡，深谙树艺，俾会同长白裕藩司、皖南周臬司设局提倡，由川拣子种，购蚕纸，选工匠来直试办。于保定西关择沃壤为桑田，课晴雨以审天时，辨旱涝以广地利，勤培养以尽人力，切实讲求，冀必有成。十九年，得桑百万有奇。二十年，得桑四百万有奇。各属绅民领桑蚕者，遣教习导之，民间岁益丝茧以数十万斤计，而所增土产在十万金以上矣。此传所谓务材训农者，与局中工匠率聪慧子弟缫丝、纺络、织缎、制绸如式，并乡间开机试织，其大宗丝茧，派员收买，出洋销售，以便民商畅行，此传所谓惠工通商者，与夫以目前种桑与恪敏种棉，其为我国家衣被群生者，犹是《豳风》图绘遗意。综计蚕桑一事，经营十余年，尚未就绪。自壬辰迄乙未，阅时未久，种桑、养蚕、织纺三端，渐有可观。司事者其各勉厥职，勿避嫌疑，痌念时艰，集众思，广忠益，开诚心，布公道，务期实惠及民，久久行之，藉补水旱偏灾之不逮，是则余之厚望也夫。光绪二十有一年夏四月。

《蚕桑织纺图说》序 杰自十八年春遵奉相饬劝办蚕桑，由川拣子种，选工匠，运机纺，来直试办种桑、养蚕、抽丝、织绢。乃劝桑而乡农未习，试织而商贾难销。早作夜筹，未能得手。其时相论会同藩臬两司设局劝办，种桑五万株。杰十倍之，竟有以旱涝伤者，有以霜雪裂者，有以游牧樵采折者，仅成官桑二十五万株。询诸野老，佥以北地不宜蚕桑说。进至津，复蒙傅相训诲谆谆，昕夕以思，始将桑政、蚕政、织纺事宜，各著为编，会图立说，分给乡民。并著《蚕桑浅说》，课晴雨以审天时，辨旱涝以广地利，勤培养以尽人力。十九年，得桑百万有奇。二十年，得桑四百万有奇。同事合力以谋，乡民渐知其利，请领桑株蚕子陆续不绝。更各属开机织者相继起制巴缎、浣花、湖绉、大绸如式。或织带绢以发绸行，织薄绢以发扇行，织绫花以发裱行，制纬缨以发帽行。其销路广者，粗绸大罗最多，而丝绵、丝网之作渐起。意再择嫩桑皮以益纸庄，选冬桑叶以济药店，取弱桑条以佐器用。斯数年以后，种桑株以亿万计，产丝茧以千万计，易瘠苦为富饶，藉补水旱偏灾之未逮。利源日广，土物日增，无负中堂富教畿疆美意，或者千虑一得，小用小效云。光绪二十年十月朔日卫杰谨述于劝俗堂。

教种山蚕谱·槲茧谱

线一册，光绪甲午（1894年）夏刊于宜宾官署，中国农业遗产研究室藏。

[编者按：《教种山蚕谱》有教种山蚕十一则。《樗茧谱》遵义郑珍纂，独山莫友芝注。目录有定树、定茧、蚕期、蚕山等条目。]

《种山蚕谱》序　宜宾为叙州府附郭首邑，濒临大江，民物浩穰，其地土不得谓之瘠薄也。然予自光绪十七年补授斯邑，察知闾里生计拮据者多，推求其故，则以生齿日繁，民间食用所需无不较前昂贵。地方除农田外，绝无物产可以阜通取赢。因公赴乡，延见父老，询以物土之宜，率皆茫然莫对，心窃忧之。巡历所至，见四乡山场多有种青㭎树者。因忆及贵州遵义府初本瘠区，乾隆时郡守陈公教民养放山蚕，由是遵义蚕绸盛行于世，民擅其利转成富饶，事距今百数十年矣。因集城局士绅告以予意，众皆欣然。予又念小民可与乐成，难与谋始，事既非其所习，倘使目前费铢两之资，以待来年获倍称之息，亦将疑信参半，裹足不前。计惟举创始之艰难烦费，官独任之，一经得见成效，人人知有涂辙可循，获利如操左券，则民争趋之，不烦教督而自劝矣。局中诸人深以此议为然，相与同心协力，予一面出示晓谕民间，一面捐廉筹款。于十九年冬，遣人赴遵义雇觅蚕师四人，购蚕种二万来此。在郡城北岸吊黄楼一带，择山有青㭎树者，酌量予值，就树放蚕，中有不领值者则奖许之。附近乡民多来观法。自立春后烘种起，至四月杪成茧取丝，计得茧近三十万。惜四月上旬，因蚕多树少，移蚕就树，多有损伤，否则五十万茧可坐致也。取丝织绸光亮细致，竞与湖绉相仿佛。现留蚕师二人住此间，传授养蚕取茧诸法，留种六万于局中预备乡民领取。宜民果能争相仿效，于农田外开此利源，衣食足而后礼义兴，风俗亦且蒸蒸日上矣。遵义郑子尹徵君著有《樗茧谱》，于养蚕取茧诸法，条举件系可为师承。第文词古奥，笔墨雅近《考工记》，虽得独山莫子偲徵君为之注释，究难尽人通晓。爰取其书付局中就原本推明衍绎，杂以方言，冀可通俗，校刊付梓，俾宜民家有其书。《樗茧谱》亦附刻于后，以志不忘。复考谱首志惠条内，知陈公倡办綦难，不若余为此之易，则以售种远近不同，非人力所能强也。至一切虽有蚕师主持，而局中诸人，因地制宜，口讲指画，其勤劳有足多者。自今以后，其有谓此举为土之所不宜、俗之所不习，并诿为力之所不赡者，当亦幡然易虑，不至腾异说以相阻挠。是则宜民千百年乐利所基，而区区之心，尤所惓念莫释者也。光绪二十年夏六月知宜宾县事京江国璋序。

《樗茧谱》志惠**遵义郑珍纂，独山莫友芝注**。乾隆七年春，太守省菴陈公始以山东槲茧蚕于遵义。公山东历城人，名玉壂**音殿**，字韫璞，由荫生补光禄寺，署正出同知江西赣州**赣杠去声**。乾隆三年来守遵义，日夕思所以利民，事无大小具举，民歌乐之。郡故多槲树**槲音斛**，以不中屋材，薪炭而外，无所于取。公循行往来，见之曰：此青莱间树也，吾得以富吾民矣。四年冬，遣人归历城，售山蚕种，兼以蚕师来至沅湘间。蛹出，不克就，公志益力。六年冬，复遣归售种，且以织师来，期岁前到，蛹得不出。明年布子于郡治侧西小邱上，春茧大获。**尝闻乡老言，陈公之遣人归售山蚕种者凡三往返，其再也，既于治侧西小邱，获春茧。分之附郭之民，为秋种。秋阳烈，民不知避，成茧十无一二。次年烘种，乡人又不谙薪蒸之宜、火候之微烈，蚕未茧皆病发，竟断种。复遣人之历城，候茧成，多致之，事事亲酌之，白其利病，蚕则大熟。乃遣蚕师四人，分教四乡，收茧既多。又于城东三里许白田坝，诛茅筑庐，命织师二人教人缫煮络导牵织之事。公余亲往视之，有不解，**

口讲指画，虽风雨不倦。今遗址尚存，邑之人过其地，莫不思念其德，流连不能去。公遂遍谕村里，教以放养缫织之法，令转相教告，授以种，给以工作之资、经纬之具，民争趋若取异宝。皆乾隆七年事。八年秋，会报民间所获茧至八百万，是年蚕师、织师之徒，能蚕织者各数十人，皆能自教乡里。而陈公即以冬间致政归，挽送者出贵州境不绝，莫不泣下也。唯蚕师、织师仍留。自是吾郡善养蚕，迄今几百年矣。纺织之声相闻，槲林之阴迷道路。邻叟村媪相遇，惟絮话春丝几何，秋丝几何、子弟养织之善否？而土著裨贩著入声，走都会十十五五，骈比而立眙。皆音比眙，音笞去声。遵绸之名，竟与吴绫、蜀锦争价于中州，远徼界绝不邻之区。秦晋之商，闽粤之贾，又时以茧墆鬻，捆载以去，墆鬻音垤育坐买也。与桑丝相搀杂，以为绉越纨缚之属缚即绢字，使遵义视全黔为独饶，皆先太守之大造于吾郡也。故谱之作志，遗爱于首。

自叙 戴君者民也，养民者衣食也，出衣食者耕织也，不耕则饥矣，不织则寒矣。饥寒乱之本也，饱煖治之原也。故衣食自古圣人之所尽心也，尧命羲和为此谋天也，禹八年于外为此谋地也，舜咨九官十二牧为此尽利也，汤武诛放桀纣为此去害也，周公夜思继日求善此之法也，孔子、孟子老于槶呈求善此之柄也。无衣食古今无世道也，舍衣食圣贤无事功也。自井田废而食之路隘矣，虽名至治，无干戈而已矣，无灾异而已矣，豪富者无恶岁也，贫苦者无丰年也，为食之路隘也。若衣之路则倍于古矣，古麻丝革而已，今则中土之克丝也，卤北之毛也绒也，其名不可胜数也，而惟富人得是也。天下率衣木棉也，而十五犹仅蔽前也，古之桑麻妇功也，皆自为自衣也，余始通易也。虽王后亦亲蚕织以供天子冕服也，今则男事也，非为衣也，以谋食也。故古之民上劝之而犹惜其力也，今之民不惜力而惜其无地可施也，故虽尧舜亦无法也，有，可衣食任自为也。今贵州之地十九山也，田不足食居人也，无吴楚齐秦利也。槲茧先郡守遗以食遵民者也，今食者十之八矣，有田者且食之也，皆槲也。但有山也，皆可槲也，槲则食矣，但知蚕也，山人之山而亦食矣，非一遵义也，非一贵州也，此谱之所以作也。

农桑辑要

七卷，附蚕事要略（张行孚）一卷，二册，司农司，刻本，光绪乙未（1895年）冬仲刊于中江榷署，御制题武英殿聚珍版，浙西村舍，中国农业遗产研究室藏。

[编者按：书中有乾隆三十八年（1773年）六月恭校上，总纂官编修纪昀、郎中陆锡熊、纂修官侍讲邹奕孝。]

御制题武英殿聚珍版十韵有序　校辑《永乐大典》内之散简零编，并搜访天下遗籍不下万余种，汇为《四库全书》。择人所罕觏、有裨世道人心及足资考镜者，剞劂流传，嘉惠来学。第种类多，则付雕非易，董武英典事金简以活字法为请，既不滥费枣梨，又不久淹岁月，用力省而程功速，至简且捷。考昔沈括《笔谈》记宋庆历中有毕昇为活版以胶泥烧成，而陆深《金台纪闻》则云毘陵人初用铅字。视版印尤巧便，斯皆活版之权舆，顾埏泥体粗，镕铅质软，俱不及锓木之工致。兹刻单字计二十五万余，虽数百十种之书，悉可取给，而校雠之精，今更有胜于古所云者，第活字版之名不雅驯，因以聚珍名之而系以诗：稽古搜四库，于今突五车。开镌思寿世，积版或充闾。张帖唐院集，周文梁代余。同为制活字，用以印全书，精越鶡冠体，**昨岁江南所进之书有鶡冠子，即活字版，第字体不工，且多讹谬耳！**富过邺架储，机圆省雕氏，功倍谢钞胥，聊腋事堪例，埏泥法似疏，毁铜昔悔彼。**康熙年间编纂《古今图书集成》刻铜字为活版，排印藏工贮之武英殿，历年既久，铜字或被窃缺少，司事者惧干咎。适值乾隆初年京师钱贵，遂请毁铜字供铸，从之。所得有限，而所耗甚多，已为非计，且使铜字尚存，则今之印书不更事半功倍乎，深为惜之。**刊木此惭予，既复羡梨枣，还教慎鲁鱼，成编示来学，嘉惠志符初。乾隆甲午仲夏。

《农桑辑要》原序　圣天子临御天下，欲使斯民生业富乐，而永无饥寒之忧。诏立大司农司不治他事，而专以劝课农桑为务，行之五六年，功效大著。民间垦辟种艺之业增前数倍。农司诸公又虑夫田里之人虽能勤身从事，而播殖之宜，蚕缫之节，或未得其术，则力劳而功寡，获约而不丰矣。于是遍求古今所有农家之书，披阅参考，删其繁重，摭其切要，纂成一书，目曰：《农桑辑要》，凡七卷，镂为版本，进呈毕将以颁布天下。属予题其卷首，予尝读《豳诗》，知周家所以成八百年兴王之业者，皆由稼穑艰难，积累以致之。读《孟子》书，见其论说王道，丁宁反覆，皆不出乎夫耕妇蚕、五鸡二彘、无失其时、老者衣帛食肉、黎民不饥不寒数十字而已。大哉农桑之业！真斯民衣食之源，有国者富强之本；王者所以兴教化，厚风俗，敦孝悌，崇礼让，致太平，跻斯民于仁寿，未有不权舆于此者矣。然则是书之出，其利益天下岂可一二言之哉！施于家，则陶朱猗顿之宝术也；用于国，则周成康、汉文景之令轨也。又何待夫序引赞扬而后知其可重哉！至元癸酉岁季秋中旬日翰林学士王磐题。

臣等谨案《农桑辑要》七卷，元世祖朝司农司撰以颁行，司农司设于至元七年，专掌农桑水利，分布劝农官，巡行郡邑，察举农事成否，达于户部，以殿最牧民长官。元史谓世祖即位之初，首诏天下崇本抑末，于是颁《农桑辑要》之书于民。《永乐大典》载是书有至元十年王盤序，及至顺三年印行万部，官牒合之苏天爵《元文类》所载蔡文渊序。则延祐元年仁宗特命刊版于江浙行省，追英宗、明宗、文宗一再申命颁布焉。焦竑《经籍志》与钱曾《读书敏求记》皆云七卷。《永乐大典》作二卷，非有残缺，盖修书时并合之，今仍分作七卷。观其博采经史及诸子杂家，益以试验之法，考核详赡，而一一切于实用当时绝贵重之，不虚也。乾隆三十八年六月恭校上。总纂官编修臣纪昀，郎中臣陆锡熊，纂修官侍讲臣邹奕孝。

农桑辑要

韩城程仲昭辑，光绪二十三年（1897年），安徽省图书馆藏。

[编者按：程仲昭，字朗川，韩城人，光绪己丑（1889年）进士，以知县即用发安徽补霍山。目录有辨桑种、论桑宜蚕等。]

《农桑辑要》弁言　桑土既蚕，言养蚕必先植桑，桑成而蚕、而丝、而织，次第讲求。矢之以勤，毋畏难；贞之以恒，毋欲速。相观而善，推行渐广，而民生可期不匮。匪直不匮，耕织并重，农无惰，妇无逸，厚生而因以正俗。爰辑《蚕桑成法》，刊刻为书，俾得家喻户晓。《语》云：莫为之前，虽美弗彰。绅耆更倡率而利导之，吾翟其庶几乎？光绪二十三年丁酉二月既望知县事韩城程仲昭书于景衡堂。

蚕桑图说

八卷，王世熙，太仓蚕桑局藏板，光绪乙未（1895年）付梓，浙江大学藏。

[编者按：《蚕桑图说》总目有金编、石编、丝编、竹编、匏编、土编、革编、木编。太仓王世熙安止氏编辑。]

序　昔贤有言曰："制其田里，教之树畜。"夫树畜小道也，而犹待教之者，诚以鸡彘之微冠昏之需也；瓜壶之末实祭之资也；上之人务其大者远者，不遗乎细者近者，王政之全也。矧树畜之于蚕桑有关乎民生日用之大者哉！审是而教之之术，可不周且备与！太仓为古娄郡，地滨海区，俗尚多植木棉，时届秋令，平畴绮陌之交，结英累累，一望成茵，故其民勤纺绩，而于蚕桑独付阙如。自逆氛寝息，贤刺史相继戾止蠲廉，广购桑苗，倡置课桑局，饬民领植。下逮嘉宝属邑，于是视县事者悉蠲廉应之，著为令，年来循行久远，不无视为具文。金君调卿宪台来临兹土，凡留婴、义学，暨一切有裨于民计者，靡不实力振兴。而蚕桑亦力加整饬，守成法而变通尽善。爰得规划秩如，一洗茶靡虚饰之习。时摄镇邑篆者为王君幼赓，乐事之实惠及民也，复蠲廉佽助，经费赡而规模大备，同心济美。惟调卿宪台实提倡之，邑绅王君安止感贤父母为民造福，董司局务，益复悉心裁度，深虑栽桑饲蚕之术未尽周知，爰辑《图说》，厘为八卷，刊布流行，俾蔀屋茅檐，家喻户晓，将来推而愈广，行见柘影成围，缫声遍户，娄水弇山间知不仅木棉之利擅美于前矣。芝奉檄随襄厥政，滥竽，倖列，只陨越之是虞，辱承下问，更何敢以不文之辞弁诸简首，惟仰上台拳拳恤民之旨，与王君安止孜孜治事之诚，俗重农桑，民知务本，风俗人心之系，岂浅鲜哉？则是书成亦未始非教养之一助焉，爰乐得而为之序。时光绪二十一年岁次乙未三月国子监典薄衔太仓州学正苙泽黄元芝谨序。

序 蚕桑为民间大利，能讲求其法、世擅其利者，惟浙西之湖郡为然，其土之肥固宜于桑，又能顺桑之性以畅其天。自栽种以及剪伐无不有法，其民则城乡按户育蚕缫丝之际，一岁所出计资巨万，民生所以日厚也。娄江虽近于湖，地处海滨，土杂以沙，俗之所尚，多种木棉，而禾麦次之。木棉之产闻于远近，以外固无所产。道光间，钱中丞伯瑜先生创议种桑，遭兵燹而事废。幸世宇荡平，贤刺史相继而来，创设课桑局，合属邑之捐廉，采买桑秧，给民栽植，官虽屡易，政必踵行。迄今二十余年，桑林日茂，育蚕渐多，木棉禾麦之外竟有丝之产矣。岁癸巳，金太尊调卿权摄州事，下车遍访地方利弊，而于蚕桑尤加意焉。检前牍，将旧章斟酌而损益之，务求可久之道。镇邑侯王公幼赓亦捐廉以助，维时王绅安止董司局务有年矣。仰体官宪意，益以实心实力行事。更采诸家言作为《蚕桑图说》，首辨桑秧之种类，次详栽植之事宜，治虫筑圃之器具，饲蚕缫丝之良法，悉绘于图，区分八编，合成一书，付之手民，以期家喻户晓，农家一览而知，洵暗室之灯也。语云：官与绅同心共济，实为地方造福，其信然。与今而后，民遵教令，踊跃从事，必有如鼓应桴者。不数十年，茧丝之产不几与湖郡相颉颃哉！奇职司秉铎，民事非所知，去冬奉太尊檄，委会董稽查，见各乡桑林茂密，培养如法，虽未见民育蚕，而蚕事之日盛可知。兹当图说之成因志数言于简端。光绪二十一年旃蒙协洽之寎月宜兴任光奇书。

自叙 咸丰间，钱中丞伯瑜先生解组归，以娄地鲜生计，议举蚕桑。于是以明相国王文肃公南园艺菊旧址，尽其地而树之以桑，蚕桑之事实始于此。兵燹后，其地稍荒废，方侯锡庆、蒯侯德模先后来守吾娄，重为振兴，益城南地三十余亩。继至者为吴侯承潞捐廉为倡，于南园中葺屋数楹，设课桑局，其利渐溥。自侯升任去，吴侯政祥来，侯曾宦锡山，有课桑政，备言锡山蚕桑之利，益欲为娄地作久远计，乃以局事属之熙，熙不获辞，遂与中翰缪君承乏其事，讵意甫经规划，而吴侯忽捐馆舍，议章未定，惜未能竣事也。越六年，金侯元烺来摄州篆，甫下车，遍查民间利弊，且首重蚕桑。检案牍，具知前事，将旧章斟酌而损益之。计每岁所捐洋五百五十元，以四百元购备桑秧，以百五十元作一岁中开支，特延两学师专司出入，监采监放。熙则总务司局务。自我金侯莅止，各事整饬，罔不实事求是，而于蚕桑尤悉心规划，杜浮冒，归实济。金侯之于民事，诚驾前人而上之。今镇邑尊王侯幼赓，亦捐廉洋百五十元，以扩充经费，实吾娄民之大幸也。既筹久远，复嘱熙作图说为百姓劝，熙浅陋不文，谊不敢辞勉，采诸家言，集成八编，仿棣香斋丛书，例按八音为编，首以志区别焉。光绪二十一年岁在乙未孟春之吉娄东王世熙安止氏识于得一庐舍。

蚕桑备要

曾鉌，蚕桑总局开雕版存少墟书院，光绪二十一年（1895 年）刻本，华南农业大学藏。

[编者按：此书版本较多，但仅有此版有序跋。刘青藜《蚕桑备要》也是晚清陕西著名蚕书，版本颇多。南京农业大学藏，《蚕桑备要》，无序，卷端下题“署藩宪臬宪曾鉴定”，列总目录，附《附医蚕病方》。与此接近，仍流传另一版本，卷端下题“署藩宪臬宪曾编纂，知三原县云中刘青藜补辑，咸宁副贡生固菴蒋善训校订。”陕西省图书馆藏，光绪丙申年（1896 年），味经书院版，区别是附有《蚕桑指误》一卷，附《井利图说》。华南农业大学藏，光绪二十一年（1895 年），曾鉌，光绪乙未（1895 年）孟春蚕桑总局开雕，版存少墟书院。分卷列目录，卷端下题“长白曾鉌怀清编次，咸阳刘光蕡焕堂考订，长安柏震蕃，长安张彝，三原王典章同校。”书前增加曾鉌序，升任甘肃布政使署陕西布政使正任按察使曾详文，移文，办理陕西棉桑总局章程，刘光蕡序，杨双山先生上当事条陈原稿。书后增加二十九幅图说与树桑图式。]

序　乾隆初兴平杨先生屾笃好经义，深信豳岐之地夙宜蚕桑，竭资而营其事，克底有成，乃著《豳风广义》三卷，上之大府，普劝通省，农家共沾乐利，用意可谓厚矣。鉌读其书，义则深切著明，辞亦浅鲜易解，事经阅历，确凿可行，济众之道，莫善于此。惜兵荒之后，成法虽具，竟无知而仿行之者。夫陕省稼穑，平原多植麦豆，北山仅赖秫黍，工昂谷贱，丰收亦无赢余。旸雨稍愆，饥馑立至，若不亟修蚕政，丰年不过一饱，遇歉即转沟壑。夫岂细事哉？三原刘令青藜安静吏也，在任十年，专以劝课蚕桑为事，迄今渐睹成效。鉌窃慕之，爰取杨先生所著种桑、养蚕、收茧、缫丝诸成法，钞辑成册，属刘令以现得省事之法，附纂各条之次，题曰：《蚕桑备要》，锓板于少墟书院，多印广布。并于四郊买田若干区，辟为桑园，募树桑养蚕之户，各居其中，使附近村民耳濡目染，转相传习。果能十年之后树桑遍野，蚕事有成，诚陕民万世之利。若夫经纬相宜，组织染濯，自有机师匠局为之，非茅檐蔀屋所能辨，则概从略焉。时光绪乙未孟春署陕西布政使者满洲曾鉌记。

《蚕桑备要》后序　我朝耕织并重，超越前古。圣祖既为织图二十三幅，题诗如其数，又为桑赋。至高宗编辑《授时通考》，以蚕桑终篇，岂不以国家建都直北，有耕无织，思深虑远。蚕桑之事，司牧吏尤宜加之意，与是以贤哲大府无不尽心蚕桑，极力劝举。吾陕则陈文恭公，杨密峰中丞启其叙者也。近日海禁大开，罂粟毒卉大妨谷土，中国银钱日漏外洋者以千百万数，惟中产茶丝稍能抵补。故才智士谈中外消长者，于蚕桑之说亦有取焉，如制军左文襄、谭文卿、方伯李菊圃，意固在利民，亦隐以御侮也。然令出而民不从事，行而效不睹者，何也？法令不及于妇女，升迁屡见于官府，宪司尊而不亲，人去而政无主，间以吏虎，民方以领桑种桑为苦弊，于今谁信其利于古，又何能闻风鼓舞遍于三辅也哉？今怀清方伯知之去岁陈臬吾陕，旋摄方伯，搜故牍，得七千余金以为劝办蚕桑资。不自为政，而择官绅之贤者主之，官则长安县丞今升补镇安知县林公子禾、泾阳县丞许公文峰，绅则内阁中书张彝、候选训导柏震蕃，廪生王典章。官久则情形较悉而易与主持，绅多则与民相习，而不难劝导。方伯盖志在必成，故委曲而出于斯也。时三原令刘公乙观劝办蚕桑，已有成效。方伯乃取杨氏《豳风广义》，删而辑其要者，属乙观大令续所亲试简法于后，刊而布之，自序于前。又令蕡为后序，而公已移藩甘肃矣。伏思公以台司之尊心，入蔀屋而为之谋久远，又不自为名，择有司之贤者，俾专其事而卒其功，迹若迂而意何厚也？绅等生长斯土，不能自为桑梓谋，已滋愧矣。又重以公命其或无成，不惟负公，且负国负民自负其心也实甚。蕡承乏味经讲席，本可无预地方事，然海疆事棘如坐漏舟之中，苦匏不材，与人共济，亦其愿也。况许仙屏师创立味经书院，其奏章云，农桑水利亦可因之而举，辱承公命，何能置身事外？谨书颠末，如是以与同人互相助云。光绪二十一年乙未春三月咸阳刘光蕡序。

蚕桑要言

吕广文，求志斋本，光绪二十二年（1896年），华南农业大学藏。

[编者按：另有南京农业大学藏中国农业史资料第262册，动物编。目录有种桑法、育蚕法。]

序 天下大利必归农耕，桑者，农之本务也。五谷所以养民生，蚕桑所以裕民财。民生遂，民财充，而后教之以为善去恶，靡有不翕然易从者。三代下，阡陌开而井田废。上无树艺之教，下成媮惰之风。于是蚕桑之务，竟不能随地踵行。浙俗惟杭嘉湖三府毕力于桑而善蚕，绍兴、宁波次之。近日则新昌、嵊县奋然兴起，其势蒸蒸日上。若台州府属，则鲜有讲究之者。署天台县学训导吕君子香，新昌人也，述其乡俗之美利，著为书以劝导天台之民。而又先购桑种数万株，教其栽植，意固良而法亦美也。苟能知所效法，则随在皆可致富。余驰函广文，请得其书，更删纂而归于体要，刻刷千本以贻黄岩之民。黄邑东南境壤，土性松润，桑为宜；天气和暖，蚕为宜。且横街民家，素织罗绢，岁出数万疋。丝则购之异地，使能从事蚕桑，全境化而从之，则黄邑之为利，殆必驾新嵊而上者。民富知礼，岂但化悍盗之俗悉归纯良者哉！序诸简端，将冀宜民善俗之苦心得所感发云尔。光绪二十二年八月中澣署黄岩县事粤西关钟衡序。

序 杨子曰：“男子亩，女子桑”。习其耳目而定其心思；娴其道艺而世其家业。无非以道率民也。粤西关公次琛，来治吾邑，有利必兴，有害必去。

始浚河渠以便农，继筑海塘以捍潮。复于塘内隙地策种桑、教育蚕，俾妇女习勤，以收其利，其有造于我邦者，何如乎？昔范纯仁知襄城，课民种桑；张咏治崇阳，拔茶种桑；沈瑀为建德令，一丁种十五桑。冀于畦稜隙地，而获其大利，其用心同也。复虑民不娴其事，取新昌吕广文所著《蚕桑要言》，删节之，刊布民间，使人人读而知之，法而行之。尽其地利而杜其淫惰，化民仁俗，其用心益密矣，非真以道率民者哉！修筑海塘以予董其事，并委以聚珍版排印《蚕桑要言》千部，爰弁数言于简端。光绪二十有二年十月既望黄岩江青谨序。

蚕桑说

赵敬如，光绪二十二年（1896 年）刻本，中国农业遗产研究室藏。

［编者按：《蚕桑说》一卷，目录有辨桑种、论桑宜蚕等。］

序 在任候选府特授太平县正堂黄，为刊发《蚕桑说》以示成法而广利源事。照得种桑养蚕为利甚溥，太邑天时地气颇与蚕桑相宜，本县欲为尔民推广利源。比年以来，捐廉雇工，在仙源书院隙地种成桑秧。节经发给各乡民领栽，第恐领栽之后，于接桑、剪桑、培桑、采桑诸法，未尽谙晓，且自护种、育蚕，以至吐丝、作茧，各有条理，亦未可冒昧以从。本县披览农桑各书，如《齐民要术》《务本新书》《士农必用》《农桑辑要》以及近人《蚕事要略》《蚕桑约编》之类，所载成法皆有可循。然或文辞博奥，非浅人所能尽知。或时地攸殊，非变通无以尽利。爰有邑人赵生敬如者，留心本务，蚕桑之事皆所亲历。本县常与讨论，知其确有心得。因嘱撰《蚕桑说》一卷。脱稿后，亲加裁订，略为增减数条。排印既成，合行发给，为此示，仰合邑诸色人等知悉。凡种桑养蚕者各将《蚕桑说》领去阅看，务照书内所载各法行之。如乡民不识字，则请识字人为之讲解，自可了然。尔等须知种桑之利，较百物倍加计。自栽桑秧之日起，不过三四年便可成林。凡陇畔墙荫，闲园废圃，俱可栽植。即已不饲蚕，而桑叶亦可售卖。况饲蚕尤获利甚丰耶！夫蚕事之兴，在农功未忙之时，大约二十余日即已结茧。由结茧而缫丝，又历十余日，而蚕事毕。无耕耘之劳，无胼胝之苦，无旱涝螟螣之害，且以妇人女子为之，更可习勤而警惰。天下美利，莫大于是。本县为尔民兴利起见，其各将领栽之桑如法培植，饲蚕收茧如法料理，以期推广利源，是为至要，切切特示。光绪二十二年。

蚕桑说

叶向荣，光绪丙申年（1896年）刊，三衢叶向荣编次，周履谦抄录。板存西安东乡十八都麻车叶垂裕堂愿印者不取板资，浙江图书馆。

[编者按：书中有沈秉成《蚕桑辑要》的告示条规，即常镇通海道为劝种蚕桑以广生业事……同治辛未（1871年）孟夏归安沈秉成叙，即世人泥《禹贡》“桑土既蚕”之说……同治辛未仲秋之月丹徒吴学堦谨识，镇郡乡民……。书尾附播棉说。]

叙　从来衣食之源，农桑并重，而桑之利倍于农，而其利不普及于天下，此无他，人苦不知法耳！荣幼束发受书，读先王树桑养蚕之政，窃有志蚕桑之务。既长与异方人士交游，间有籍隶嘉湖者谈及蚕桑之务，井井有条。荣欣然聆之，即为叩其成法，因得见规条、杂说，与夫图说、乐府。荣借录其书，遵法树桑养蚕，颇著成效，阅历有年，于旧法外别有心得。荣固宝而奉之，第思有志蚕桑之务者，岂止荣也乎？荣得其法，而不以告人，是自私也。急欲访求旧板，印送同志，乃兵燹之后，板毁无存。荣故不惜重资将前所录规条、杂说、图说、乐府，逐加考校，登诸梨枣。而数十年阅历，有得于旧法外者，亦补刻其间，且附播棉之说于后，颜曰：《蚕桑图说》。俾树桑养蚕之法，灿然大备，彼有志蚕桑之务者，既得是书，则蚕桑之法明，蚕桑之利兴矣。至于教导愚氓，使人人尽知蚕桑之法，而蚕桑之利得以普及于天下，荣更有望于阅是书者。光绪龙飞二十有二年岁次丙申西安岁贡生叶向荣谨叙。

迹略条说　蚕织迹略，苦劝不兴，可否请章，申详咨部，用法严行，以开财源。使之家给户诵，而同登夫仁寿也。盖以西邑地土开广，燥湿得由乎人工，种桑播棉，尤为合宜。据地而论，当可称为富足之地。礼义之邦，岂知足衣足食者，十居一二，读书诵诗者亦然。人之甘于困苦者，其来非无由矣。有土不知生财，有业不知自习。其男而勤者，于正粮外，只知播种杂粮，入不敷出。其惰者游手好闲，不务正业。其女而勤者，于炊爨外，只知牧豕为业，遭残五谷。其惰者赌习纸牌，多生事故，而于种桑、养蚕、纺纱、织布，两行事业，毫不知习。有识者，以为此事之非易；不知者，以为此事之无裨。积习成风，相沿日久，此盖由从前失教之所致耳。于光绪九年，蒙前县主欧阳，爱民念切，有心吏治，采办桑秧十万余株，给发四乡。先兴蚕事，后欲设法教织，奈利源方启，而任宰他方。迄今已十余载，得能培植成林，获利者不过十居一二，余皆任听其自然，甚至成林掘弃者不少。是犹水之始达，而仍塞其源流。今有戴星之良吏来临，更有心于民瘼。生居僻壤，不辞艰辛，尽心蚕织，现有百金丝产，纺纱织布，女媳早能有成。已将斯道徃徃苦劝村邻，历有年数，欲为广传，无如牢不可破，情言已极。辗转思维，非法不行，窃查先朝宋时，范纯仁任宰襄阳，劝教蚕织，亦牢不可破，已及三年，未能广行，后以法行之，先行出示，并立蚕织簿本。除犯有情之罪外，余以此作抵，民多畏惧，均习斯业。至十年后，地方饶富，俗尚礼义，是民所畏者法也。今生生长穷乡，才疏学浅，既不能报恩于朝庙，复不能有益于地方，是谓虚生盛代。爰谨于家事外，开陈种桑、养蚕、纺纱、织布粗言条说，倘各宪台不弃夫刍荛，斯下里可增夫饶裕。生亦幸甚，为此谨开蚕织迹略，伏求宪台赏赐察核定章，请详咨部，用法严行，以开财源，功垂万世。粗言条说附后。光绪丙申年西邑叶向荣谨开。

叙 古者天子亲耕，后亲桑。我圣祖仁皇帝念切民依，尝刊《耕织图》颁行中外。诚以民生之源首在衣食，故惰农有诫，即妇事有省，盖有并重无畸轻也。西邑四面环山，缭以原田，民朴而勤，虽兵燹后土著流亡，强半招徕自四方，党类既殊，风气稍易矣。然尽力田间，类能终岁劬劳，舍我穑事者，盖亦甚鲜，独妇女无常职，求所谓执麻枲、治丝茧，竟渺不可得。夫人情恒难于创而乐于因，民俗宜补其偏而贻以利，士农工商，男有恒业，其室家妇子嘻嘻晏然无所司事。一丝一缕，皆将贷诸抱布贸丝者流，内职之不修，狃于习俗，特无人起而创，为之补其偏。余两宰斯土，深病之，且以自病，叶子向荣出所纂《蚕桑辑要》一帙，于接桑养蚕之法，言质而词浅，易于通晓，且甚言蚕桑之益，深得利导之意，亟序而梓之，俾家喻户晓。庶几“爰求柔桑”学女事以共衣服，上副圣朝耕织并重之至意，不其韪与！光绪八年岁次壬午仲冬知浙江西安县事南城欧阳烜谨叙。

蚕桑会粹

何品玉（锌璋）续刊，龙南县学优增生杨兰萱书，光绪二十二年（1896年）龙南刊本，北京大学图书馆藏。

[编者按：江西省图书馆藏有同一刊本。书后附课蚕要录，江镜河先生鉴定，连平广大生辑著。]

龙南僻处边隅，山多田少，民间生业甚微，每思补助长策而苦无经验方也。丙申春暮病愈，奉檄回任，适明经廖君为桂来谒，谓聚族江东**附郭地名**，设局课蚕，试行有效，且袖出二书，皆来自粤境，其法详而善。余曰：此足补王政之遗也，其勉为之。俟考厥成，当举以为阖邑劝。公余两诣其局，喜见授徒之暇，督工甚勤。其族姪茂才国阅兼董其事，并延其宗弟为干字友松者为蚕师，亦连平茂才也。照式布置，井井有条，局旁桑栽茂密，胥年来所新植者。窃幸取则不远，不至徒讬空言。爰撰示遍告吾民，并合刻二书，分给以为程式。倘能踊跃倣办，各务本业，渐至家裕户饶，为政拙者一补过也，则抚衷差自慰矣。光绪丙申六月知县事西昌何品玉谨识。

序 光绪乙未，**桂**考贡成均，诣祖籍广东连平州省墓，与族弟友松晤，言其俗大兴轮蚕，伊入泮后，盖尝留心焉。窃以龙邑与连平接壤，物土之宜当必无异，因钞得《课蚕要录》一书，归与族中董事者言，无不喜躍，于是设局合办。丙申春，族姪国阅往石龙采买桑秧，又购得蚕桑格式刻本，愈有把握，垦土分种，计日成林。乃请蚕师来局，依法饲养。旬余而茧成，见功之速，计每年可得六七造。始信二书之言不予欺也。夏初何大公祖复任，喜其有利地方，不时临局，加意奖劝。随即遍示四乡，倣照办理，并合刻二书，分给为式。命桂述其原委，桂思我邑自咸同以降，民生半多失业，加以习溺朝神，糜费不少，讵知索诸冥冥不如求之昭昭？得公祖此书之刻，且曲谕务本，或亦剥极来复之一机也。行见家喻户晓，地瘠民贫之区，不十年而为沃壤，公之遗泽孔长哉！龙南岁贡候铨训导廖为桂敬撰。

序 古者司徒聚民，兴教必先兴养，贤王立政，恒产乃有恒心，未有衣食不充而暇礼义，是治也。我莞邑地利所出向以茅蔗为大宗，妇工所勤，恒以纺织为生计。自商人图利，洋货日增，有火车糖而蔗糖之价值贬矣；有洋纱布而土布之销运滞矣。耕者既不得食，织者复不得衣，习与相沿，弊伊胡底，藉非变通有道，何以俯仰无忧？此种桑、养蚕之法所当效顺邑讲求，而设局督办之规，更宜自我辈创立也。庚寅秋偶谈及此都人士，咸谓极宜。因博考群书，精求善法，去烦芜语，存简要方。易事通功，务期有利无弊；捐资给本，毋令因畏生疑。庶几事图其始，功懋厥成，统高原下隰以物土宜，合子妇丁男而沾利赖。农桑既劝，财用自优优有余；风俗克敦，治化亦蒸蒸日上，胥由此也，岂不懿哉？爰序其颠末于前，并详其格式于后。光绪十六年九月石龙普善堂谨识。

《课桑要录》序 古者农桑并重，天子耕耤，后妃养蚕，诚以五谷者生民养命之原。务农而外，利无有愈于蚕桑者。诗书言蚕桑屡矣，皆在陕西、山东、河南各境土。洎乎后世，蚕桑之利独擅于江浙，西北高燥之地皆不及，将无蚕性恶湿之说，非然欤？不知蚕性恶湿，洵有之。江浙地虽卑湿，而讲求树桑、饲蚕，法至精美，故卑下不忌，而获利常饶。可知天时地利非不可恃，而有时似不足恃者，全视乎人事之能尽不能尽耳。夫以蚕桑之利甚普，而收效又甚速，江浙有然矣。苦寒如新疆，硗瘠如西粤，人所共知也。以视江浙天时之温煖，土地之沃肥，诚不可同年而语。今不数年间，蚕事大著成效，丝绸贩于外省，年盛一年，遂使荒徼变为乐土，非其明效大验欤？我州山多田少，物产匪丰，生事日促，比岁以来，地方弥形凋敝，予常抱为隐忧。庚寅春间，州尊田星五刺史来牧吾州，咨访地方兴革事宜，予辄以为言，刺史韪之。爰捐廉设局试办，阅岁两载，细加察度，土地尚宜，每年养蚕可六七造，视农田之利，盖倍蓰焉。群情欣欣，皆愿从事。廖静波茂才于饲蚕诸法尤为注意，本其经历有得者一一笔之于书，既成，谬承就正，并索弁言。余受而读之，凡所著录皆详明切要，纤悉不遗，足为养蚕者导之先路，其用心细矣，其用力勤矣。窃愿始终不懈，广励众志，相率而底于有成，是诚地方一大转机也。名其书曰：《课蚕要录》，遂序以还之。光绪壬辰年闰夏月下澣弟江有灿撰。

《课蚕要录》跋 春诵夏弦端属文人韵事，男耕女织原为乡土生涯。古者罚及不毛，防兹游手，谓四民无不作苦，筹一业亦可资生，不逸不劳，非稼非圃，不观夫礼隆献茧乎？君夫人必供其典，不观夫政首树桑乎？彼老者不叹无衣。而况易事通功，无不可借兹糊口，便民裕国更无事费尔多心，物阜民康，实基于此。地肥土瘠，罄无不宜。我州之建也，二百余年矣，地实滨乎鹤水，人未习夫蚕工，生齿多多计衣食，凭谁借箸，劳心亟亟作商贾，惭我探囊，未有良图，曷资利赖。幸我星五田公祖三莅是邦，百思其利，捐鹤俸为创始之谋，大开蚕局，愿凤山作室家之计，思课桑田异虽未兆乎。飞蛾功宜勤，求夫作茧，饬我济兴之典，专心志以树先声，权其子母之余，便乡间何妨作市，利非龙断，神祀马头。然而饲浴未得心传，保护亦乌足恃。有静波廖茂才者，研心得暇着手，成春已备三宫之种，且明八辈之珍，订蚕谱不下数千言，劝蚕事欲周千百室，过目则条分缕析，赖我良朋铭心，则溯委寻源，荷我贤牧。仆齿几颁白，口敢雌黄，惟躬逢我州盛事，足知刺史嘉猷，何以报德，是用作歌。歌曰：“父母之恩不可忘，贤牧之恩水同长。可以为衣兮务蚕织，可以为食兮劝树桑。有志惠民兮效我贤牧，永日消闲兮盼桑陌以徜徉。”光绪壬辰年秋八月既望颜光猷弼士甫跋。

东皋蚕桑录

何炯辑，刻本，光绪丁酉（1897 年）孟冬，温州市图书馆、中国科学院图书馆藏。

[编者按：按序丁酉为光绪二十三年（1897 年）。瑞安何炯寓麓辑。此书

目前介绍较少，《中国农业古籍目录》有一条中国科学院图书馆藏的目录信息。上下两册，桑编与蚕编。]

序 予尝语同人，欲得背山面海，拥湖抱田之地，作室以居。何君寓襮殷然曰：吾子盍过予？予家瑞安之东皋，去县城三里许，练江左萦，鉴湖右拂，繡塍交错其中，而屋后林麓高平可梯，时复引人览胜，寄遐观于大圜，发奇思以终古，悠悠身宙，浩歌慷慨。吾子盍过予？昔者名流晚家必于聚近尘远，然以东坡之贤，但须二顷稻田以供饘粥，犹欷吾道之艰，至比一饱，于功名富贵不可轻得。矧如予之所祈，仰藉天磁，俯资地吸，周围通人力，目贻孙子有余，而目造伦类无不足。寓襮何修得之，顾与寓襮共有东皋者，三时勤动，谷薯蔬果外，群思享潮汐成利，其自鼻祖以来，人满物劳，因循困敝。视夫三家之邨，榛莽初辟，岁计各操其赢者反恨不如。寓襮每与予言，东皋殆矣。虽然宁独一东皋富媪大侄不殖将落，一诚开物，锲而不舍，全嘘日热，四百兆众之温饱不半吾国而绰绰裕也。于是寓襮以今圣人御宇，光绪二十有四年，朝熙庶绩宏牖兆民智学之春，倡始蚕事，于东皋试验笔记，成《东皋蚕桑录》上下编，征予序而梓之。予方一廛转徙于郡城，求向所欲山海湖田四备者而不能有一，年逾四十，譬诸病蚕不茧，心忡忡忧至不成眠，何足目云？独深感寓襮数招予过其东皋，意若将玉我，而予惧宗教局閴，思为演说，愧多未逮。又重远其殷然者，果不予弃，约以来岁蚕时必过寓襮，相与登山望海，我歌君和，下贺东皋之人，自今以始，利其后嗣无疆也。著雍阉茂八月之吉泰顺周观盥孚甫拜序于东瓯翼圣学堂。

养蚕歌括

刘光蕡，刻本，浙江图书馆藏。

[编者按：按序丁酉为光绪二十三年（1897年）。《养蚕歌括》一卷，清咸阳县刘光蕡撰。华南农业大学藏，刻本，一册。浙江图书馆藏，木刻单行本。扉页署“淮西田庚”。南京大学图书馆藏，《烟霞草堂遗书续刻》，“乙丑

(1925年)刻于金陵”,《养蚕歌括》篇尾并无《医蚕病方歌》。华东师范大学藏,民国十二年(1923年),江苏思过斋《烟霞草堂遗书》17种21卷,续刻4种4卷,续刻最后一卷为《养蚕歌括》,骑缝“思过斋锓版”,卷端下题“咸阳刘光蕡古愚”,古愚为刘光蕡之号。]

《养蚕歌括》序 蚕桑为陕民故业,其后失传,不惟不详,其法且若初无其事者。盖由晋宋南渡,中原俶扰,残毁桑株,民不暇为久远谋,故桑尽而蚕事遂废也。顾元劝农司特重蚕桑,其法多宜北土,而北省之蚕,终逊江浙。然则陕省蚕利之失,固由兵戈,究不尽由于兵戈也。夫育蚕妇人事也,妇人终身闺阁,既寡见闻,目不识字,又不能乞灵于简策,即其夫采之四方,归而述之,语焉不详,详不能记,勉强使为,鲁莽灭裂;用力多而得利少,不自咎其法之疏,诿为土性之不宜。《豳风》之诗,《月令》之篇,皆视为古人欺人之语矣。岁乙未,余命内人学育蚕于三原,归而自育者二岁,坚守三原蚕妇之简法,而不肯精进益上。盖妇性专一恒德为贞,先入为主,不能变于后。内人率仲媳、仲女为蚕,不授以古法,又将囿于简便,而昧古法之善,恐吾乡蚕事终不能返于古也。乃取《蚕桑备要》中育蚕之法,编为俗歌,使媳女诵之心中。先有古法之善,从事蚕务必能精益求精,而不至苟焉一得已也。丁酉榴月古愚甫识。

粤东饲八蚕法

蒋斧撰,中国农业遗产研究室藏。

[编者按:按序丁酉为光绪二十三年(1897年)。中国农业史资料第263册,动物编。目录桑篇十条,蚕篇十六条。]

左思《吴都赋》“乡贡八蚕之绵”。《注》引《交州记》曰:“一岁八蚕,茧出日南。”交广之有八蚕,由来旧矣。今年日本蚕师松永氏,至香港考察粤中蚕事,知顺德、南海、香山诸县岁产丝十二万俵每俵英权八十斤,输出外国者，约四万俵，皆八蚕丝也。溧阳狄君楚青，自赣州来沪，以《蚕桑格式》《课蚕要录》二书相示，皆言饲八蚕法。狄君云：赣郡本无八蚕，近岁始自粤之东莞、连平二处觅得蚕种及此二书，试之而效，今已桑林遍野矣。二书大致相同，互有详略，因芟其繁复，写为一篇，其饲法之与浙江通用者，亦汰之，命之曰：《粤东饲八蚕法》，俾世之谈物产者，有所考焉。抑又闻之，《唐书·地理志》："苏州吴郡土贡，有八蚕丝"，然则吾郡古亦产此，不独粤东为宜也。倘能举而复之，或于农家不为小补乎？丁酉十月吴县蒋斧。

裨农最要

陈开沚，光绪丁酉（1897年）潼川文明堂刊本，中国农业遗产研究室藏。

[编者按：署名三台陈开沚宛溪述，中国农业史资料第263册，动物编。目录有例言、卷一、卷二、卷三。]

《裨农最要》序　《裨农最要》三卷，吾友宛溪陈君之所作也。君家世清贫，力于农事，耕耘之暇，兼及蚕桑。十余年来，舍砚田锐志于斯，颇收其效。盖骎骎乎称小康矣！里人相与慕之，知必非卤莽从事者，时近而叩所以，君既不惮详说，而益慨然思有以公之于人。于是举生平所心得而之获效者，酌古准今，条分缕晰，殚岁月之力，辑为是编，其用意甚勤，其宅心甚厚，其立法平正而周慎，其持论剀切而明通。今年秋出以示予，予受而卒读之，乃不禁重有感也。士君子不得志于时，偃蹇穷庐，举世莫知，上下既寡所交，教养又非所事。纵抱杜陵广厦之愿，亦每以儒生坐论，无裨生灵。而君顾轸念民艰，欲溥其利，惟恐不能家谕户晓，不得已笔之于书。其诸立人达人有翕于圣门求仁之旨，与抑先天下之忧而忧，若范文正公为秀才时即以天下为己任者，与矧今世路艰虞，民财告匮，户乏余三之积，人思缓二之征，使非亟求善策，广营生计，是自困也。其在诗曰："十亩之间，桑者闲闲，十亩之外，桑者泄泄。”说者曰：贤者不乐任于朝，而思与其友归于农圃。以吾观之，为是诗者岂第高蹈远引俭德避难已哉？盖亦自食其力，以长育子孙世世为奉公循理之良民，《伐檀》诗人之流亚也。予与陈君生既同乡，性复相近，读其书不禁怦怦心动焉。南山之南，北山之北，有先人之敝庐在，行当辞尘离滓，呼黄犊招白云，以树以畜以耕以稼，饘粥出其中，王税出其中，使乡邻有识者曰此清白吏，子孙数传而后，犹有勤耕桑者，亦云幸矣。则陈君是编，予当终身佩之，且令子若孙世宝之。时光绪丁酉孟冬三台星日乡人王龙勋蛰庵甫识于潼川草堂书院。

《裨农最要》序　丁酉秋，予与宛溪棘战同北，宛溪复亹亹以著书为事，旋出所著《裨农最要》一书示予。参阅读毕，适有客问曰：宛溪少颖敏，壮授生徒，今阅世益深，宜肆力书史作为文，发挥天地古今之奇，以效用国家，整顿当今时务，斯乃士之本愿，区区蚕桑奚为者？予曰：蚕桑乃时务之最，方今稼穑维艰，财力虚耗，非植桑育蚕以补其阙，闾里安恃。试观外洋诸国，囊括中国之利，几欲一网打尽，所赖稍稍收回利权者丝为尚，丝可忽乎哉？况吾辈读书当以治生为急，不幸堕落穷途，一毡羁绊，觅馆索脩，艰苦万状，诚不如宛溪别开蹊径，进退绰绰，不忮不求，何乐如之？客曰：如子言蚕桑善矣，奈世之育蚕者往往不盛何？予曰：蚕不盛，非蚕之咎，人之育之者不善用其法之咎，宛溪善用其法，获厚利者历有年，其所取用皆手试目验而有心得，故收效独神，彼卤莽灭裂安能也？客曰：蚕桑诸法古皆有书，宛溪亦读古书可也，奚别著为？予曰：不然。我辈作文不能不取古人之说，运古人之说而加以陶铸，使人忘其为古人之说，斯为善矣。宛溪之书有会萃古人处，有参酌古人处，有古人已发而疏通变换处，有曲体情理因时制宜处，要皆历试历验，独出手眼，并无自误误人之弊。且劝善惜物，别具深心。古书固有未尽言者，顾谓宛溪为勦袭陈言可乎？客曰：宛溪既获利有年，曷不秘厥传以授子孙，是编出，使人皆效法，后其利将分，奈何？予曰：宛溪之为人也，素坦直，未尝较锱铢。此书之刻意亦在公其利而不欲私耳！蕴利生孽，是编已明白言之。今苟传其法于一乡一邑，远及天下，俾人人羡慕仿效，行见从前虚耗羸弱之气，一举而变为富强。世运维持，端在于此，非仅一身一家之计已也。客唯唯退，予因次第是语，以弁诸首。光绪二十三年孟东月同学弟赵用宾鼇山甫撰。

跋　余少受知于邵实孚夫子，入邑庠，陈君宛溪其冠军也。相与晤谈，欣其纯谨老成，遂订交焉。宛溪故寒士，不屑屑糊口业，率其昆仲躬耕陇亩，尤邃蚕桑之学。数年来，家渐丰饶。余闻而羡之，询其术，出一册以示。阅之，见其首详种桑，继以择种，终以饲蚕，条分缕晰，而又发明其理，著论以冠其首。约而精，浅而明，愚夫愚妇，皆可通晓，是诚治生之一助也。迩来儒士生计日蹙，无行者多藉力刀笔以营生，而拘守之人，谋一馆地，譬若登天。得君之术而用之，可无别购医贫之药矣。余夙眈蚕桑，今得此书，珍如拱璧，因劝其付梓而缀数言于后。光绪二十三年季冬月初一日丁酉科举人万学先谨跋。

泰西育蚕新法

张坤德译，光绪戊戌（1898 年）孟春强斋石印，中国农业历史博物馆藏。

[编者按：全书十章，尽为西法，另有育蚕新法原序。]

序　蚕为衣所从出，而国富亦基之。昔西伯治岐，即有墙下树桑匹妇蚕之之政。自是以降，凡天子建邦，诸侯立国，莫不以此为急务。故深宫亲桑为天下先，而卿大夫士庶人之妻，亦相率奋勉，罔敢或怠。顾古称老者衣帛，少壮不与焉。则其事虽萌芽，而犹未盛行于世。时至今日，揉罗被縠，触目皆是，虽谓风气使然，亦由其业盛故也。即就近省而论，如江苏之苏常，浙江之嘉湖，蚕户妇女，类皆悉心培养，不遗余力。又加以寒燠适中之气候，燥湿得宜之水土，故每岁利益，因育蚕而得者，不可偻指计。出丝愈多，丝业愈广，即丝捐一项，亦遂有增无减。说者谓中外互市，迄今数十年，中国之利，流入外洋者不知凡几，于此犹得收回一二者，茶叶而外，丝为大宗。然则中国之丝不特足衣一国之人，并外洋亦仰给于我，自非蚕务极盛，何以至此？虽然，盛则盛矣，而究其所以育之之法，要皆不离乎妇女口授之浅说，祖父递传之旧诀，求一能推陈出新，别有心得者盖鲜。甚且谓面生人不可令蚕见，见则必坏。散发时不可与蚕近，近则又坏。凡诸俗忌，不一而足。然收成间多不足，或因蚕病致全功尽弃，非归咎天时之不正，即委诸生命之不辰，从未有即其致病之由而深究其理者。惟然，故叩以病所由起及其见证，与防之宜用何法，皆不知也。其不知何也，则以不明格致之理，虽有成法，卒不足以，济事也。《泰西育蚕新法》者，为病是而作，书凡十章，其间除收种饲养诸法，与中国大致相同外，其专造蚕房，精制各器等事，似非吾华编户所能。然如除净室、涤蚕具、透空气、用硫磺熏室，采南面向阳之桑，俟其干以饲蚕之数事者，为之亦甚易易。至测热度之寒暑表，察病源之显微镜，僻在乡间，骤难购办，俭啬者又念不到此，然但使育蚕得手，则所偿奚翅倍蓰，慎勿惜小费而隳大功也。夫中国之蚕，素称力足，土壤亦最相宜，倘更取法于斯，益加勤勉，则蚕务之盛，又当何如耶？是书系强斋主人属胡君馨吾由美国农部索得者，持以示余，余谓衣被苍生之业，必自是书始。遂以余暇为之译出，既蒇事，强斋称善。将付石印，以广流传，其关心时事，诚至矣哉！而余则自知笔墨浅陋，恐不足问世，因复请伯兄笏裳详加修饰。今之得以展卷瞭然者，吾伯兄之力居多焉。光绪二十三年岁在丁酉辜月桐乡张坤德识。

蚕桑辑要

桐乡郑文同著，据北京图书馆分馆藏清光绪刻本影印原书，续修四库全书子部农家类978册。

[编者按：按序光绪二十四年（1898年）。目录有栽桑十二则，育蚕十二则，蚕桑杂说四条，治茧缫丝共计十六条，附论蚕患椒末瘟病。]

《蚕桑辑要》序　支那蚕桑甲五大洲，浙丝又甲于各行省，金华即浙之枝郡也，民终岁力陇亩无所事桑，家坐是贫，一遇旱涝，势将不支。余眡事暇，褰襞阡陌间，近民而问以疾苦，知财源之日涸，繇地力之未尽，心辄惄焉。今天子诏书敦竺，藉蚕桑以收回利权，疆臣以兴办入告，又何可一二数？余满验试之一郡，爰率首邑黄大令秉钧出其廉泉购秧二万有奇，拓地栽种，由城郭以及乡闾，年复一年，弥推弥广，旋下所属次第举行，风气稍稍开矣。犹虑事当创始，民封故智，末由家喻户晓。间取各蚕书，示都人士，辄苦繁重难读，会兰豁苏大令锦霞以《蚕桑辑要》见寄，书为广文郑文同所录。首栽桑，次育蚕，次杂说，后以治茧、缫丝、生种、剥绵附之，法皆简便易行，令人开卷了然，无繁重之叹，其用意勤矣。郡人苟取其书读之，条分缕析，成规具在，所云家喻户晓者亦在是矣。第非常之原，黎民所惧，两大令踵行于金兰，必得使众鼓舞欢忻而不能自已，它日长山瀫水间童童如盖，民得以嘘枯救瘠，则是书实为之嚆矢也。虽然余所惓惓，岂独金兰两邑云乎哉！光绪二十有四年律中大吕之月知金华府事长白继良撰。

《蚕桑辑要》序　养民者衣食也，出衣食者耕织也。不耕则无食，不织则无衣，农桑并重繇未远矣。兰邑山题水溱，地利未辟，民多服贾，农于蚕桑一事素乏讲求，其土俗然也。在昔海禁未弛，江西闽皖之货皆行内地，邑为商贾所辐辏，日用百物取给外来而不乏，犹无事于土货。自轮舶通，而商旅出于其路者鲜，无土货以抵制之，则民将穷且殆。太守长白继公忧焉，亟亟为民谋生计，因通饬阖属兴办蚕桑。而邑学广文郑君文同乃录《蚕桑辑要》一书，进公嘉纳之。适余来宰斯邑，奉饬喜甚，谨议举行，又得学博邵君庆辰襄助之。爰捐廉购秧分种以教民，复刊布其书，他说有可採者，间亦掺入焉，以期广其传。孔子曰：“因民之所利而利之。”《孟子》曰：“五亩之宅，树之以桑”。又曰：“匹妇蚕之富民之基。”起点在是，何以言之？凡物皆辨土宜，《禹贡》《尔雅》论之详矣。而桑独不系一洲，明桑之不必择地也。即今江西、湖北等省靡不以此为急务，况浙之嘉湖久擅其利。兰亦属浙，其土之宜可知，且种桑并不占地，屋角田唇随在可植。嘉湖一带皆然，即谓兰邑佃种较嘉湖为早，农桑或难兼顾，不知种桑要在平时，育蚕本属妇职，何害于耕，又何妨于蚕？矧其事功半而利倍，勤劬四旬即可抵农田一岁所入之数，故曰富民之基也。所虑者民可与乐成，难与图始，是在有司倡劝之。前者余宰瑞安时尝购秧种以教民殖，其有蚕桑于是始。今兰民之智不下于瑞，又得郑邵二君为先导，愿邑之人读是书，勤是业，以仰副贤太守为民兴利之怀，夫岂徒守土者之幸欤！光绪戊戌季冬月皖南苏锦霞谨叙。

《蚕桑辑要》序　曩者尝谓蚕桑之利，惟吾浙嘉湖二郡称最。外此若杭之海昌、余杭、富阳，绍之诸暨、嵊县、新昌，已瞠乎后，他郡他省无论已。自海禁久开，蕞尔印度，选秧采子之自华以去者，岁产丝数几与嘉湖相等埒。然则嘉湖之利已与海外共之，遑问中国之土之人，更遑问中国同一行省之土之人。癸巳冬，予就诠得司训兰皋之官，数旬又摄教谕事。明年仲冬殳山郑君书田来兹司教，见其温文尔雅，第以为积学士耳！公余辄娓娓谈植桑饲蚕事，厘然秩然，更仆不少倦，乃知君于此事固三折肱者。兰邑地高土坟，时值隆冬苦寒，无数日即转融和，宜桑必矣。且亦未尝无从事于此者，以桑自天生，不谙接种，甚繁而不肥泽，故丝亦粗劣，鲜能推广。君时思自杭嘉移佳种来，以法接种之，卒未果。越五年戊戌，留林运卿苏侯来宰是邑，吉人为善，惟日不足。适奉朝命谆谕疆吏，整顿农工商务，府尊长白继公尤以种桑育蚕为第一要义。君乃草种桑育蚕各十二则，杂说四则，以示予，予亟怂恿陈之大府，报可，府尊且以君与余留心农桑之学，登诸刻牍。予以为育蚕当先种桑，必以身先之，而后编民知利出，自然乃有风行草偃之效。惟财用不足，心为慭焉。邑侯作而曰"为民兴利，固长民者之责也"。遂以巨款自任，并以余于杭嘉人地稔熟，商令携资往购秧枝。余思适卫论治富，然后教妇蚕夫耕，乃及庠序，曰教曰养，本相维系。爰即襆被先之富阳，次及余杭、海昌，得大叶家桑数千本，以归近城，士民知予所得之种之善也，争相领取，远乡来迟者，率抱空而返。予与君既详告以栽植之法，又取数百本嘱老于树艺者就公地栽之。君更谕其长君续采若干本，以给四乡之求，其值乃自邑侯输之，无一取诸民间。尝烧烛检书，见前辈平陵清渠沈公任绩溪成《广蚕桑说》，近时当湖访廉黄君任天台，亦著《蚕桑须知》，今得君而三矣，噫！岂斯事必属之校官欤？虽然斯事之雠也，使无府尊锐意提倡，又无邑侯大力主持，吾人舌嬖管秃，终亦讬诸空言焉耳！兹者风气渐开，成效可必。邑侯取君所著而颜之曰：《蚕桑辑要》，既付之剞劂，氏以广其传。君复述侯意，以余为躬亲其事者，不可无一言。余亦乐君向之娓娓而谈更仆不倦者，今果见诸施行也，敢以不文辞乎哉！爰泚笔而识其缘起，如此。时在光绪二十有四年岁次戊戌嘉平月仁和邵庆辰籽云甫序。

《蚕桑辑要》叙　粤稽《豳风》纪侯治蚕，《禹贡》物土宜桑。是诚天地自然之利，无壤不宜。桑即尽人可治，蚕亦何在不可以利其利。余家昔素养蚕，皆买叶以饲之，燹后于室旁瓦砾场上栽种桑秧，数年成荫，采取称便，而衣被更有足赖焉。甲午冬季，承乏兰庠，固有野桑几树，次春即有人顾问采捋以去，知兰乡亦有养蚕者。迨眷属来署，复自饲蚕少许，园叶不敷所食，而向外购求，颇不易得。辄思广种桑秧以兴蚕利，然非得贤有司为之提倡举行，则民利无自振兴，安望其能推广而持久耶！今秋皖南苏大令锦霞来宰斯邑，下车伊始，德政维新，余心怦然，因即条陈栽桑、育蚕各法，具禀各大宪，蒙准批饬苏侯察酌试办。而苏侯颇乐为民兴利，以养蚕必先树桑，随即筹款采办桑秧，议将拙拟条陈刊印成本，散发乡民，俾资取法。余深虑管见不足以训行，旋得郑君品瑚携赠《广蚕桑说》刻本一书，系溧阳沈清渠先生练前在绩溪司铎时所撰，详审精密，深得此中三昧，而与末议相表里。窃喜其官同事同，昔今若合符节，沈公导其先路，余将步其后尘。爰举所拟各条复加修饰，敢以质诸同志者，他时户尽能蚕，利溥无穷，即以桑林为甘棠也可。时在光绪戊戌小阳春月殳山郑文同书田氏识。

蚕政辑要

（元）司农司撰，刻本，中国农业遗产研究室藏。

[编者按：按序光绪二十五年（1899年）。边框题澂园汇抄，即《农桑辑要》第四卷，卫杰序。]

《蚕政辑要》序　元司农司辑刻农桑旧说之实在可行者，颁诸海内，名曰：《农桑辑要》。国初乾隆年间敕武英殿聚珍板印行，颁布各行省，其所以教育斯民之意甚厚。近来民生困于发捻之乱，兵燹之后，元气未复，而天时之水旱，海上之戎氛又加虐焉。何以裕民食而阜民生？朝廷屡降明旨，敦劝农桑。窃以为力农之事，今人尚能言之，而蚕桑之政，除浙江湖州、江苏镇江以外，多未得法。近日保定、武昌、长沙经营不过数年，亦已各著成效矣。而种桑、养蚕、缫丝、湅染及纺织之法，今直隶候补道卫观察杰，辑古今成法，及蜀中诸法，旁及它省训故，成若干卷，尤为详尽，觥觥巨帙，一时得者珍之。然尚未能遍及各行省，予因饬工刻元司农所辑养蚕一事，编简无多，而机要毕具，学者诵而习之，不至迷于既往。又各省所行养蚕章程，多不解浴之一法，是以南方天气炎热，不知避就，多苦蚕病。此编于浴蚕一事，标明节气月日，凡以蚕之为性，秉少阳之气，切避西南暑风，西晒炎日，诚恐阳气过盛，如《内经》所云：重阳则病之理。今之学者诚能以时消息于蓄种之时，则胎息清纯，即可全收美效。缘北方养蚕千万，从无一伤损之事。虽未尝按法以时浴之，而地气较寒，可以收敛元阳，保全生理，发生蛰蛰之时，即不至挟内外交攻之气而得病。浙友方子壮比部言之极确，若北人更加意于西南风，西窗日而谨避之，尤为稳妥也。七十六岁澂园叙。时光绪二十五年己亥五月二十七日。

续蚕桑说

金华县事黄秉钧，光绪己亥（1899年）上元，双桐主人刊，中国农业遗产研究室藏。

[编者按：刻本，中国农业史资料第263册，动物编。桐川黄秉钧南垣甫订。树桑法二十一条，饲蚕法七十条。]

续《蚕桑说》序　《禹贡》为千古蚕书之祖，厥后贾思勰《齐民要术》、陈旉《农书》、秦湛《蚕书》，赓续而成，不下数十种。洎我国朝颁有《钦定授时通考》，于蚕桑一门分为十目，言之特详。夫亦敦俗之意也。平湖清渠先生著有《蚕桑说》一书，脍炙人间已久。南垣大令得之于沈君剑芙，盖先生之子孙也。是书于种桑、饲蚕法大恉固已详尽。大令犹虑事当创办，民智未开，稍以已意参其间。爰付手民，广为刊播，不翅执人人而晓谕之。余展诵一过，服其言之精敏，事之练达，能补清渠先生之所未达，而尤嘉其关心民瘼，为地方兴无穷之利，能先得我心也。嗟乎！时艰孔亟，匪富昌强，近岁以来屡奉严旨，饬各直省推广蚕桑。吾曹为天子命官，来莅兹土，宜必何感激图报，上纾宵旰之勤。今大令于蚕桑一端，惓惓再四，未始非答涓埃之一助。扩而充之，事事以民艰为念，则造福岂有穷期耶？余两绾郡符，民情素稔，蚕桑之利，衣被万家，客岁曾与大令捐资购秧，为八邑倡。窃蓄斯愿，久意大令之能偿吾志而卜其必能竞厥事也。环顾生灵，孰非赤子。他邑有踵而行之者乎？余日望之。光绪二十有五年岁次己亥春二月之吉知金华府事长白继良谨撰。

续订《蚕桑说》序　利源之在天下无穷期也，而开之有其道。公则普，私则悖，法古则势顺而效远，逐今则势逆而效寡。故有谋及一日而民益穷，谋及百年而被无疆之福者。抑又思之，人情可与乐成，难与创始，谋于先而沮于后者岂少哉？仆自癸未岁服官来浙，见夫嘉湖间生齿繁，物力充，问其所以致此，则以蚕桑故。仆即私心自计，同一土性同一人力何地不可嘉湖耶！如浙之绍属、皖之绩溪，讲求蚕桑不二十年，获利已巨，必有人焉倡导于其间而始如此也。戊戌秋，奉檄来此，窃冀为所得为，以酬曩日之愿。郡伯继公尤轸念民艰，时思所以利之，正议捐资设局，乃奉大府转奉廷旨，通饬各地，创兴农桑。遂集资购桑秧数万株，檄储参军亦泉，暨邑绅章君子芳、黄君南屏诸贤，襄理布种以为倡。复欲集蚕桑诸书，摘其切要者，汇为一册，刊示士民，使之法明而易知，事约而易从，效速而易信，意良深也。适沈君剑芙昆仲以乃祖清渠先生所著《蚕桑说》见寄，雒诵至再。诚哉！简明而易行也。小增损之，重付手民，亦因地制宜耳。且夫百里之地，万家之邑，属其人民而为之君长，趋走有吏，衣食有税，无所不足于心。而老者待之以安，幼者待之以养，鳏寡孤独者待之以恤，风俗人心待之以厚，任匪轻职难称也。谋之一日，利及百年，更不敢言也。倘异日者风气开长山婺水，数年后，四封之内，青青遍野。其朴者有所资以为生，其秀者有所藉以为善，四先生余韵流风不没于世，继公之功伟矣！仆不禁深幸焉，而有厚望于将来也。邑人士其许我乎！光绪己亥春知金华县事桐城黄秉钧谨撰。

吴苑栽桑记

吴县孙福保撰，光绪二十六年（1900年），江南总农会石印本。

[**编者按：南京农业大学中国农业史资料第85册，植物编。目录有择土、计亩、选种、辨类、附植、栽法、短干、分行、去草、去虫、洩水、粪壅、采叶、计利、禁忌、守防。**]

序　古者吉贝之种未入中国，所谓布帛者，麻与丝组织而成也。故《孟子》言：墙下树桑，七十者足以衣帛。是地不植桑，虽欲户助以育蚕，卒不可得。昔泰西始通中国，中人之市丝于番舶者，无不罔厚利以归。近则意法日本，考究养蚕，既精且详，凌驾中土。而我中人蚕市之衰，日复一日；蚕功之旷，年复一年。乡农旧植之桑壮且老，弃美利于先畴，不亦惜乎？福保侧一身于天壤间，无蚊翼之负，其如山何？无已，则思学为农圃之勤，苟一草一木得附丽于吾而培植之，勾者毕出，萌者尽达，不使如牛山之濯濯也。区区此心，蓄之已久。乃徙宅于吴地之乡，灵岩之麓。试以数亩闲田，辟而新之，植桑满圃，绿荫油油。时与灌园老叟语，叩所心得于陇亩间，苟耳所闻，无不笔之简牍，备遗忘焉。积成小帙，题曰：《吴苑栽桑记》，非敢必有功也。安得起计然、贾勰正其得失乎？

蚕桑指要

朱斌撰，光绪二十六年（1900年）抄本，中国国家图书馆藏。

[**编者按：藩云仟馆藏。目录有择地等十条。养蚕目录有蚕室等二十条。**]

《蚕桑指要》叙　古者蚕桑之事，与农事并重。故天子耕籍，王后亲蚕，以唱导之，载于三礼，播于风诗，甚盛典也。先皇帝励精图治，欲兴耕织，以厚民生，绘图制序，系以诗歌颂示天下，至详至悉。无非欲农不废耕，女不惰红，万民乐利，以享太平。乃我虞地称沃衍，民多巧利，而蚕桑一事素无从事于此者。桃花水上，袚禊人多载胜塍间，懿筐莫执。此风俗之所以日偷，民财之所以日匮也。今皇帝轸念时艰，特赐明诏，令天下务蚕桑，生财有道，朝野欢忭。虞之人亦有意愿为，而素昧其法，相视以嬉，莫知为计。诚见苏属之境，与嘉湖接壤，土性本同，间有彼处流寄之民，颇能循其故俗。则此事本海内可通，而惰农未经服习，遂其利遂终古而莫为用。斌不自揣，窃本国朝玉山知县沈景韩在任，劝治蚕桑之书，为之正其差谬，补其疏略，更复博采旁求，亲为试验，编辑是篇，分为三十条，原始要终，用告乡里，虽不敢慭比氾氏之《农书》，当草昧初辟之际，聊引一灯，未必非仰体衣被万方之至意云尔时。雍正乙巳四月望后之八日海虞朱斌编撰。光绪庚子仲春日晚生师桥氏鸿逵手录。

蚕桑辑要略编

徐赓熙，刻本，山东省图书馆藏。

[编者按：按序光绪二十六年（1900年）。封皮左上书签题："蚕桑辑要略编，萃编摘要附后"，封皮中上有官印"肥城县印"兼有四字满文，书后封有三分之二水渍。目录有简明易知单三篇，种桑法十一条，养蚕法七条。养野蚕法三条，种树、养蚕、纺丝。萃编摘要包括桑分大小叶二种、压桑条法、种葚法三部分以及摘录种桑树若干条。]

徐州，厥篚之贡，织缟惟良。鲁地宜桑，旧已。近人著《蚕桑问答》，首称荆桑，多葚，叶薄而尖；鲁桑，少葚，叶厚多津。今之土桑，枝干条叶坚劲者，即荆桑之类也。今之湖桑，枝干条叶丰腴者，即鲁桑之类也。凡荆之类，根固而心实，能久远。凡鲁之类不必然。故今之种桑者，皆以土桑为本，接以湖桑之条，则根固而叶茂也。由此观之，湖桑名天下，其种其出于鲁桑，奈何鲁人让湖桑以独美，而不复知其始为鲁桑耶？呜呼！自海禁大开以来，中国所恃以抵制外漏者，独有茶丝为出口两大宗耳！方今茶市败，而丝利在。东南各行省，亦较前渐微，若不自加振作，恐中国贫弱之患，终必不可救药矣。昔者齐将伐鲁，闻山泽妇人之义而止，畏其民智开而心力合一也，漆室一女子耳，患愚伪之日起，独倚柱而悲吟。然则匹夫匹妇，皆当有卫国以自卫之计，而可懵焉已乎！余忝权斯邑，适奉宪檄以部领《蚕桑萃编》见督，得与少霑太史暨诸君子商榷兴办事宜。现于城外买地一区，设局试办。并从上海购湖桑多种，按接桑之法，即以境内土桑为本，接以湖桑之条，使根固叶茂。俟有成效，而广其传也。而滋阳徐君旭川明府，已先我而为此书。时余因公赴郡，观其考核精当，服其用心之勤也。《汉书·循吏传》言富民之道，曰：劝民农桑、畜牧、种树。徐君受代有日，惓惓为滋民计久远。《易》有之："富以其邻"，如使吾邑人士，效其法而推行尽利，是亦滋阳贤长官耻独为君子之志也。他如山场高燥，或谓有不宜种桑之处，则蒙山槲茧之类，未始非鲁地所产也。又在师其意而善变通之。是为序。钦加同知衔署理兖州府曲阜县知县向植谨序。光绪二十六年十一月。

唐时李太白诗云："鲁人重织作，机杼鸣帘栊。"至今兖郡城内东南隅奎文街，比户机声札札，犹有唐时余风。然织必需丝，丝必需蚕，蚕必需桑，问其丝则来自邹滕也，问其桑或数村无一株也。农桑衣食之源，历代帝王重之。况我朝自道咸以来，与泰西各国通商，中国出口货以丝茶为两大宗。近则锡兰、印度之茶夺我茶利，丝则日本、意、比诸国请求亦出我上，而吾华民犹不改深闭固拒之习，岂非甘居人下哉！今春忝权斯邑，即钦与滋民兴此大利，无何拳匪祸起，宗社颠危，不暇及此。山左赖袁大中丞定识定力，卒获安全。入秋以后，朝廷转环環议款，风鹤渐息。复欲与滋民请求种桑之法，旋奉部颁《蚕桑萃编》二部。然卷帙浩繁，翻刻匪易。爰觅得《蚕桑辑要》一编，复为手摘《萃编》中种桑新法数十条，以附《辑要》之后，广散民间，冀以斯民先课种桑焉。昔唐人诗云："万里江山今不闭，汉家频许郅支和。"愿斯民诵此诗，思吾言，慎勿置此事焉缓图云。钦加同知衔抚提部营务处署理兖州府滋阳知县徐赓熙序。

蚕桑萃编

徐树铭、裕禄等，光绪二十六年（1900年）八月浙江书局刊行，中国农业遗产研究室藏。

[编者按：开篇有都察院左都御史徐树铭片奏，头品顶戴直隶总督裕禄跪奏，康熙三十五年（1696年）春二月社日御制耕织图序，雍正二年（1724年）二月初二日圣谕广训第四条重农桑以足衣食。另有卷十一图谱·叙光绪二十一年（1895年）乙未冬十月直隶总督仁和王文韶撰。卷十二图谱·叙光绪二十有一年（1895年）夏四月直隶总督合肥李鸿章撰。两篇序言与卫杰《蚕桑图说》光绪二十年（1894年）刻本一致。又有南京大学藏《蚕桑萃编》，十五卷，首一卷，光绪二十六年闰八月，头品顶戴陕甘总督臣魏光焘恭编，兰州官书局排印，八册。]

奏疏　都察院左都御史臣徐树铭片奏，再国用之富，藏之于民，民富则君不至独贫，民贫则君不能独富，古之训也。况户部筹款，剖析毫厘，非取之于民。大乱之后，民气未复，何以支持？然则莫如振斯民自有之利，使之通力合作，以收天地生产之精华。而可以通商惠工，以辅国用之不足者为亟亟也。纵古大利在于农，而阨之以天时之水旱，不能全收其利，是以西陵氏教民养蚕以补农政之不足。周之祚延八百数十载，而《豳风》一篇，谆谆于“爰求柔桑”“以伐远扬”，载绩献功；与农政并重者，所以导民以养之之政，而可以为教化之本也。《孟子》言王道曰：“五亩之宅，树墙下以桑”，殷殷为时君言之至再至三。诚以为欲重民生不能舍本务而但图末艺也。况浙江之湖州、湖北之武昌、直隶之保定，皆已举行，收有成效。海内至广，高原宜山蚕，下湿宜泽蚕。北方养蚕晚，南方养蚕早，无不可以充衣食资赋税，安忍举此南北东西数万里之膏腴沃土而废弃之？不难而畏难，苟安而不振，以误生灵而不求富积。然则经国用筹兵饷之大者，全在乎此，其效与农等，而无蠲租济赈之害；其利大于盐而无盐枭偷漏之害，何所畏而不为者？理合附片沥陈，仰恳上谕饬令各省督抚，一体饬令府厅州县地方，将蚕政事理一一率行，遵者保荐，违者参劾，不得姑宽。亦不得听其揑辞搪塞，庶纵古自然之利可以兴矣。谨恭摺附陈，伏乞圣鉴，谨奏。光绪二十三年十二月初八日。

奏疏 头品顶戴直隶总督**奴才**裕禄跪奏为举办蚕政逐渐扩充以广利源恭折仰祈圣鉴事。窃查前准户部咨光绪二十三年十二月初八日奉上谕，徐树铭奏请饬各省举行蚕政等语。蚕政与农工并重，浙江、湖北、直隶等省均已办有成效。各省宜蚕之地尚多，即著各督抚饬令地方官认真筹办，以广利源，钦此。当经前督臣王文韶札饬省城蚕桑局，移行各属，一体遵办，嗣奉本年七月初四日上谕。桑麻丝茶等项均为民间大利所在，全在官为董劝。庶几各治其业，成效可观。著各直省督抚督饬地方官，各就土物所宜，悉心劝办，以浚利源等因，钦此。又于七月二十六日奉上谕刑部奏代递主事萧文昭条陈一折。中国出口货以丝茶为大宗，自通商以来，洋货进口日多，漏卮巨万，恃此二项，尚堪抵制。乃近年出口之数锐减，若非极为整顿，恐愈趋愈下，益无以保此利权。萧文昭所请设立茶务学堂及蚕桑公院，不为无见。著已开通商口岸及出产丝茶省分，各督抚迅速筹议开办，以阜民生，而固利源等因，钦此。复经前督臣荣禄先后檄饬遵照，兹据蚕桑局将历年办理蚕桑情形禀覆前来。**奴才**伏查直隶蚕桑局自光绪十八年候补道卫杰因直隶地脉深厚，外燥内润，蔬果之属咸胜东南，何独不宜于桑？特患经理不得其法，未睹其利，先耗其资，坐视民间自然之利无由而成，深为可惜。该道籍隶四川，于树桑、育蚕之法娴习已久，拟择保定傍水之地，购觅园场，试种桑株。由川招募熟手，并令土著随同学习，日后转相传导，易于见功。惟小民可与乐成，难于谋始，必须官为倡导，迨有成效可睹，自视为身家性命之图。不待官为课督等情，禀经前督臣李鸿章批饬设局试办，令其切实讲求，因地制宜，冀收得尺得寸之效，为北方辟此利源。该道旋在省城西关购地一区，种植桑秧，勤加陪护，桑株成活，蚕业继兴。并饬各州县劝谕绅民，承领桑株，广为栽种；一面分颁蚕子，刊发《蚕桑图说》，教以树桑饲蚕缫丝之法。民间知有利益，踊跃奉行。所出茧丝，逐年增多，由局收买，运沪出售，以畅销路。并由四川江浙雇来工匠，教授纺织之法，学徒领悟，如贡缎、巴缎、江缎、大缎、浣花锦、金银罗绢带等项，均能仿造。上年该局因成效渐著，禀经王文韶加派藩臬两司筹办，以期推行尽利。查直隶原有蚕桑之处，向仅深易二州，完县、元氏、邢台三县，现在清苑、满城、安肃、束鹿、高阳、安州、定兴、望都、定州、深泽、曲阳、冀州、衡水、安平、广昌、滦州、昌黎、抚宁、丰润等州县，在在皆有，加以新领桑株各处共五十余州县。兹据该局开报，自光绪十八年起，至二十三年止，前后发出桑二千一百四十一万五千株，据报成活八九成及六七成不等。本年新种成活桑苗二百五十万株，并园存五十八万四千三百五十株，共成三百一十万四千三百五十株。栽桑之法，以种葚为上，而蟠根压条移栽，亦可参用接桑之法，以根接为上，而皮接、叶接、靥接，各得其宜。计种成桑一株，不过值钱二文，该局所费无几，而民间获利滋多。窃思直隶既已设有专局，劝办通省蚕桑，即与公院无异，自可毋庸更张。省南宜蚕之处尚多，应饬该局督同各州县，因势利导，逐渐扩充，务使默化潜移，蔚成风俗。仰副朝廷衣被群生之至意，所有遵办缘由，理合恭折覆陈，伏乞皇太后、皇上圣鉴训示。谨奏。光绪二十四年九月初六日奉。硃批，知道了，钦此。

卷二桑政·叙 伊耆氏之始为蜡也，祝辞曰："土反其宅，水归其壑，昆虫毋作，草木归其宅"，农政也，而桑政备焉。《禹贡》九州各篚所织，而丝之织者六，所云桑土既蚕者，九州之土各宜桑宜蚕，故以既蚕告成功也。神禹治水兼治土，既列田赋，复著明桑土，明桑与农皆要政也。土质各殊，既详辨之，兼著其色，如赤埴、黑坟、青黎之属，明九谷之种植攸殊。而土化之法亦因之，至《周礼》始详，著其所宜于《司徒》《草人》二官，后稷教民稼穑，职掌其事，世修其业，至于古公未尝废坠。《豳风》言农兼言桑，曰执懿筐，曰伐远扬，曰献功，曰朱黄，于桑之事尤备。明周之所以王，天下之所以归仁也。汉之循吏如黄霸、龚遂、召信臣、茨充、张堪、王景之属，皆以务农桑为政本。自是以来，贤臣哲吏莫不以是为切于民用之大者。元世祖诏司农司著《农桑辑要》一书，颁行海内，至于特置使者以纲领之而课其殿最，其用心可谓勤矣，乾隆三十八年武英殿印行以布教各行省。今浙江湖州家勤其业，世习其义，十数州县岁入二千万之利，比武昌、保定亦种植有效。浙桑移栽，浙匠导之也。而各省土之刚柔燥湿亦宜区别，以使之各得其利，天时之早晚寒燠尤为至要。前署清河道员卫杰，究心有年，著蚕桑一书，其第二卷论天时、地利、土化、桑种、培壅、接插之法尤详，予亟爱之，劝刊之以贻同人。所云土水、昆虫、草木应芟应去之法，即伊耆氏祝辞之意。古以岁十二月行之，告成功祈新祉，谆谆焉。有心者法古以宜民，振数千年之遗绪，开亿万人之乐利，循宪典而光治术，闾阎充实，海寓乂安，不其韪欤！光绪二十五年十一月经筵讲官国史馆副总裁管理户部三库事务工部尚书臣徐树铭谨叙。

卷十一叙 光绪二十有一年春，余奉署理直隶总制之命。甫视事，而蚕桑局卫道以所撰《蚕桑图说》寄呈问序，余维蚕桑之利衣被群生，自国朝康熙三十五年《御制耕织图》，民赖其利，富庶日增。惟北方地寒多
鱇，蚕利未兴。今合肥李傅相于保定创开蚕桑一局，痌念民瘼，筹生计也。检阅卫道所著《蚕桑》一编，自桑政辨时、治地，蚕政祈神、育子，以迄缫丝制车、攀花成锦，次第节目，纤细该备，编户齐民，都可诵解。以视昔人蚕桑各书于直省时令、土宜、民情更为切近，非稔知允蹈，乌能简当若是乎？夫胡棉之利兴，其种植纺织功省事便，民赖其用，而蚕桑之产日就耗减。惟江浙川蜀俗尚茧丝，故纂组文繡之奇，赢甲诸行省。说者谓天时地利，南北异宜，风气所关，靡克补挽。然考诸往代王后亲蚕，缫三盆手，分田画井，五亩树桑，曷尝有畛域之分、人事之别哉！是在为上者教之以法，授之以具，敦劝而勉行之耳！昔方恪敏公督直时绘《棉花图》，以励本业，至今流播，传为美谈。今李傅相兴办蚕桑，而衙卫道实理其事，撰此图说，行将家喻户晓，积渐推广。因民所利而利之，于以仰副朝廷衣被天下之意，岂不懿欤？余权篆斯土，民隐勤求，凡吏治民生之切要者，虽值军书傍午，靡不尽心筹策，纤细不遗。暇阅此蚕桑一编，司事者其克勤厥职也。因公余而为之序云。光绪二十一年乙未冬十月直隶总督仁和王文韶撰。

卷十二叙 国朝畿辅总制，历年最久，善政最多者，首推桐城方恪敏公，绘《棉花图》以惠闾阎、厚民生也。余久忝督篆，念畿辅水旱偏灾，亟思补救。因办蚕桑一局，命司道综理其事。今春卫道以所述《蚕桑图说浅说》问序于余，戎机之暇，批阅是书，上册《种桑图说》有八，中册《养蚕图说》十有二，下册《缫丝纺织图说》有八，事有本末，语无枝叶，稚童老妪，犹

能解晓。以其心体力行，故言之历历如绘也。粤自同治九年移节畿辅，因地瘠民贫，即饬官斯土者兴蚕桑利。或政事纷繁，不遑兼顾，或视为不急，未肯深求。间有究心树艺，一经迁任，柔桑萌蘖多被践踏斧戕，及综核名实，咸以北地苦寒，不宜蚕桑对，每闻而疑之。《豳风》农桑并重，觱发栗烈，与此地等。且余往年躬履川北各郡，风土气候略同三辅，岁获蚕桑重利，是非北地不宜，实树艺有未讲也。迨光绪十八年春，以卫道籍隶蜀郡，深谙树艺，俾会同长白裕藩司设局提倡，由川拣子种、购蚕子、选工匠来直试办。于保定西关择沃壤为桑田，课晴雨以审天时，辨旱涝以广地利，勤培养以尽人力，切实讲求，冀必有成。十九年得桑百万有奇，二十年得桑四百万有奇，各属绅民领桑蚕者，遣教习导之，民间岁益丝茧以数十万斤计，而所增土产在十万金以上矣，此传所谓务材训农者。与局中工匠率聪慧子弟缫丝、纺络、织缎、制绸如式，并乡间开机试织；其大宗丝茧派员收买，出洋销售，以便民商畅行，此传所谓惠工通商者。与夫以目前种桑与恪敏种棉，其为我国家衣被群生者，犹是《豳风》图绘遗意。综计蚕桑一事，经营十余年，尚未就绪。自壬辰，迄乙未，阅时未久，种桑、养蚕、织纺三端渐有可观。司事者其各勉厥职，勿避嫌疑，痌念时艰，集众思，广忠益，开诚心，布公道，务期实惠及民，久久行之，藉补水旱偏灾之不逮，是则余之厚望也夫！光绪二十有一年夏四月直隶总督合肥李鸿章撰。

蚕桑速效编

曹倜，光绪二十七年辛丑（1901年），江苏江阴曹氏山东刊本，山东省城府门前秀文斋存板。

[编者按：内容有劝谕种桑章程、禁止窃桑章程、种桑说、养蚕说、劝兴蚕桑说附。]

山左风俗，务农之家收获之余，毫无生计。无论水旱风灾，举家失望。即年歌大有，工本以外，所剩无多。窃思民情困苦，生计维艰，欲有以振兴之，则功效最速者，莫如蚕桑。己亥岁，倜以丁艰旋里，见种桑育蚕之家获利甚钜，每年一邑所出之茧，售银已逾百万。询其由，则吴茂才孔彰之力也。孔彰为江邑善士，因见乡人性多守旧，风气未开，于是手自种桑，分秧邻里，并聘蚕妇，招缫师，讲求育蚕作茧之法，手口经营，孜孜不倦。撰蚕桑诸说，实力劝导，俾得家喻户晓，合邑仿行。不十年，而乡无废田，里多富室，洵救荒之善策，治贫之良方也。今者时局艰难，亟图补救，民为邦本，培养宜先。况自通商以后，丝价桑叶之昂尤为历来所未有，即谓素非所习，骤难缫丝，何如先试种桑，以期致富。夫致富之原待人而辟，种桑获利在二三年后，穷簷计入为出，且乏资本，遂使致富之术，因循坐废，良可惜也。倜因推广吴君所著论说，考证东省土性之宜，并附列潍县陈绅所著《劝兴蚕桑说》汇为一编，名曰：《蚕桑速效编》，以公同志。倘能广为劝导，实力推行，俾东省务农之家益以蚕桑之利。行见地无旷土，野鲜游民，因利而利，其利乃大而且久。将来商舶毕至，铁轨通行，丝业之盛，可跂而待。然则农学之要图，即商务之嚆矢，凡为民牧者，岂无意乎？辛丑三月江阴曹倜谨识。

《劝兴蚕桑说》附　衣食为生民之本，农桑皆大利之源，知耕而不知织，使地有余力，人无余利一家老幼裋褐不完，徒袖手而叹生财之无术，岂不可惜？《禹贡》兖州载："桑土既蚕"，《史记》曰："齐鲁千亩桑"，维桑与蚕，东省土地之宜也。考蚕有八种，绩不一时。一曰：蚖珍，三月绩。二曰：柘蚕，四月初绩。三曰：蚖蚕，四月绩。四曰：爱珍，五月绩。五曰：爱蚕，六月绩。六曰：寒珍，七月末绩，七月四出蚕，九月初绩。八曰：寒蚕，十月绩。各处饲者春蚕居多，其性喜静，喜暖，恶风，忌湿。初生日喂三次，多则伤食病死。触污秽则蚕瘟。饲养如法，不过三十余日即可成茧，获利最速，尤最厚。余尝行役至苏州南偏，见其务蚕之日，男女萃力，昼夜无间。其茧既成，舳舻满载，街市如山积，闽番海岛，载银而至，堆如瓦砾。方千里之地，每岁有数十百万之益，是以其田赋虽重，苏州一府上地每亩征粮三斗七升，加私耗节罗等费，计石米加费四倍，一亩之租不能办一亩之税。其室家恒丰，则蚕为之也。顾欲养蚕必先种桑，种桑之法，春分前后各十日，将桑枝长而旺者，横压土中，上掩肥土约二寸许，半月萌芽，半年即高四五尺。经雨后，剪开移栽，锄粪以时，叶肥而茂，年年锄，年年喂。三年即可饲蚕。夫至可以饲蚕，则利兴矣。然而，凡民难与图始，开创赖有先资，诚使文人学士力为劝导，殷实之家首先倡种，俾人亲见其利之大，人人谋利，即家家种桑，家家得利。即村村种桑计，潍邑四境千零八十六村，四十三万五千户，户种二十桑，可饲蚕五箔。按箔长丈二尺，宽五尺，蚕初生重一钱，长大可满一箔，每箔得丝一斤，通计得丝二百十七万五千斤，每斤京钱六千，可得京钱千三百零五万千，其有户无土者，减去十分之三，尚得不下千万千。苟同心共力，亦如苏州之务蚕，则岁之所入，何多让焉？且树多妨稼，桑不妨稼，陇头道傍，屋角园边，一隙之地，皆能生殖。况耕有水旱之虞，而桑无虞；田有什一之征，而桑无征。实可酿酒，柴可为薪，皮可为纸，霜叶又可以治疾、喂羊。夫使地无不毛之土，人享非常之利，未有便于此者也。耕而不织，伊胡为者或曰：种棉纺织与蚕桑等。不知棉性虽宜硗确，究占地利，布之价又贱于帛，如谓棉之用广，则种棉而兼种桑，其利不更溥耶！方今烟台海口，番舶云集，收买丝绵，价值日增，时哉弗可失，今日之谓矣。同治癸亥，赋闲家居，窃见农家者流终岁勤动，而生财之道阙如也。因采辑前言，连缀成篇，以为吾邑劝。如各府县有争先行之者，则又幸甚。古北海郡闻昉陈子敏著。

蚕桑答问

朱祖荣，光绪二十七年（1901年）刻本，中国农业遗产研究室藏。

[编者按：此书有两个版本，南京农业大学藏光绪二十七年刻本，有书前序，书中有朱祖荣序，有吴县蒋斧重编的续编部分。华南农业大学藏另一版本，开篇提要，书末附勘误表。]

序 天之生蚕犹地之生谷，然蚕非育养不出，谷非播种不生。是在人能尽力，而万物皆资生之助，况其利之大焉者也。吴越蚕桑之利甲天下，四川、河南次之。近年湖北、江西亦多种桑育蚕者竞相仿效。谁曰不宜于此？益见风气因人而开，固不必囿于一孔之见，而坐失天生之利不为也。广德界接苏湖，取法较易。且地势高燥，山多水少，于种桑育蚕为尤宜。其所以不事蚕桑者，皆由民情难于图始。且以利在日后，费在目前。宁餍其生，不思兴创。殊不知事在人为，何求不得。而蚩蚩者，蹈常袭故，甘守困穷，良可嘅也。兹取如皋朱君祖荣所辑《蚕桑答问》一书，翻刻成帙，分给乡民，俾知种桑、育蚕、缫丝各法。并捐廉采办桑秧，发给四乡，分领承种。是书抉择精微，允称赅备。苟能循序而进，何患无成。将见十年以后，乡皆桑柘之邨，户擅丝绵之利，岂不家给人足，笑语声含乐岁也哉！《语》云："求则得之"。《传》曰："率是道也，其何不济。"三复斯言，实与吾民有厚望焉！是为序。光绪二十七年岁次辛丑春正月权知广德州事诸暨陈谔撰。

序　蚕桑为农之一端，古称淮南王《蚕经》，秦湛《蚕书》，世罕传本。元明以来，司农司《农桑辑要》、徐文定《农政全书》所论育蚕、栽桑诸法，允称赅备。然罗列众说，徒令阅者目眩。士大夫之讲此者，百不得一。而耕夫织妇又不足以语此，求其理精法简，从事易而成效可睹者，则有澄江吴氏烜《蚕桑捷法》一书。爰取为蓝本，略为删节，以归简明，间参他说，以补罅漏，演为答问二卷。更念今日之蚕多患瘟病，皆由于察种之不得其法，别为《亚欧选验蚕种法》一卷附焉。盖中国之蚕，宜仍沿旧法饲养。惟选验蚕种，当参新法也。言期可用，不尚奇华，钞胥之诮，割裂之咎，所不辞焉。如皋朱祖荣识。

蚕桑答问

朱祖荣，华南农业大学藏。

[**编者按：仅有一篇提要，无序，铅印本，上下两卷。**]

提要　《蚕桑答问》二卷，续编一卷，如皋朱祖荣辑书，用澄江吴氏烜《蚕桑捷法》本，删节附益之，演为问答，以便学者。上卷论桑，下卷论蚕，续编则收蚕种法也。朱氏谓中国之蚕当用旧法饲养，惟选验蚕种当参新法。持论虽稍拘执，然西人尝有农务家试验之，理与格致家之考求而得者无异。则饲蚕旧法固亦未可尽弃也。

饲蚕浅说

不著撰者，福州试办蚕桑公学刊行，光绪二十七年（1901 年），浙江大学藏。

［**编者按：内容有选种、藏种、薰磺等二十七条。**］

《饲蚕浅说》序目　中国讲求蚕学，由来已久，古今蚕书，流行于世者，颇复不少。近年上海农学会、杭州蚕学馆，新译东西洋蚕书不下数十种，尤为精博切用，惟卷帙繁多，非寻常蚕户所能尽致。本公学近得《饲蚕浅说》一册，是书不著作者名氏，所论饲法，采取各蚕书，颇得要领，简明浅备，较便初学，特用付刊，以饷同志。福州试办蚕桑公学志。

蚕虽小道，非通格致之理、明生物之性，又加实验之功，不足以言蚕学也。余素不习蚕事，近乃稍读江浙及东西洋蚕书，又与习蚕之人，往返谈论，见闻所及，辄笔而记之。删繁就简，辑为浅说二十一条，附以六表，略言实际，于蚕性、蚕体、蚕理，均未之及，录而存之，以为妇孺初习蚕者之助。究竟抄胥之说、耳食之谭，万万不足以言蚕学也。

农桑简要新编

范村农，刻本，山东省图书馆藏。

［**编者按：吕祖芬题笺，有肥城县印，光绪二十七年（1901 年）署长山县徐印送。内容有农政目录、蚕政目录、桑政目录。南京大学图书馆亦藏有一册。**］

昔范大夫去越之陶，操计然术，旁及树艺畜牧，累产千金，智矣。然逐末无凭，犹不如农桑本业之确有把握也。直刺史范君慕韩，才敏人也，汉籍名家，寄寓岱麓，勤考树蓄诸事，不数年而利毕兴。爰著农政各条，道其自利利人之术，智者行所无事，其犹陶朱氏之遗风乎！郡尊石子元太守，又益以蚕桑要语，刊秩颁行，是皆殷殷导人以务本者。长邑水绕山趋，犹岱峰之支麓，邦人士正可仿而行之。慨自末俗相沿，富有力者，或盘剥以自封；贫无藉者，或惰游以作过。苟玩是编，则山巅水涯，墙隅园角，莫非生计所在，尚何营营役役，以蹈彼愆尤哉！用特照刊传示各约，更望各庄读书明理之人传述解喻，俾斯民悉植其生，由康乐而和亲，所系非细矣。夫以范君辈少长宦游，犹且剖晰精微凿凿，如是尔乡民力田有素，宜自努力，当更何如耶！爰志数语，以代谆谆。光绪二十七年九月，运同衔候补知州署长山县事徐致愉谨识。

《农桑简要新编》原起　古先王物土之宜而溥其利，是利之出于地也，殆无尽藏。《礼记》云：地不爱宝。《大学》云：有土此有财。诚以地为财之府。舍地言利，奚啻缘木求鱼。今者时局丕变，全球徹藩篱通堂奥，航海通商，罔非为利。得利者，日臻富强。盖强国之道，必先致富。古今中外，无异理也。嗟我中国，民繁土沃，甲乎地球，乃贫弱至兹。苟不于固有求之，抑亦左矣。自昔圣祖、世宗皆以农桑为邦本，刊图诠解，导诱谆谆。迩来直隶一省，奉敕设局种桑，自光绪十八年至二十三年六岁之中，成活二千一百余万株，责州县承领推广试种，成效昭然。旋有长沙徐大司空**树铭**奏进《蚕桑萃编》一书，奉旨颁行。朝廷注意农桑，至殷且急，今我袁大中丞仰秉宸谟，俯瞻群姓，日孜孜以兴利为念，乃刊印是编，分颁到郡。**祖芬**窃虑愚氓难与图始，爰集二三同志，讲求良法，期在推行。适有天外村农退隐田间，不忘匡济，头年创办农学，于选种、审时、辨土、耩子诸法，确有心得，屡试辄验，收成每数倍于人。既著明效，尤愿以余力考究蚕桑，为郡民倡。**祖芬**钦其志，且乐助其成。第苦《萃编》部目繁重，浅学未易终篇，小民难于索解，因择其精要简便者三十余条，附以村农历年考验农学精言，都成一册，亟付诸梓，名曰：《农桑简要新编》。敢云妄自增删，亦惟取浅显，则人人易晓，简便则处处可行。于以循宪典而广流传，是所厚望。如未其善，则俟博雅君子指示重刊，用匡不逮。是为序。光绪二十七年辛丑莫春署山东泰安府知府石祖芬谨序。

自序 窃维圣门论政，以足民食为本。《孟子》匡时以兴井地为先，自来图富图强，莫不重农重粟。后世人不尽耕，耕不尽利，地多旷地，民多游民。一遇凶荒，一经兵燹，朝廷虽颁急振，绅富虽倡义捐，而济一旦不能济百年，顾一身不能顾全局。与其急无良策，何如预筹长策，使家有余粮，地无遗利之愈乎？然则务农之宜，讲农学之当兴，固也。顾欲兴农学，宜参诸法。彼西人精东作，恒论方里之地，可养万余之人。语若近夸，事非无据。中国界近温带，土控亚洲，地尽膏腴，何物不产？人尽英品，何力不饶？苟考之以精心，行之以果志，以二十二省之地，养四百余兆之民，不待外求，何虞或竭。惟古法人人不讲，积习在在难除，农则徒拘旧制，此外无所取求；士则竞尚空谈，毕生未尝耕菑。农者不学，学者不农，既已判为两橛，甚且鄙为下流，何惟乎我弱人强，何惑乎我贫人富，若不及时考究，一任陋俗相沿，不独弃地愈多，生计愈寡；窃恐胥一世之精神，欲振而不能振；合本土之材，物可兴而终不兴；徒见欺辱之交乘，终无富强之一日，能不忧哉？能不耻哉？**村农**久来泰郡，每见农家狃于故常，安于狭隘。凡山间隙地，咎内流泉，非弃如石田，即视同潦水，既不辨其土性而有所栽培，更不导其源头而藉资挹注。置有用于无用，以成才为弃才。甚至粪田播陇之方，选种歇苗之法，不察诸地，悉听诸天。同一春种同一秋收，此获数十斤，彼获二三石，壤连阡陌，利判天渊，岂造物之与不与乎？亦人力之尽不尽耳！**村农**敢谓胜人，惟知返己，别无事业，勉作农功。时而山巅水脚，时而雨后风前，兼考前言，间参西法。一不足则补以身力，再不足则补以心思，勤心苦力，试办有年。幸能一田收数田之用，一人养众人之生，实效确有可征，推行或可尽利效。将本身之阅历，累岁之较勘，分以部居，附以论说，言虽粗鄙近俚，法皆平易近人。草创有年，校刊无力。今值石子元太守莅是邦，以有体有用之才，抱利物利人之志，慨捐清俸，代付手民。又嘱将《蚕桑萃编》一书采数十则，附刊其后，都为一编。诚以衣食同源，不能偏废，农桑并重，相辅而行。所愿一方同志，姑试其端，四境愚氓，溥收其利，渐推渐广，咸知农学为良图，利国利民，大转中华之气象，此则太守济世之深心，与鄙人编辑之微意也夫。光绪二十七年仲春，岱麓寄客范村农谨记。

养蚕要术

潘守廉，南阳县署刊发，光绪二十八年（1902年）三月，陕西省图书馆藏。

[编者按：内容有论蚕性、收种、择茧、浴连、收干桑叶、制豆粉米粉、收牛粪等。]

刊发《养蚕要术》禀稿 敬禀者窃**卑职**前以十年之计莫如树木，捐廉刊刻《种树章程》及《栽桑问答》，分布绅民，谕令试办，又因树株不敷栽植，续刻《劝种榆桑各法》，以期实力推行，均经先后禀明宪鉴在案。夫为民兴利，固以隙地种树为先，而种树之利尤以亟讲种桑为要。今**卑职**既刊发《栽桑问答》，又谕令有地之家按户种桑，三五年后，则十亩之间不患无桑者闲闲矣。第树桑既多则养蚕宜讲，**卑**县南关向出南阳緞、八丝绸及湖绉纱罗等料，销路颇远。而所用家丝多来自外方，民间养蚕仅妇女一筐半席，并无如江浙等省专习其业者，亦风气未开，蚕法之不讲也。**卑职**因披阅《农桑辑要》《齐民要术》等书，慎择蚕事之浅近便民者三十五条，特付手民颜曰：《养蚕要术》。其间论性情之喜忌，气候之寒暄，自浴连初饲，以至抬眠上簇，分门别类，委曲周详，果能依法讲求，自可广收蚕利。近考西人养蚕之法，先以显微镜辨蚕子之有病无病，其论中国蚕子初到时每重八两，收丝三十五斤，嗣后拣择精良，每重八两，收丝七十五斤，极多或收至百斤，是蚕种优劣收数则相去数倍。而中法蚕子一钱养成一箔，若桑足簇早得丝二十五两，较西国所收，则有盈无绌，但西人精进之功未可限量，中土无人讲求，以致自然美利不能月盛日增，殊可惜耳！**卑职**特将中国养蚕成法择要刊刻，广为分布，使绅董殷勤劝导，以开风气，未始非为民兴利之一助也。惟宪聪屡渎，咎戾实多，蒭荛之陈，未能自己所有。**卑职**辑录《养蚕要术》，并捐廉刊发，缘由是否有当，理合禀呈鉴核，不胜惶悚之至。

跋 以上养蚕各法散见于《齐民要术》《务本新书》《韩氏直说》《士民必用》，及《蚕经》等书。元司农司撰《农桑辑要荟萃》众说裒集成编，并加注释，而蚕法大备。惟书非专门，卷帙繁富，无力之家购买为难。今择蚕事之浅近便民者，共得三十五条，录付手民，颜曰：《养蚕要术》，则简便易行，未始非为民兴利之一助也。知南阳县事济宁潘守廉识。光绪二十八年三月，县署刊发。

蚕桑摘要

赵渊，光绪壬寅（1902年）春月刊于德阳县署，华南农业大学藏。

[**编者按：卫杰《蚕桑萃编》摘取。上卷论桑政、中卷论蚕政、下卷论缫政。**]

敘 中国自海禁大开，外洋日出奇技淫巧，炫夺我金钱，而中国所恃以抵塞卮漏者，以丝为大宗。近则西人于蚕桑之利，讲求日精，而中国反大逊于前。夫我自有之利，而他人夺之，尚因循苟且，坐听颓废，遑言他务哉！德邑泉甘土肥，其性宜桑，而民间养蚕者寥寥，所出之茧，亦甚劣薄，询其种植饲养之法，皆瞢然不省。以宜蚕之邦，而不克广蚕之利，甚为吾民惜之。乃购桑秧五千株，遍植公地，以为民倡。复就大吏所颁《蚕桑萃编》节其要者，区为三卷，名曰：《蚕桑摘要》，敘而刊之，以布民间。俾人人习知其法，因土之宜，尽地之利，于吾民生计，庶其少有裨益乎？嘻！一令之微，弹丸之壤，于大局何补？亦聊尽吾守土之责云尔。光绪廿八年岁在壬寅上巳后一日书于德阳署东之退园。河曲赵渊。

后序 右《蚕桑摘要》凡三卷，上卷言桑政，中卷言蚕政，下卷言缫政。我邑侯澧荃夫子授以付梓，而属绍恩任校雠之役。事既蒇，乃再拜言曰：吾蜀古号蚕丛，又名锦城。即以吾绵而论，《旧唐书》载："绵州土贡，红蓝蜀锦。"《新唐书》：绵州贡红绫。《太平寰宇记》：绵州贡纹绫，产交梭纱，产绵绸，又产轻容双紃。《游蜀记》：左绵郡，有水所染绯红，濯后益鲜。德阳属绵首邑，意谓是邦土宜，必将愈出愈上，乃业蚕桑者甚尠，工亦窳陋不精，岂良法尽失其传欤，亦无人为之提倡耳！夫子以庚寅会魁签掣来蜀，辛卯充乡试同考官，皆得士。绍恩为对房门生，丁酉摄安岳篆，循声遐听。庚子六月来涖兹邑，甫下车，即灭分粮之浮费，许纳者自投耗羡，一无所取，处脂膏而不自润，民甚德之。培植学校，每月加经史时务课一次。公明算术，常揭算题以课士，指画不勸，业算者夥。爰设算学馆，延一人为之师。捐廉倡募，购经史子集五万余卷，建宏道阁，庋书其中，恣人阅看，以增学识，而培士林。一如其治安岳，创设正蒙精舍，选子弟之颖秀者肄业其舍，捐应得之闲款，资其束脩膏火，不时至馆手授《小学》《近思录》诸书，口讲指画，此殆类程子儿童所读书，皆为正句读也。建自新所一区，犯者教以织布，学成而归，各有本业，相戒无敢再犯。竟日坐堂皇，不惮劳，疾忽作，咯血数升，事未讫弗退，非诚求保赤留心民瘼者曷克臻此。遇事担当有魄力，尝申文于藩署，傔辈舞法，屡驳夫子，直陈傔辈过失，并不惮投鼠之忌。正已率下，无敢以苞苴进者，以故令节生辰，门庭阒然。每询民间疾苦，又时出巡行乡社，民或具壶浆以进，夫子却之，惟饮茶一瓯而已，食物则自备也，士民相与叹曰：官自若，民自乐。因奉长生位，入祀于晋循吏许真君祠中。公署后小筑额曰："退园"。时人拟之为鲁宗道"退思岩"云。署内不设门丁，不暱书役，二堂设桌，分数格，每房送卷，自陈于上，一以刘簾舫为法，朞年而政简刑清，相安无事。购桑种，遍植公地，其叶沃若，人称为赵公桑。复刻是编，教之以法，冀开蚕利。是编本卫观察杰《蚕桑萃编》，而摘其要者。卫公系蜀人，如欲窥其全，则自有原书在。夫子之言曰：区区一邑，何补于国？虽然天下者一邑所积，夫子之大有造于德者，实可措而为天下之惠也。涖德甫二十一月，今又檄调摄理威远，虽还辕有日，而迁擢亦意计中事，始叹吾德人福命之薄也。绍恩苜蓿自甘，欣沾教育，聊缀数言于卷末，以志不朽，非阿好也。询诸绵郡士人可知矣。光绪壬寅花朝对房门生郭绍恩谨识。

蚕桑简要录

饶敦秩，光绪壬寅（1902年）仲冬刊于南溪馆舍，东湖饶氏古欢斋锓，中国农业遗产研究室藏。

［**编者按：首都图书馆亦藏有一刻本。书尾附禀两篇。**］

序　南邑濒大江，平原沃壤，緉塍绮错，土脈松燥，种桑尤宜。民俗狃于成见，禾麦而外，惟种蔗为大宗，桑利则素所未习。间有养蚕者，只知饲柘。余下车以来，咨访境内情形，比岁不登，民生凋敝，供亿频繁，输将竭蹶。虽夙称完善之区，而瘠苦情状，今昔异势。生利少而分利多，此有心者所以以蚕桑为补救之要图也。考桑土纪于《禹贡》，蚕月载在《豳风》，农桑并重，古有明征。后世土宜不讲，致多遗利。兹为吾民修桑政而图富饶，由城厢倡办，次及公业，暨推民产，从此家桑户蚕，蔚为风俗。则可以弥偏灾者在此，可以资赋税者在此，补救之策孰急于兹？特农民不谙种植，不知饲养，每惑乡俗气运之说，惧耗折而咸有戒心。今为破其陋习，祛其迷罔，导以良法，授以成书，旁搜博采。捃摭近今蚕桑诸说，如归安姚氏之《易知录》，澄江吴氏之《捷效》，钱塘黄氏之《简明辑说》，及蜀中卫氏之《萃编》等书，详加选择，分类汇录，语删枝叶，义取浅近，编户齐民都可诵解。而栽培之法、喂哺之程，无不备焉，编次卒业，因以《简要录》名之，并志缘起，辍于简端。光绪二十八年仲冬月既望权知县事东湖饶敦秩叙。

附南溪种桑请准立案并饬后任照章接办勿使废坠禀　窃以耕织递咏，见于风诗月令，亲蚕同于耕耤。农桑并重，古训昭然。考西蜀蚕丛开国，为当年固有之利。沃野千里，气候暄和，是无地不宜桑，无人不可蚕。近今食其利者，除成嘉顺保数郡外，其余各州县偶一有之，无视为恒业者。失此大利，殊为可惜。察南邑地方情形，比岁不登，民俗凋敝，捐税频增，输将竭蹶，兼以民情浮动，饥寒迫人。良懦者尚能作苦营生，狡黠者遂尔比匪苟活，欲施补救之良方，莫妙标本之兼治。近时迭奉严檄，饬整团保，所有清奸惩匪，即急则治标之意；若缓则治本而教，兴养又为要矣。日前禀请将义学改为蒙学行馆，遍教通省。请示在案。因念学以教之，必先富以养之。《管子》曰："衣食足，知荣辱"。欲厚民生，继农田而收地利者，更莫便于蚕桑。夫蚕桑事业无近功而有远利。培壅如法，无虞水旱之灾。有种必收，可资赋税之缺。今欲为邑民开利源，拟先由城厢种植办起，以次推及四乡。现已筹拨公款钱壹百贰十千文，札发邑绅经理，业已购栽桑秧叁千五百株于城根东西北三面沿濠一带，每株连栽种工，共钱叁拾伍文，将来获利归学堂、团保两项要公。平时招人培植看守，并推广于县属各公地，如学田宾兴等业，饬令首事各就业内查勘隙地，遍种桑秧。以为合邑之倡，渐次推及民间，凡有田业者均一律兴办。拟定章程，由田主先发桑本，无论公业私产，每种桑一株，由田主给工本钱伍拾文。量隙地宽窄，定种桑多少。先时将钱发给佃户，令正二月如数种植，如查出领钱而不种桑，责令照数加倍赔偿，仍责成补种。五年之后，桑已长成，再责令养蚕，养蚕之利全归佃户。试办有效，然后每桑一株，岁纳田主租钱伍拾文，桑责主种者，地系主地，防佃户之膜视也。桑责纳租者，利归佃得，防佃户之惰懒也。田主不啻多置一分产业，佃户不费本而获自然之利，互相劝勉，两获其益。至于野老村农，不谙种植，不识饲养，动谓养蚕关乎运气，每惧耗工折本，相戒而不肯为。今拟破其陋习，导以良规，采辑古今种桑养蚕简明要则，刊刻成书，名曰：《蚕桑简要录》。语无支蔓，浅近易晓，颁给四乡，按法种饲，但加人工之勤，并无运气之说，自然可以由渐推行。大凡小民可与乐成，难于谋始，果地方有司开诚布公，教之以法，授之以具，不惮烦劳，期在必行，自能成功。迨有成效之后，民间必视为身家性命之图，不待驱迫而咸知踊跃遵行矣。此举可以救贫，可以致富，开亿万姓无穷之乐利，岂非当今民穷财竭之急务哉！惟目前交卸在即，所有导民种桑养蚕缘由，理合抄呈《蚕桑简要录》，禀请察核，批准立案，以便移交后任照案接办，而免荒废，实为公便。

请于省城创设蚕桑总局四道分设桑秧局振兴蚕业广辟利源禀　川省幅员辽阔，甲于天下，其民富而愚，其地溢而饶，论者称为天府。然而今昔情形盛衰异势，生寡食众，外强中干；兼以近年偏灾叠见，输纳频仍，生利有限，分利无穷。为政者是不得不度时审势，筹补救而谋富饶之方。查川民多以农田为务，稼穑而外，可以收地利而补不足者，为盐、药、糖三者为大宗。然合计通省，既不能处处产盐，又不能处处产药与糖，矧擅其利者半出客民，若土民则百工技艺及肩挑背负小本营生者为多，且生齿之蕃冠诸行省，民数实在六千万以外，无业游民则在乡满乡，在县满县，以有限之利源，养无穷之闲散，无怪乎生计日蹙，流而为匪也。为今之计，欲利民生、厚风俗，莫如振斯民自有之利益，收天地不尽之精华，使之家给户足，不为饥寒所迫，安分守法，不为匪类所愚，以求至简至便至捷至效之方，其在导民蚕桑乎？夫蚕桑之利日计不足，岁计有余。中外古今贤臣哲吏，莫不以是为切于民用之大者，如汉黄霸、龚遂、召信臣之属，皆以务农桑为政本，递后纲领置使，劝课颁书以及按亩计丁等法，莫不于蚕桑竞竞致意。近来东洋振兴农学，大辟桑利，三岛产丝，竟敌中国之半，今为一盛产蚕丝之邦。泰西奥法义等国，素不产丝之地，因讲求蚕学，丝业日渐隆盛。即吾华北直地寒多𪊺，不宜蚕桑，经李文忠于保定创设蚕桑局，导民试办。两年之间，各属种桑至四百余万株，所产丝茧，即增土货十万金以上。五年以后，发出桑秧增至二千四五百万，所出茧丝亦逐年增多。此外浙之湖州，鄂之武昌，皆已举行，成效昭著，确有可凭。川省土脉饶沃，气候温和，是地利宜桑，天时宜蚕，徒以风气未开，致多遗利。曩者丁文诚治蜀，痛念时难，躬亲种桑，导民养蚕，冀培元气而固根本，老成为政，见远思深。再光绪二十三四两年屡奉明谕，饬各省举行蚕政及开办蚕桑公院等，因去岁前宪台奎亦尝以《蚕桑萃编》刊发各州县，饬令广为劝勉，流被所及，始肇端倪。无如有治法无治人，迄至今日仍无实效。殆小民可与乐成，难于谋始，地方官责膺民社，或因政事纷繁，不遑兼顾，或视为迂缓，未肯深求。即间有究心桑政，讲求树艺者，一经迁任，柔条萌蘖，多被畜践斧戕，以是十年树木之计，终至有名无实，殊为可惜。夫利居于下，所以导之者上也，上不示之以准则，下终不能以自谋，上不求之以实意，下将应之以虚文。近维大人励精图治，百政维新，整齐严肃，令无不行。如以卑职所见，为得请于省城，创设蚕桑总局，委员监督其事，于川东、川北、永宁、建昌各道分设桑秧局，治地拣子，蓄植桑秧。通饬各州县，各就境地查勘隙土宽窄，应种若干，于就近局中备价采办，如法栽种。并饬劝谕绅民承领，先由公田倡办，次及民业，以次推广。官为督导，绅为董率，务使各州县公私隙土遍种桑秧而后已。一面由局兼售蚕子，在江浙蚕桑学堂采办无病佳种，散给各属，教以饲养之法。仍由总局编辑成书，或就卑职所辑《简要录》刊发民间，使之按法奉行。地方有司无论实缺、署事、开办、接办，总期实力奉行，不准捏词搪塞。察其率行有效者，酌予记功，否则记过，以示鼓励而照激劝。如此办法，则官有专责，不致畏难苟安；民得提倡，不致因循不振。因利相导，推而渐开，默化潜移，蔚成风气，将见地无虚土，人无废业。开智慧而浚利源，充衣食而资赋税，未始非为民筹生计救困扶穷之一端也。一得之见，是否可采，仰候钧衡。总督部堂岑批。该令为地方振兴蚕桑之利，是能关心教养者，自应移交后任，立案踵行，勿使废坠。另禀请通饬各属兴办蚕桑之处，应由司核明，业经兴办地方毋庸饬知，未经兴办地方，饬令酌量试行。至省城设局之处，应从缓议，缴《蚕桑简要录》存。

饲蚕新法

郑恺，孔昭绂题签，光绪壬寅（1902年）春日，华南农业大学藏。

[编者按：有饲蚕新法凡例、总目中饲育、保茧、制种、缫丝等。日本前岛先生鉴定，杭州郑恺著。]

序　蚕桑为中国固有之利。盖曰：天时地利之宜，有非他国所能及。惜在上者既不加提倡；在下者复不知讲求。狃于故常，不知变计，坐视蚕病日益甚，蚕业日益衰。而出口之丝，遂有江河日下之势，利权旁落，反让他国以居先，噫亦可慨！已考蚕之病要以椒粒瘟为最烈，软瘟次之。当道咸时，法国蚕种几绝，其受病与中国同。自巴斯陡框制之法行而蚕业复振。意与日本从而仿之，卒收捷效。比年以来，中国风气渐开，各省蚕桑公院接踵而起。然乡曲之氓，犹未能家喻而户晓也。郑君枚卿向肄业于蚕学馆，业成而归。有鉴于此，爰将馆课删繁摘要，辑成《饲蚕新法》一书，将付剞劂，属为一言。余窃念蚕桑虽农学之一科，然力省而举易，效速而利溥，开财之源，实无逾此。郑君是书，苟能家置一编，仿行西法。精饲育，调寒煖，察燥湿。从此精益求精，蚕业之兴，其即富国之基欤！光绪壬寅年中和节愚弟孔昭绂识，仁和何春彬文卿甫书。

序 郑君梅卿，吾杭蚕学馆之高材生也。夙攻西学，颇有心得。而于蚕学，尤为专精。前春余过访谭及育蚕之事有何妙术。君以手订《饲蚕新法》数帙见示，余朗读一过，始则茫然，继而细审其义，若有稍释焉。斯时正值养蚕之候，余偶检数种，嘱家人仿西法试验之，家人若有难色。余复强之，始乃黾勉从事，果无一失。俟成茧后，获利较倍。由是家人及远近咸信之。以为中国养蚕之法未有若斯之奇术也。噫！余观是书，直与陶朱致富之术实相吻合，是不可不传，吾愿世之业蚕者共宝之。于是乎书。光绪二十有八年孟春之月泉唐戚祖光谨序。

自序 蚕之获利大矣哉！上而富国，下而利民，莫不基于斯焉。我中国首重农桑，而蚕桑之业，惟浙省杭嘉湖三郡为尤盛。忆自咸同通商以来，华丝出口向擅独利，不啻亿万银之多。阅数十年，相传日久，积弊日深。呜呼！凌夷今日，出口之丝仅得五千万元有奇。抚今思昔，抑何相去之悬殊耶！不知希腊人窃我蚕种，购我桑秧，惟自讲求。立学院，招生徒，养蚕之法已广行夫欧洲矣。况法人巴斯陡又创行显微镜，考验蚕种法。其蚕种愈良，饲法愈精，获利愈倍。我中国民间仍沿旧法，不知讲求，蚕病百出，甚至养而不获利者有之，半途毙死者有之，将成茧而尽弃之者亦有之。噫！蚕业衰则民愈困、国愈贫矣。前杭太守林公迪臣深忧于此，是以特创蚕学馆于西湖。延请日本蚕学士轰木前岛诸君为教习，讲求蚕学新法。士子远方来学者颇众。恺肄业有年，略窥秘旨。得其饲育考种诸法，不敢自私，辑其要术，编成数帙，以示手民。其中详细虽未悉载，而饲育之法已具大略。诚能仿而行之，家喻户晓，庶几风气渐开，蚕业复振。将来富国利民，必基于此。岂曰小补之哉？光绪辛丑年仲冬月杭州郑恺撰于蚕学馆之西斋。

蚕桑浅说

龙璋，光绪二十八年壬寅（1902年）孟春印于泰兴官廨，石印本，南京图书馆藏。

[编者按：知泰兴县事攸县龙璋述。本篇告示口语化，通俗易懂。安徽省图书馆亦有两册。目次有辨土宜、辨桑种等。]

告示·知泰兴县事攸县龙璋述　为劝种蚕桑以广生业事。照得人生最重衣食，富国莫如农桑。泰邑地势偏僻，土货太少，没得大买卖，单靠贩卖粮食以图生活，遇着水旱偏灾，便已穷困无聊。本县念及此事，不禁恻然。试想天地生人，不论男女，都有应尽的职业，可以自食其力。衣食的根源自古农桑并重，男子种地，女人养蚕，就是各尽各的职业。浙江蚕桑的利益最大，一家八口，妇女费一月的力饲蚕十余筐，缫丝卖钱，可抵农夫百亩的收成，仅此，一家温饱有余，何等快乐？泰兴地土松肥，于种桑最为相宜。查前县曾经买过湖桑发给乡下百姓栽种，然而现在桑园不多，一则由于领桑的时候不曾花费分文，所以不甚爱惜；一则由于培植不得法，所以渐渐坏了。又有一种人并不种桑，单靠偷叶养蚕，种桑的人家嫌它生事，并且平时费力栽培，到了有桑叶的时候，别人却占便宜，所以灰心，懒得经营。种种情形，可恨，可惜！本县深知此等利弊，想替百姓生一无穷的利益。今年春间曾经特设劝办蚕桑公所，出有保护蚕桑的告示，存在局内董事身边，听百姓领回发贴，不经书差的手，原想叫百姓知道本县以蚕桑为重，可以借此一开风气。现在又经捐廉，派人前去湖州采买，已经接过桑秧二十万株，来县发给各处栽种，大约十一月半可到，到后就在城内地藏庵劝办蚕桑公所，减价发卖。本县另著有《蚕桑浅说》，教尔等种桑养蚕的法子，不论妇人女子念给一听，都能解说这书，等领桑的时候一并发给。将来栽种已成，再由本县采买四眠蚕种发给各家，除另行出示晓谕外，为此示，仰合邑绅民人等知悉。尔等要晓得蚕桑的利，较种田加多十倍，为时不久，费力不多，不怕水旱，不加赋税，三年种桑，以后随时培补，一世采叶。大约一亩可种四五十株，养蚕缫丝平年可得八九斤，价值四十多元，好年成加倍。

地内栽桑，桑树旁边仍旧种豆、种菜、种棉花，并不废地。他若沟沿、堤里、墙头、屋角，随处可栽。今日多种一分桑，他年即多得一分利。凡我绅衿士庶，父老子弟，务必大家勤勉，切实讲究。此刻先行安排松肥土地，一面由甲长到蚕桑局报名，声明认领数目。要是恐怕到城为难，仅可由保甲局董事转报桑树，到后示价领种，亦可由保甲局转发。此刻不知采买价值，将来本县减价发卖，大的不过十几文，小的不过几文钱一株，务期人人领种，多多益善，子子孙孙，长享美利，家家户户，各极丰盈，不负本县勤勤恳恳一片苦心，是有厚望焉，切切特示。

蚕桑述要

李向庭辑，光绪癸卯（1903 年）冬月，刻本，仁龢王寿祺署检，北京大学图书馆藏。

[编者按：署名孤竹李向庭葵轩甫辑。内容有种子、插桑、渡桑、压桑、接桑、蚕房等。]

蚕桑之利，埒于南亩。浙西自古以蚕业名，野人女子知之而不能言，学士大夫欲言之而未尝习其事。古蚕书多隐晦不甚彰，《农政全书》《蚕桑萃编》各帙纸墨浩繁，究非乔野所能领会。沈仲复中丞《辑要》之刻，简而明矣。柰自大地交通，西人之格致实有足辅吾华所未及者，诸公未丁，斯会一二，良法或尚阙如，译本虽多，其文理既不免诘屈，所载之法又多与吾旧习小异，不中迎机而导之之用。李君葵轩有心人也，需次来浙，适膺蚕学馆差，旦夕研求，大有心得。慨蚕书未有善本，辑此一编，取人之长，补我所短。量田家财与力之所及，文词不求古雅，一以实利及人易知易从为主。余与共事甫数月，已深知梗概。会君书成索序，受而读之，既喜蚕书获一佳本，又益贤君之立心纯实，故能曲体人情如此也。君方将大展所学，以福天下，岂徒区区一端，利济斯民而已。要其平易切实之旨，读此编可以觇其概矣，书此为异时之印证云。时光绪二十九年九月武进刘毓森序。

西湖蚕学馆为侯官林公迪臣先生守杭郡时所创建，固欲采西法之长以补中法之短也。成效既已大著，嗣经耆绅樊介轩先生等商诸列宪加意整顿，迄今规模逾阔。壬寅岁，余承方伯崔公观察刘公委以馆中出纳一差，当蒙谕以留心蚕事，详细上闻，以便推扩，而辟利源。伏思法无论中西养蚕，既以图利，总以款不虚糜，利必能得为良法。入馆后与诸同事详加考究，养蚕时并默为体会。见新法养蚕，饲有定时，叶有定数，固妇孺之皆知，实体会之有得。照法饲养，虽不必有十分把握，而人力既尽，天时即稍缺欠，亦可借资补救，以视专卜天时以为丰歉者，其育蚕获利较可据也。爰录成编，以冀无负列宪振兴蚕利之至意，其间偶有参以管见者，仍恐人苦繁难，故于简便之中，更复力求简便，庶几易于仿效，不至因难见阻，此区区夙志也。词之工拙，在所不计。光绪癸卯孟秋孤竹李向庭书于蚕学馆公廨。

慨自甲午庚子而后赔款浩繁，上下交困，筹国计者智尽能索，而度支终忧不给。将谓取民者廉，故用有不足欤？何以库款既一空如洗，闾阎亦窘迫异常耶！深思其故，中国之财之窘非取财之术有未精，实生财之道有未尽也。考中国生财，地大物博，难更仆数，而举其大者，则农田而外，厥维边地之畜牧，内地之蚕桑，加意考求，精其一皆足致富。难者谓畜牧蚕桑相沿自古，今益之以开矿、筑路，仿设工艺各厂，而仍无济于贫。遽以为畜牧养蚕均可致富，恐托诸空言易，而征诸实事则难焉。第天不两粟，中外皆同，外洋生利既在人为，中国生财岂难力致？他不具论，如育蚕以新法饲养，较古法利可倍蓰。是嘉湖蚕丝向之生利二千万元者以新法，则生利可三千万元矣。桑叶人工均不加多而获利独多，若无蚕桑之地，更能推广仿行，获利之夥，当为巧历所不能算，此非无稽谰言也。以日本岛国舆图，仅中华两省地，自维新后致意蚕桑。近日出口丝价已百数十兆元，多于中国者二三倍，国之骤强，添兵购械，方驾欧洲，半赖乎此。统中国二十一行省，普能讲求蚕桑，富甲全球，亦意中事。赔款用款虽巨，何伤？或谓蚕利固厚，其如除嘉湖外，地不宜桑，何噫为此说者？是未即《孟子》论王政，及《禹贡》《豳风》而深考之。至创为地气自北而南之说，尤因见江浙蚕桑盛行，大江以北少植桑者，故为之附会耳！其实北省无桑，半因兵燹，观于辽统和七年禁伐桑，金大定五年申禁伐桑，可得其大凡，加以时未通商，仅江浙蚕丝已足敷中国之用。而木棉入中国，非帛亦可以煖，北地瘠苦，人尚俭朴，故蚕桑之事，不甚讲求，北不宜桑之说，实非确论。总之，湖桑即不能遍地栽植，而川桑鲁桑亦可饲蚕。原夫中土即不甚宜桑之地，其育蚕终较便于外洋，外洋尚能养蚕，中国反不能植桑，无是理也。即谓蚕喜温煖，北地寒凉，饲蚕非宜，然日本北海道寒凉甚于北方，何亦植桑遍野？窃以为中国蚕桑所以较优于外洋者，以养蚕最费人工，而中国则人工甚贱，此为独擅胜场。仅以天时、地利论，外洋之不宜蚕桑亦难限定，以外洋既不宜茶，而茶安知不又不宜桑而桑乎？虽蚕利普而不厚，故无育蚕之商号。然天下大利在农桑，古人早有定论，以为国生利贵普不贵专，贵公不贵私，所谓生之者众，则财恒足者此也。试征诸美国开辟之初，矿产亦多英人股本，只以其国于畜牧耕田锐意求新，因之牛乳畅销于五洲，面粉分售于中国，获利大夥。近竟富埒英法，其国虽亦讲工艺，不过用以辅农牧之不足，使野无旷土，国无游民而已，而生利之厚，则仍以农牧为本源也。盖有土此有财，原千古不易之定理，今之生财所以较易于古者，以从前畜牧食肉寝皮，此外无可牟之利，今则骨角绒毛均可获利，而牛乳利更不赀。昔时养蚕，鲜茧出售获利最微，今则继长增高，几与售丝相等，况农田尚有机器，可代人工，外洋或较胜于中国，畜牧养蚕则专恃人工，机器无可效力之处，他样局厂需本甚巨。畜牧养蚕则有土有人，取之不尽，计蒙古、新疆、西藏各地导民畜牧，不惟致富，并可实边，此固利之大者。至内地蚕桑尤为一钱不费，只要田畔植桑，三五年后，便可获利无穷。至桑不多占农田，蚕不甚夺农时，编中已经述及，以中国疆土之广，人民之众，是天留此畜牧养蚕二大利薮，以为中国易贫为富，易弱为强之一大转机。果其提倡，有人不必开矿筑路、工艺设厂已可以富，既开矿筑路、工艺设厂而益可以富，已世之患贫者扼腕咨嗟，终苦点金之无术，不知美以畜牧富，日以蚕桑富，中国则牧地多于日，桑田优于美，利俯拾而即是，夫何贫之足患？况从前养蚕丰欠不齐，尚虞亏耗，若新法则谨寒煖而慎燥湿，人力颇有胜天之处，足民而即以富国，利益而巨，莫逾乎此。余恐良法之未易流传，因不揣谫陋，详叙其事，作蚕户之臂助，并为未养蚕者劝焉。且学问无穷，今馆中所谓新法较胜于古法者、异时考求者众，安知不更有新法便于蚕事，较胜于今之新法者，或不自秘以辅此编所未及，是则余之厚望也矣。编成谨书于后。

蚕桑谱

陈启沅，光绪二十九年（1903年），吴𧝟刻本，中国农业遗产研究室藏。

[编者按：陈启沅《蚕桑谱》，光绪丙戌年（1886年），丁酉（1897年）新刻，广州城十八甫奇和堂药局藏板，南京农业大学藏。内含：厘务总局详光绪十三年（1887年）六月详为详请咨覆事案奉督部堂张札；光绪十有三年海军总理衙门咨查到粤已奉两广总督张札；己酉（1909年）十二月初四日奉广东劝业道陈宪台批示。]

《蚕桑谱》自序　先父奉政公，号缉斋，晚年归隐，有堂曰："乐耕"。沅仅舞勺时，禀请其义，曰：耕以为民之本。《孟子》曰："树艺五谷。五谷熟而民人育"。大舜、伊尹尚乐于耕，而况吾侪乎？且天下大利归于农，使子孙勤力其中，不独与凡人齐，即可以富国而强兵也。有子曰："百姓足，君孰与不足？"汝等勉之。沅既长，两赴童子试，而父没矣，遂弃此而继父志，与两家兄以农桑为业，实则半农而半儒也。无何，家计日繁，弃农学贾，与沅历游外国，仍未尝废农桑之心也。沅遂于癸酉之秋，仿西人缫丝之法，归而教之乡人。三年间，踵其后而学者约千人，为股东者，虽得获小利，而男女工藉此觅食者已受益良多矣。乡中既无行乞之妇人，而穿金戴银者亦复不少，但资本较重，步者尤艰，再与次儿锦篙变通改制一具，器则少而功则同。近十年间通府县属为之一变，用此法者不下二万余人，以旧法比论新法，会计年中所溢之利，何只数百万金耶！用茧如是也，用工亦如是也，而得丝之好，售价之贵几过半之。缫丝之法既善，而养蚕之法然尤未精，故特悉心考究，神而明之，幸望植桑养蚕之家，人人皆通此理。照法饲之，不难野无恶岁，处处丰年，有心人共为广传，亦于我国未尝无少补云尔，是为序。

《蚕桑谱》序　蚕桑之利，莫盛于东南。东南之利，莫大于浙西。曩尝乘輶轩过苕霅，见夫柔桑沃若，腻逾罗纨，每当春日载阳，具曲植籧筐，以从事于十亩间者，士伊妇媚，乐可知也。吾粤土丝之美，不及湖丝，栽桑饲蚕之法，亦不若湖之周且备。近则详求博考，略得其法矣。而出丝终逊于湖者，岂地力之所限欤？抑人事之未尽也。比年风雨不时，瘆疠大作，业蚕事者强半折阅，大都胶于成法，而罔识变通，昧于时宜而不知审择，寒煖失其调，燥湿乘其节，乌能尽委咎于天时哉！吾友陈君芷馨心焉悯之，因出所著《蚕桑谱》示其乡人，仿而行之，屡著成法，传钞不已，怂恿付梓。是篇一出，粤人已受其惠，湖人亦不得专其美，他日由一乡而行之一国，由一国而行之天下，仁人之言，其利溥哉！篇中诸法具备，洪纤靡遗，间或杂以方言，参之伪字，取其明白如话，不尚艰深，阅者庶谅陈君之苦心也夫。光绪二十三年仲春之月南海潘衍桐谨序。

中原沃壤数千里，为五洲群岛之所无，使农桑果尽其利，何富如之？乃自《周官》九职之法废，万民日趋于惰，不惟农业失修，甚至以振古宜蚕之地，皆委过于地有未宜。遂使荆梁雍冀淮徐青兖诸州，地多旷土，小民一遭凶岁，流离相继，深可悯已。迩来通商遍环球。中国之货以丝茶为首，而丝利之厚，尤以浙为最。粤东陈氏独以此倡行岭南。尝即其亲所阅历者制为谱，俾蚕桑之法，人人可按籍而稽也。壬寅冬，尌省侍严君天津节署，于凌云台太守处假得此本。癸卯春，携之至豫，念昔随侍陈州时，见豫东屏廉访采买湖桑，讲求纺织，卒以未得培养之法，寖久而废。爰将此谱重刊，以广其传，为两河士庶劝，果能深通其法，则中州沃壤接轸，异时皆可使桑阴比邻，蚕织兴而物利厚，不第偶遇凶荒流亾可免，且见利权不溢，地无游民，以云溥利，孰有溥于此者乎？予以是益为言富国者望矣。光绪二十九年六月吴尌叙。

蚕桑谱

陈启沅，光绪丙戌年（1896 年），丁酉（1897 年）新刻，广州城十八甫奇和堂药局藏板，中国农业遗产研究室藏。

厘务总局详光绪十三年六月详，为详请咨覆事案，奉督部堂张札，光绪十三年二月十四日准，兵部火票递到，总理海军衙门咨开。现闻粤省添设机器局，自用机器缫丝以来，外销丝斤价增一倍，足征办有成效，亦属兴利之一端。相应咨行两广总督，即将粤省现办情形，与本衙门是否相符，与民间兴贩有无窒碍，详细查覆，以凭办理，可也。等因到本部堂准此，合就札行，札局照依准咨事理。即便会同东藩臬二司督粮道遵照，将粤省现办机器设有几处，丝斤价值渐增若干，详细查明。并粤东省添设机器缫丝，与民间兴贩有无窒碍，详细体察核议，详请咨覆。又奉抚宪案，行同前事，仰局遵照，准咨事理，即便会同查明办理情形，详细开折，呈请咨覆，毋违。各等因奉此，查粤省缫丝机器以顺德为最多，新会次之，遵即派候补知县李长龄前往各县，逐一确查。去后，兹据该员禀称机器缫丝，同治五年，创自南海县属之官山地方，光绪七年，迁往澳门。嗣后顺德各县陆续添设，顺德一县共设四十二家，新会一县共设三家。编访舆论，自用机器以后，穷乡贫户赖以全活甚众，而向来缫丝工匠执业如故，缘机器所缫丝斤质细而脆，以销外洋，破获厚利。若内地机房，既不肯出此厚值，且因其丝过细，不甚坚韧，以织绸缎，故不相宜，仍以土车手缫为便，故两无妨碍。所售价值每百斤约售六百元，较之土缫向售四百元者，昂至二百元左右，然亦涨落无定。其机器前系购自外洋，近因内地自造，大者值乙千二三百元，小者七八百元，大者用女工七百余人，小者二三百人，至八十余人不等。每人各有坐位，左右分别各配上缫丝机器、木轮、冷热水、铁喉、煮茧铜盆，并扭各茧造一丝之铜造、颠拏、竹箩等项，每位计需银六两七八钱，其资本由殷实绅士合股开设，所有各县属开设处所，及机器大小坐位各数目，另具清折呈缴各等情前来。本司道等伏查机器缫丝，粤省自民间开办以来，愈推愈广，其销赴外洋者递年加增。查光绪十二年由顺德等县运省之洋庄丝约计二百二十八万余斤之多，较往年几增十分之四。盖小民惟利是趋，比年获利颇厚，故机器之计年多一年。出丝既多，销路亦夥，现在争先仿效，到处开设，有益于贫户之资生，无碍于商贾之贸易。似属办有成效，当无窒碍，惟系民间自行经理，并非由官设局劝办，亦未领用官帑，自应听其照旧开设，以浚利源。所有委员，查明机器缫丝各缘由，理合详请宪台察核咨覆，总理海军衙门实为公便，查此案已由督宪咨覆总理衙门。

光绪十有三年，海军总理衙门咨查到粤已奉两广总督张札饬厘总局委候补知县李长龄前任各属查明禀覆，其文内声叙缫丝机器创自官山，即始创机器缫丝局，号曰："继昌隆"，因纺织工人饮恨纠党滋事，遂被徐令在南海任上查禁。于光绪七年迁往澳门，改号曰："复合隆"，乃不得已之举。咨覆仍准照旧开设，后复在官山简村乡续创单车缫丝机器，一人一具，号曰："利厚生"，以后各县继设，年多一年。查是时创办仅十四年矣。其出口之丝，每年已二百四十余万斤，则卖出价银不下一千六百万元有奇。至光绪三十一、三十二两年，每年出口之丝四百余万斤，每百斤扯计时价银一千元，则卖出价银已逾四千余万，为粤省绝大之利权也。因之仿造丝业者日众，以至蚕桑不足供给，特著此书刊刻，为蚕桑推广之计。光绪三十四年，南海陈启沅男锦筼编辑。

己酉十二月初四日奉广东劝业道陈宪台批示：查该职之父陈故绅启沅，平日讲求实业，并倡办南顺机器缫丝厂，以开风气。举凡种桑、养蚕、缫丝诸法，靡不悉心研求其奥旨，所撰《蚕桑谱》一书，考订精详，皆经验之语，洵足为蚕桑家之楷模。该职现拟印备千本，普送各县，向导同胞，具见热心公益，殊堪嘉尚。仰即刷印缴呈，以便转发各属，俾资仿效可也，缴到《蚕桑谱》十本，存此批。

蚕桑新论

钱塘吴锡璋著，光绪二十九年（1903年）刻本，浙江图书馆藏。

［**编者按：内容有论蚕卵之贮藏、论催青之要点等二十条。**］

序 古时蚕桑之利，皆在《禹贡》青兖雍荊之域，未尝及今之吴越也。乃天道日变，地球日移，人心日巧。故北方田地日荒，而南方艸莱日辟，遂使蚕桑之利利于南，而不利于北，是岂尽天道使然，不关人力之勤惰哉！近年，自日本维新，饲蚕树桑夺我国之利权，创养蚕之新法，见长于全球各国，岂不赖有人别悟蚕学之新理，而始得其效哉！即如十年以前，西洋各国用华丝者十之六，三年之内日本丝销者十之六，意国丝十之三，华丝十之一，则中华岂终自甘颓敝，不复能与日本并驾齐驱乎！惟吾越蚕学馆初创，有吴君琢甫肄业于日本，轰本长及前岛次郎功深月久，其于普通学中化学、物理、动物、地理等学，俱克融会贯通，悉其中之奥妙。

而于蚕学一切新法，尤克神明变化，示未有之新奇，乡僻间果能家喻户晓，安知不可驾地球各国而上之。余查湖丝销数近来大减，实以日本丝多之故。中国如洪泽湖、洞庭湖、昆明池以及太湖等处，凡水乡肥美之区，无不宜养蚕植桑，仿日本制丝、制种之新法，是不独吾越为然也。苟蚕学日兴，出丝多而价自平，行新法而国自富，其利为日本所夺者，不难渐次收回也。余素慕吴茂才之名，而尤嘉其能，习专门之学，今见其心得之新法二十篇，巧妙异常。奚翅诸葛武侯于斜谷口劝农讲武，作木牛流马。余方深信其力学之专，不愧为吾浙蚕学馆之卒业。盖中国之贫且弱，患不在不仿西法，而在仿行之不能得其精妙耳！丁今之世，既有茂才历年于专门之学，专心致志，不吝以己之秘本公诸今世，是民之幸也，亦国之幸也。异时国日富，民日强，蚕桑日盛，不可谓非茂才之力也。爰特为之序。光绪癸卯季夏仁和樊恭煦介轩甫敘。

叙　粤自坤球初运，海户洞开，天填精英，于是焉洩东西洋耽耽篴篴，佥以函夏为利，丛术妙于生金，功成于缩地。生计上之政策，白人已组织靡遗，浸浸焉猛气横飞，吸尽亚东之膏髓，嗟我黄人将同抱叶寒蝉，支绌乏殖财之计，而犹幸生机未绝，得延残喘于天演物竞界者，厥惟蚕桑。顾蚕桑丁二十载以前，西国未开其风气。自巴斯陡首创蚕学，凡选种、饲叶、缫丝等项，均立新法，始则盛行于法国，继则遍被于西瀛，终则波及于日本，其丝业之膨胀力，已日新月异而岁不同。我华反瞠乎其后，蚕非不广，而茧则歉收；茧非不良，而丝则减价，以取之无尽之利益，不思垄断之先登，日误于守旧而不悟。呜呼！守旧日贫，维新日富，凡诸财政，靡不皆然。矧在蚕务，吾浙自林郡尊创设蚕学馆，标新领异，成效彰彰，惜民间故见是拘，未易家喻户晓。钱塘吴茂才琢甫有志于是，在蚕学馆卒业有年，夏初袖所著《育蚕新法》二十编示余，余肃然起敬曰：此富国之中心点也，亟宜公诸于世。吴君虚怀若谷，嘱余略加润色。余自春闱罢第，即丁母艰，悲愤之余，辞以有志未逮，而吴君累函敦促，不得不忞慔应命，因略为编辑，参互以中国古法，俾新旧靡不一贯。哀毁余生，语无论次，诚不值大雅之一哂尔。光绪癸卯年闰端阳禹航章晙谨识。

序　吴君琢甫，予良友也。浙江蚕学馆初创，杭太守林迪臣考试拔取前茅，既而受业日本轰木长，及前岛次郎。三年考试，其于普通学中化学、物理、动物、植物、地理一切之学，均能合格，而于专门学中一切诸法，尤为心得。卒业一道，洵不恧焉。是编所著二十条之论，此皆实习试验，并非臆造，日本蚕学之骨髓，又萃于此。吾黄种四万万人民得能父示其子，兄教其弟，将来蚕学蒸蒸日上，丝茧日优，富国强兵，不无小补云尔。光绪癸卯年孟夏之月日本翻译王国宾序。

《蚕桑新论》自序 呜呼！孔教衰微，至今而极，礼义廉耻，丧灭殆尽。朝野上下，暴虐者微粒病也，因循者黄软病也，顽固者无眠蚕也，委靡不振者起缩蚕也，刚愎自用者绿殭白殭蚕也。地球之上，病变百出，况日割台湾，德踞胶州，法取越南，英窥大连湾，俄占旅顺口，西伯利亚铁路告成，东三省大事急矣。而于蚕桑小道研焉究焉，恐一杯之水未能救车薪之火，难免不识时务之诮。然则如何而可曰强兵，不知强兵先由富国，日本明治维新，三十年前，振兴之道，基础于此。难者曰我中国自西陵氏嫘祖育蚕以来，素称巨擘，而何以反效东西洋之法？不知诸夏失道，求之四裔，我孔子大成至圣尚问官于郯子，而况未圣未贤者乎？夜郎自大，仆窃鄙之。难者曰蚕务妇人女子之事，非丈夫所为，巾帼妇人之丈夫，不免为汉孔明所窃笑，不知一物不识儒者之羞。况蚕桑学中寓化学格致，仆不敏，敢效老农，篇中所著饲蚕、制丝、制种皆由实习心得，非同纸上谈兵。书成一编，未敢秘己，敢公于世，乡僻间得能家喻户晓，亦挽回利权之一助尔。光绪二十九年林钟月卒业生吴锡璋识。

蚕桑验要

吴诒善，光绪癸卯（1903年）仲春刊本，中国农业历史博物馆藏。

[编者按：许苞署书名。目次有桑篇十四条，蚕篇十四条。育蚕时日表，育蚕寒暖食叶表。瑞安吴诒善子翼编。瑞邑戴咏斋刻。]

叙 中国蚕桑之利，肇自邃古。顾《诗》《书》所纪，率在齐卫。自宋元以来，吴越丝缯衣被天下。而兖濮古所称桑土者，其所产反恶劣，远不逮南方。盖物种之进退，与人事之精粗，有交相推嬗之故，其由来远矣。自欧亚交通，中国利权尽夺，惟丝为我国独擅之利，而亦日趋于衰敝。盖法兰西、意大利、日本诸国，皆植桑饲蚕，其儒者以动植物学之理，精研而详察之。又以光热燥湿，求其性质之所宜。其择种之精，种接、缫治之巧，皆远出我上。然则蚕桑之利，昔由齐卫，而南移于吴越，今乃由亚东而移于欧西斯，亦寰宇一大变局矣。闻之西人论中土，地处温带，上腴陆海，其壤宜桑，而蚕种之良，亦甲五洲。徒以士大夫不究兹学，桑农工女又拘守故法，不能通其精理，故桑既不蕃，而蚕尤以病为累。噫！彼异域重译于我国，蚕桑利病类能精究而质言之。而我乃卤莽从事，莫能改良以救敝，岂不可痛耶！温州旧称八蚕之乡，郑缉之《永嘉郡记》所纪蚖珍之属，今儒者率莫能举其名。往者邑中间有事此者，咸以土桑种劣叶薄，远逊苏湖，而蚕尤多病，西人所谓椒末瘟者，往往瀸渍委弃，莫能疗治。译务既盛，泰东西蚕学之书，稍稍迻译入中国，顾吾乡流传尚尟，多未经见，且其理深奥，浅学亦未能尽窥也。吾友吴君子翼，夙嗜农桑之学。数年以来，艺桑家园，采叶以饲蚕，渐洞究其理，故比年郡邑事桑蚕者多耗绌，而子翼所养独善，其获丝亦甚厚。盖学与不学，其利害固相倍蓰也。子翼以其数年所研究而试验者，为书二卷，于桑则自选秧以至擁本采叶，蚕则自选种以至察病缫丝，咸参酌中西之说而发明之，又系之图表，以宣究其微义，信有用之书也。今子翼复以其书刊版，以饷学者，俾郡邑从事者有所遵循，则吾乡蚕桑之学，行将大兴，远轶兖濮，而近超苏湖。更由是而进焉，精益求精，以与泰东西专家抗衡，则中国富强之机，将在是矣。岂徒吾乡一隅之利哉！光绪癸卯二月姻愚弟孙诒让书。

自叙 呜呼！谈蚕桑之利于今日，盖仅不绝如缕矣。尝稽《蚕外纪》云：家蚕之丝起于中国邃古之初。我不得而知之，黄帝有熊氏正妃，西陵嫘祖于农隙时教民以蚕。《孟子》曰："五亩之宅，树墙下以桑"载在书史，至为彰著。降及后世，迭盛迭衰，往往有其名而无其实。盖未有如今兹之甚者也。中外通商以来，意法日本各国考求蚕桑之学者，至精且详。而中土蚕丝之利见夺于邻国，日甚一日。推其故，皆由于种植失时，饲养无术。其植桑也，不辨土壤高下之异宜；其育蚕也，不知天时燥湿之异度。故蚕则如西人所云：椒瘟、微粒子病者十居其九。桑则乡农旧植，漫不得法，枯朽凋耗，十居七八。我中国士大夫只知轻暖适体，文绣章身，独不思若何种植，若何饲养？始得享其成，而收其利，坐令良法美意日即沦亡，深可慨也。诒善郊居多暇，每忆樊迟稼圃之请，窃有慕焉。购地数区，辟治蔬果，莳药种瓜，聊娱永日，继复思中国固有之利源，以蚕桑为大宗，乃更栽桑百余株，督园丁而课之，育蚕数千头，率家人而哺之，法采中西，事凭实验，数年以来，惝有心得，辄就笔记编述大凡，虽不敢自诩专家，然吾瓯为桑土蚕乡，诚于种植饲养之法，家喻而户晓焉。其赢益固有可坐券者，此未始非挽回利权之一术也。光绪癸卯仲春月瑞安吴诒善识。

汇纂种植喂养椿蚕浅说

知德平县事楚南许廷瑞辑，中国国家图书馆藏。

[编者按：按序为光绪三十年（1904 年）。内容有椿、喂椿蚕法、椿茧之畏忌以及桑、柳、枣、李、杏、桃、柿、胡桃、麻、葡萄、梨、蓝靛。]

《汇纂种植养蚕浅说》序　古之言曰：“上农夫食九人，其次食七人，最下食五人。”同此地亩，同此树艺，而收获之多寡迥乎，不同者，农功之勤惰为之也。故水涝出于天，肥硗出于地，而人力之所至，实足以补天地之缺陋，而使之平。昔英国挪佛一郡，本属不毛，嗣察其土宜，遍为栽种，遂获厚利。伊里岛田卑隰，后经设法竭水，土脲遂肥，地利之关乎人力，概可知矣。余甲辰承乏平昌，公余辄阅种植诸书，有足以为民兴利者，即札记之。月余选集种树各法，凡十八类，演成浅说，凡以使易知而易为也。大抵种植之书，相传不少，如《齐民要术》《农桑辑要》《农政全书》，原多精要，然文人学士，博览所资，而犁云锄雨之俦，势不能家喻户晓。此篇择尤汇集，逐条指陈，其说浅近，其法简明，虽乡愚农民均能一望而知也。史迁曰：“齐鲁千亩桑，其人与千户侯等。”语曰：“多种田不如多治地”，盖以农夫终岁营营，不过二熟，而又有灾害之虞，赋税之责。种植则不妨田土，不病树艺，屋角山隅，其息至厚，其养蚕也，则家处室聚，竭数十日之力，即能取重资，而获厚利。既不虞水旱，又不患追呼。济人民而阜风俗，殆亦不无小补云尔。光绪甲辰孟冬知德平县事楚南许廷瑞识。

推广种橡树育山蚕说（附植楮法）

曹广权，中国国家图书馆藏。

[**编者按：按序为光绪三十年（1904年）。内容有种橡法五条、育山蚕法六条。**]

古语有之，十年树木。农学家言，种树利最速，而蚕桑之利尤厚。豫处中土，湖桑不易得。今大府已有自湖州购运颁发各州县，禹人分得七百株，将来转相接种，可以化为千万株矣。其分桑饲蚕诸法，备详于《农政全书》，及近日《农学丛书》《栽桑问答》《蚕桑刍言》各种，可以考求而得其大凡矣。客岁冬有自鲁山来者，为仿其地育山蚕法，稍得其详。其法以橡叶饲蚕，为自来农书所不载，而其缫丝之利，实为豫南土货出产一大宗。今年春分，已自鲁山购取橡秧，于城东小学堂，城内工艺学堂隙地栽植，实行试验。并拟于秋间多购橡子，分发各乡。兹特先将访问鲁山种橡法五条，育蚕法六条，刊布传说，俾各乡里士民识文字者，互相劝告。凡有山地之户，可自往鲁山购收橡子蚕种，如法试办，逐渐推行。盖橡树易于种植，不如栽桑之难，择土既不必肥沃，又无须勤浇深壅，惟纯石无土之处不宜布种，其余山岭冈坡，砂砾紫赤各土，五谷杂粮不能丰熟之地皆可广种橡子。但使护养得法，剪刈合宜，五年之后，便能育饲山蚕，且无接枝、压条、采叶种种细法，村庄勤朴之人，皆可为之。又初种三四年中，仍可兼艺菽麦等类，不失田家素常之利，可谓有益无损。至于育山蚕之法，亦比育养家蚕，工粗事易，不过烘蛾布子，初饲蚁蚕，稍费心力。及至上坡食叶以后，只须勤察眠起，谨防伤害，时日既足，即可收茧缫丝，亦是尽人能为之事。闻鲁山蚕户，每育蚕子三筐，约需食橡叶九千余毙，出茧约六万枚，一人即可照料。惟当蚕眠复起，移场就叶之时，加雇一二人经理，平时无须多人。若出茧即售以六万枚计，上等约可售钱百一二十串，中下等亦可售钱七八十串。如自行缫丝，上茧每千枚约可出净丝十一二两，以六万茧计，约得净丝四十余斤，售钱一百四五十串，中下茧缫丝稍少，亦可售钱百余串。秋蚕出茧半于春蚕，茧丝亦劣，售钱约得春蚕三分之一，总计一岁之入，除去一切用费，获得利厚者甚多。现今鲁山丝绸由张家口出口，销行俄国，岁值巨万。禹境近山之地，土不瘠于鲁邑，遍行开荒种橡，出丝必盛。州西北顺店镇向购邻县之丝，织造绫帕，运销南省。亦间自鲁山贩丝制绸，何如自育山蚕，坐收丝绸利益。闻鲁山橡树，初亦只供薪炭之用，无人种以饲蚕，后因官为提倡，由四川购来蚕种，试行育养，遂群相效法，竟成美利，至今有将成林老树伐刈蓄条饲蚕取利者。禹壤隙地甚多，西北一带皆童山，亟望联社会，禁樵牧，于湖桑不宜之地，专意种橡，庶吾山内之民皆食蚕利，以免向隅之叹，岂非快事乎？光绪甲辰二月知禹州事长沙曹广权识。

桑蚕浅说

书脊名《蚕桑浅说》，杨志濂撰，光绪三十年（1904年），铅印本，中国人民大学图书馆藏。

[**编者按：此书仅见于该馆。《桑蚕浅说》目录有种桑法十四条，饲蚕法十九条。**]

在任即补府特授定海直隶理民府正堂世袭云骑尉杨为刊发《蚕桑成法》广劝种育以开利源事。照得定邑海外孤悬，山多田少，产米不足于食，乃更垦山种薯，隙地几无，而盖藏仍未能裕。滨海虽有鱼盐之利，小民终年逐逐，获亦无几。然且婚丧诸费，踵事增华，若不节流开源，则生者寡而用者多，势必日就匮乏。因思自古蚕桑与农并重，皆为本务，其利甚溥。本府于上年到任后，首计此而颇有以水土不宜为言者，拟欲一试究竟。适本城孙绅尔康同具此志，爰先捐资派人至湖州购买桑秧，试种于城外大教场两旁及署右仓内隙地。

孙绅亦向镇署东偏租地试种，并有他人领去者约共三千株，均已成活，枝叶畅茂。又于内署试育春蚕数箔，采野桑叶饲之，结茧甚美，缫丝细白。若俟湖桑长成，用以育蚕，必更出色，是水土不宜之说可无置虑。本府拟于本年冬间捐廉往购湖桑一二万株，发给各隩遍栽，俟桑有成，再向嘉湖觅雇老蚕妇来定教导育蚕，惟事属创始，首宜讲求成法。兹就前人《蚕桑辑要》诸书，参与近时著录，删繁求简，义取浅近，辑为《蚕桑浅说》，排印成本，合行颁发，为此示。仰阖邑绅民人等，一体知悉。如有情愿种桑者应先择定地段，约计可种若干，即便开明姓名、乡庄、住址及愿领株数，至本署钱粮柜报明注册，或由庄董汇总开报，限以年底截止。一俟桑秧购到，随时传知领种，既无丝毫小费，即将来桑株长成，听民自行育蚕收利，官亦不复过问。尔等务宜先将所发《蚕桑浅说》阅看，照依书载各法行之。如乡民不识字，则请识字人为之讲解，自可了然。须知种桑之利较之别项种植为厚而速。盖自栽种桑秧之日起，不过三年便已成林。即使自己不养蚕，亦可将叶售卖。况养蚕获利尤厚而速，其时农功未忙，约二十余日而成茧，再历十余日而缫丝。或有收买干茧者，则更易毕事，且以妇人女子为之，亦可习勤而警惰。天下美利，莫大于是，吾邑兴利，莫先于是。本府不惮谆谆劝导，各宜仰体此意，如法讲求，实力推广，将见数年之后，桑阴遍野，茧丝载筐，于耕渔外，又辟利源。吾民庶几赡足，本府有厚望焉，切切特示。光绪三十年月日。

桑蚕条说

林杨光，王镇西撰，光绪三十年（1904 年）金城金文同刻本，线装一册，华南农业大学藏。

[编者按：内容包括白河县知县林令杨光述呈桑蚕各说七条、平利县王学官镇西述呈蚕桑简易说十九条、缫丝器具说。]

新刊《桑蚕条说》序　兴郡处关南，气候和暖，于蚕事最宜。故汉阴、安康各厅县，风气早开，久食其利。近年蚕丝为出口大宗，我华产足与进口货相抵制者，首屈惟此，而茶次之。去岁玉茧价额增至数倍，利益至巨，而且至速，安可任其坐失而不共切讲求以厚民生？仆莅任后，叠次恺谕郡民，劝其各就地势，栽种桑株，勤治蚕业，以浚不竭之源。旋闻平利县署多宜桑之地，当即给谕该县绅耆黄凤藻、王守文、张立发等，亟事劝种，并因平利王学官镇西赴乡宣讲圣谕，札令就便喻以种桑之利，溥为民劝。当时白河林令撰呈《蚕桑简要》七条，王学官述呈《桑蚕说》十九条，详阅所呈，均于此事讨论精详，足为养蚕家师法。而王说蚕纸耐寒，以牛粪火却病，各要旨心得之妙，尤为陕民所宜取。则现闻平邑栽桑已有六七千株，民颇知奋，且竞向学署索其条说，而分抄之。是皆知其说之有当矣，但地限一隅，恐遐阻尚缺于见闻，合并付梓印刷，以广为吾民劝焉。光绪岁次甲辰中和月兴安府知府金城金文同叙刊。

蚕桑广荫

冯树铭，光绪乙巳年（1905年），顺天古北蚕桑织布局校定，中国人民大学图书馆藏。

[编者按：中国人民大学图书馆与北京大学图书馆藏。出现直隶总督袁世凯以及段立瀛、冯树铭、陈瑞、刘玉麟等人物。书中公牍目录十八条。]

自叙 凡举一事，莫不有因，或因地、或因时、或因势以利导之。然未有不因人而成者。兹于吾乡蚕桑织布局之设，见之矣。铭二十年来，奔走四方，毫无建树，每自愧而自憾之。光绪己亥中秋，公暇归里，目睹地方凋敝情形，因思先君广行方便之训，刻刻在怀。遂罄囊得千金，向留心时势诸公，谋所以广行方便补救地方之策。佥曰：吾乡山高水浅，无利可兴，若因地举办蚕桑，俾得均沾其惠，盍共图之。铭唯唯。当邀同志段雨峰、马云屏、陈献廷、张仙洲、刘瑞堂诸君子董其事，禀诸大府，均如所请。即采直隶蚕桑总局章程，因地斟酌而损益之。自己亥之冬举办，比及壬寅冬三年，成效昭著。复禀准推广创办织布公局，年来颇有功效。幸两局均无中止之虞，而在事诸君子讲求工艺，惟日孜孜，洵可感也。况值朝廷励精图治、百度维新之时，内外名公巨卿，尤以工艺为急务。窃愿吾乡蚕桑纺织各工艺，日臻美盛，历久如新，实惠遍于闾阎，流风延及遐迩，庶不负同志诸君子经营缔造之心，且不负铭先君广行方便之意也夫！迩来咨询创办条章者日众，抄录为劳，因付梓以广其传，第事经创始，缺略尚多，倘蒙高明指正，尤为幸甚。大清光绪三十一年孟秋之吉荫卿冯树铭序于古北口蚕桑纺织公局。

蚕桑白话

林绍年，光绪丁未（1907 年）冬重镌，汴省农工商务局藏板。

[编者按：《栽桑白话》目录包括种桑子、栽桑秧、接桑树、施肥料、修枝条、除害虫、得利表。《养蚕白话》目录十条。通俗易懂。板存汴省南书店街路西豫文斋刻字铺。]

《栽桑养蚕白话》序　余在滇试办蚕桑，见有明效，既开学堂，属教习编《浅要》一书，序而刻之，以广传布矣。洎权抚黔中，计为民致富。本轻而事易，利溥而效速者，仍惟此为最有把握。因复聘浙东陈干材、徐谦山两教习来黔，设堂教授，学者蒸蒸。而滇刻《浅要》，亦即寄到，正苦于不敷分赠，且文义有非妇孺所能尽悉者。适湄潭吴大令宗周，以《养蚕白话》相质，余阅之，喜曰：是诚先得我心者也。爰亟请陈徐两教习，重为订正，并加编栽桑白话，同付手民，苟阅者知兹事之易为，而共相劝勉，吾黔蚕业之盛何难？拭目期之。忆创议时，亦间有以地不相宜为虑者。余曰：不观之山丝乎，宜于山东、河南，未必宜于遵义也，乃陈公玉壁力倡成之，而遵义遂富甲诸郡。然则宜于遵义，断不至不宜于他郡邑，而竟寂然莫兴者，殆亦提倡之无其人尔；虽然提倡之难，非必人无是心，亦苦于未知其详，故不如陈公之果决，而愈觉谋始之未易也。黔之桑，种之即生；黔之蚕，饲而成茧。到处皆然，而迄未成市，得毋类是耶！今得此卷，一目了然，倘尽仿而行之，则机杼万家，浡然日富，如操左券耳！刻既竣，因序其缘起，并以为他日证。光绪三十一年乙巳夏六月下浣抚黔使者闽县林绍年赞虞氏序于筑垣。

蚕桑白话

李坤题，宣统庚戌秋滇垣重排印。

[编者按：第一篇序为光绪三十一年乙巳（1905年）夏六月下浣抚黔使者闽县林绍年赞虞氏序于筑垣。同上，故略。]

重刻《蚕桑白话》 现行蚕学之书不下数十种，其著自中国者，理既不明，法亦不密，固不足为善本矣。其译自外洋者，理精而深，法详而繁，且于中外之风土气候不能一一切合，是仅足备专门研究之需，而不足为民间实业之用，洵乎蚕学之无善书也。去冬滇省设立蚕桑学堂，开办之初，即刻《蚕桑浅要》一书，斟酌于滇浙，变通于中外，理浅而明，法密而简，实足为蚕桑实业家之圭臬。然以文言道俗情，必非妇孺所能尽悉，诚有如福州中丞所云者，顷从贵州蚕桑学堂寄到《蚕桑白话》一本，其理法之透明，足与《浅要》相发明。而以白话出之，则不但笔墨粗通之人一见了然，即使妇人孺子一字不识之流，但得有人读而听之，不难心领神会，着手而从事也。风气之开，利权之操，将于此书是赖。夫复何疑，而余独有说者。滇省设立蚕桑学堂已及一年，大利卓著，成绩蔚然。据教习考察，春蚕每蚁一两收茧二百二十觔。夏蚕每蚁一两收茧二百六十觔。茧身坚厚洁白，丝质光丽精良，足与江浙等省相颉颃。而收茧之多，实有过之而无不及，于此而不力求进步，猛图推广，岂非坐失大利，自甘贫弱乎？所惜者乡曲愚蒙，见小不见大，见近不见远，乐成易而谋始艰，畏难而却退者有之，欲为而无门者有之，是不可不有以劝导之而引进之也。爰取《白话》一书，刻而布之，以为利源之先声云。光绪三十一年仲冬月中澣滇黔使者汝南丁振铎序。

种桑养蚕浅要

林绍年，光绪甲辰（1904年）仲冬上浣，板存云南蚕桑学堂，南京图书馆藏。

[编者按：陈荣昌题。《种桑浅要》目录、《养蚕浅要》目录。该书亦名为《蚕桑浅要》。仅南图藏版手写体“光绪三十年（1904年）甲辰仲冬上浣抚滇使者闽县林绍年序”。该书与林志恂撰《蚕桑浅要》内容相近，新化县财政公产处，民国上海大东书局铅印本，中国国家图书馆藏。]

学部审定评语　论种桑养蚕之法，参酌东西而集其要。内饲育标准表及制种法尤详备，洵有益蚕业之书。

蚕桑为中国自有美利，观于《禹贡》，各州均有篚贡，可知其无地不宜。乃今之产丝独推江浙，次则川广，他省虽间有之，即已无多，而吾滇尤鲜。无他，未得其法，故工繁效少，本重利微，人心遂莫由奋起，亦理势所必然也。前岁余遵旨入觐，面承懿训，谆谆以商务垂询。退而思之，滇地广而腴，民纯且朴，一种蓄而未洩之象。虽他日矿物农工之盛固可预期，而此时欲谋兴商，非先从获利厚而尽人可为、转运易而随处能销者，亦难措手。因于抵滇，首议蚕事，得涂别驾建章、郭大令宏佐、林大令志恂，相与商榷。郭大令且捐银千两以试办，乃种桑，既极易长成，出丝又异常精好，信天时地气之无复以加矣。然必逐事讲求，则养蚕一期，工省数日。每两蚕子茧多数斤，每斤蚕茧丝多数钱，合而计之，利即较常三倍。乃至选种之不可不良，饲法之必求至善也。于是商之制府司道诸公，聘浙中名教习陈价人、骆亦庠、邱瀛洲三君来滇，设堂开学，顾精微之理，固必俟讲授之功，而浅要诸端亦何难人人通晓？爰属林大令条而列之，略参图表，期可一目瞭然。书未成，适三教习来，重为编撰，得付手民，视向之徒详旧法诸书更有利而无弊。余阅之，喜曰：滇昔承平，矿产独旺，繁富十倍。今日乱后，烟土盛而矿质衰，地方元气迄未遽复。虽盈虚之理实然，毋亦择术之有未善耳！今幸得明诏提撕，重任擎举，两年之更番叠试，确无可疑。又得此卷，详晰指陈，浅近易晓，则凡欲业此者知兹事之不难，益群相致力焉。将获利较种烟倍蓰矣！异日者滇称富盛，商务大兴，其即于此操左券也夫！光绪三十年甲辰仲冬上浣抚滇使者闽县林绍年序。

《种桑养蚕浅要》序 蚕桑之利，人多知之，其书如《蚕桑说》《蚕桑诗说》《蚕桑辑要》，既详且备。已依法以种植养育，似宜坐收美利，乃何以桑则有荣枯，蚕则有善败，岂成法未尽洽，亦人事之失其道耳！种植不合，灌溉异宜，奚以茂桑？选种弗精，饲叶草率，亦足病蚕。或有桑而不知育蚕之法，或饲蚕而不知拣桑之术，天时人事，寒暖先后，既无一定之规，为仅视起眠为程度，拘执成法，未审物宜，计弗改良，希收美利，未见其能操左券也。洎不如意，废然思返，而不求其故焉，殊为可惜。兹林大令志恂，手辑《种桑养蚕浅要》一书，视二说为详，视辑要为备，类分十八节，自种葚以讫杀虫，种之术备矣。自蚕室以讫制种，养之术备矣。其中如何发端，如何部署，秩然井然，言皆浅易，各法具备，任人取裁，循序依时，讲求饲养，除沙分箔，各有定时。既无后先燥湿之失，宜且尽昼夜经营之妙用，即非素悉，亦可了然。如法以行，自有明效。洵蚕桑之门径，实美利之根荄，目为浅要，而精深即基诸此矣。滇中种桑养蚕，风气渐开，得此再扩充之，亦兴利之一道也，宜付手民，俾传远迩，是为序。光绪甲辰嘉平上澣滇黔使者汝南丁振铎。

种橡养蚕说

林肇元撰，板存褒易高等中学堂，抄于北京图书馆，中国农业遗产研究室藏。

[编者按：按序为光绪三十一年（1905年）。《古柞蚕书五种》包括《种橡养蚕说》《山蚕图说》《劝业道委员调查奉省柞蚕报告书》《柞蚕汇志》《吉林柳蚕报告书》。]

序 黔土瘠而农且惰，树艺之道缺，如宜富民少，而济贫无所恃也。肇元谬任教养之责，时恐惧天灾，思开辟地利，使吾民足衣食而兴礼义。有心图治，窃愧未能。戊寅八月，镇远吴献廷太守牍陈前太守凌君泰交《种橡说》，并称道光初凌守劝民种橡饲蚕，大获利，请复试办。肇元喜吴太守之留心民事，且有以起予也，大奖许之。惟是蚕橡之宜于镇远，犹之宜于遵义正安也。即推而之各府，当亦无不宜也。特官不董劝之，民乃习焉不察耳！肇元益瞿然思与吾民谋乐利，亟刊是说，行之各属，令动公款购种试办，为吾民倡，民必翕然从之。三数年后，蚕丝之利大兴，瘠者饶，惰者勤，地利辟，家道裕，而人心安，和气感孚，灾沴不作。盖祷祀期之，且将与吾贤僚友交相勉者也。光绪戊寅九月朔日黔藩使者林肇元序。

橡即栩，或作样结子，名皁斗。《周礼》曰："家斗"。俗呼青㭎，江南诸行省俱有之。黔南尤夥，而以之饲蚕获利者，只播州一郡。前藩宪林惜民之不知培植、养育诸法，货之弃于地也。特刊《种橡养蚕说》一书，檄发各属，俾各遵行以浚利源。惜年久而民间不传。去冬，奉各宪檄饬劝办种植树木。查黔省不通舟楫，惟质轻价重者可以出境而获利。中外互市，茶之外丝为大宗。步衢前翻刻《蚕桑备览》一书，并广种桑株，意亦注重于丝，而桑与橡不同，桑橡所养之蚕不同，取丝之法又不同。则林宪所刊之《种橡养蚕说》一书，不能不重梓，以广布民间。俾周览而咸知其法，褒易旧产青㭎，今册报又新种数百万株，异日缫丝，获利其与播郡埒乎？时光绪乙巳春莫权褒易篆涂步衢叙。

野蚕录

王元綎，清光绪进呈写本。

[编者按：有光绪稿本，辽宁省图书馆藏。光绪乙巳（1905年）年上海商务印书馆本。宣统元年（1909年）安庆同文官印书馆本。民国四年（1915年）湖南官书报局本。]

恭录高宗纯皇帝圣谕　上谕军机大臣等，据四川按察使姜顺龙奏称，东省有蚕二种，食椿叶者名椿蚕；食柞叶者名山蚕。此蚕不须食桑叶，兼可散置树枝，自然成茧。臣在蜀见有青杠树一种，其叶类柞，堪以喂养山蚕。大邑县知县王雋，曾取东省茧数万散给民间，教以喂养，两年以来，已有成效。仰请饬下东省抚臣，将前项椿蚕、山蚕二种作何喂养之法，详细移咨各省。如各省见有椿树、青枫树，即可如法喂养，以收蚕利等语。可寄信喀尔吉善，令其酌量素产椿、青等树省分，将喂养椿蚕、山蚕之法移咨该省督抚，听其依法喂养，以收蚕利。再直隶与山东甚近，喂养椿蚕、山蚕不知可行与否？并著寄信询问高斌。乾隆八年十一月初八日。

叙　中国蚕桑之利冠于五洲，以故家有撰述言蚕之书几充栋，而言野蚕者独鲜。登莱野蚕自古有之，宁海张仲峰著有《山蚕谱》一书，惜兵燹后，稿已散佚，惟《州志》仅存其序。每思考其种类，详其饲养，以纪一方物产之盛，有志未逮也。戊戌秋，分发来皖，晤同乡于茀航于来安，因询以史，称滁州野蚕食槲叶，成茧大如柰。今滁属果否宜蚕？茀航言：乾隆中潍县韩公复任来安，尝募东省蚕工，教民野蚕，当时甚蒙其利，公复手订《养蚕成法》，今尚载《来安县志》中。乃索而读之，惜其简略，且其法与今多不合，因不揣固陋，谨就平日所见闻者汇而录之，并搜采杂书以附益之，编次既竟，名之曰：《野蚕录》。时朝廷以和议成，力求变法，以图自强。窃谓富者强之基也，故泰西各国莫不以商务为重，中国出口之货，以茶丝为大宗。近年以来，茶业败，而丝亦因之。议者以为各国皆产丝，且制作尤佳，不复仰给于中国，故出口之数日少。此论似是而实非，中国养蚕之地莫盛于湖州，乃近年所出之丝除出口外，并不足供本地之需，遂越太湖往无锡购买粗丝搀杂之，以为纬。每年多至数百万斤，而绸缎之属价且日昂而未有极。足征中国蚕种受病之日深，实出丝之不旺，非有丝而不售也。野蚕之丝虽不如家蚕，而其工省，其利倍柞栎等树。随处有之，缘山弥谷，不比栽桑之烦扰。我中国疆土寥阔，诚使逐渐推广，饲养得法，将出口之数日多一日，未始不足以补家蚕之缺。而失之东隅者或收之桑榆也，是则区区之意也夫！

劝放山蚕图说

夏与赓，光绪丙午（1906年）孟秋刊，版存合江农务局，中国农业遗产研究室藏。

[**编者按：按序为光绪三十二年（1906年）。目次选树、选茧等十二条，兼有图说，附刊白话告示。**]

《劝放山蚕图说》序 后汉《光武纪》曰："野蚕成茧，被于山阜。"是山蚕之利，汉代已昭，乃迄今数千百年，仅河南、山东两省举办于前，黔南遵义一府仿行于后，其他则阙然无闻。岂因树畜成法未经刊布，致美利囿于方域，毋抑民间狃于创始之难，虽通其法而犹惮于实行，斯诚守土吏所当董率而激劝之也。予以甲辰季冬来宰符阳，太息邑民生计之艰，亟思设法以拯之。越明年春，轻骑赴乡，因得就询民间疾苦，而研究其物土之宜。又纵观于山麓岭角，则宜蚕之橡树，蔚然弥望，乡民呼之为青枫树者是也。乃不以之饲蚕，而尽柝为薪，遂使葱茏佳植，仅供一爨，自然之利于焉坐失。奈之何民不穷且盗也，予甚惜之。爰将山蚕利益演说白话，揭谕城乡，犹惧实效未彰。虽家置一喙，仍将怠葸迟疑，目为具文。因于是秋，倡捐廉银百两，并筹集公款四百金，储作经费。一面遣人赴黔，雇聘蚕师，购买蚕种，在县试办，以为民倡。适值奉檄设立农务局，当即札委邑绅归并办理。未几而蚕师到县，勘定橡山十余处，均宜放蚕。随将一切器具陆续置备，五万蚕种旋亦购到。本年春又由黔雇来工匠十余人，烘种放蚕分为七厂。邑民素性勤敏，震于斯举，耳目一新，于时赴山学习者不下二十余人，予亦不时巡行各厂，亲身督劝，虽盛暑积涝，蹑险陟危，未敢稍辞劳劬。诚惧上情不属，而下情亦因之涣散也。幸一转瞬间，茧已告成，约计百万有奇，缫丝织绸可获二百疋之谱。夫本年蚕种仅只五万，甫逾两月，即获茧百万之多。以视喂养家蚕，尤力省而效速。窃信利益之匪虚，而劝诱扩充之，愈不容已也。第放养山蚕之法，有大异于家蚕者，苟不如法，必致徒劳无益。予遵义人也，虽未尝从事于斯，然世居于乡，见闻较确。适读国子达大令所著《教种山蚕谱》，内载育蚕十一则，衷以己意，吻合实多。爰为摘要刊传，并将应用器具绘图增说以明之，俾观者了然于胸，举而措之，无往不利。斯民殷富之基，将于是乎在，惟愿我同志，蒿目时艰，采择推行，利济苍生。则是说是图，或稍有裨补云尔。光绪丙午孟秋之月遵义夏与赓序。

蚕桑浅说（附蚕标准表）

黄祖徽，光绪三十三年（1907年）本。

[编者按：黄祖徽此书与湖北高等农业学堂蚕桑试验有关。目次、栽桑篇、养蚕篇、育蚕标准表。]

《桑蚕浅说》 自来蚕桑书，不下数十百种，或文多深奥，或法未周备。而于实理实事，未尽发明，求能考其性质，相厥土宜，若者为育蚕法，若者为栽桑法，条分缕晰，订为成书，盖亦鲜矣。余自光绪二十八年接办湖北高等农业学堂，于兹五载，见夫农学、林学分科教授，均有成绩。蚕桑一门以新法试验多年，尤有实效，屡欲就耳闻目见下著一编，以为启迪乡民之具。学堂事繁，未遑秉笔，因令蚕学毕业生就历年所经验者，编集成帙，朴实说理，浅显易解，意在家喻户晓，妇孺皆知。一以补蚕桑家著书之阙；一以开蚕桑学进化之阶。书成，名之曰：《蚕桑浅说》，并序其缘起，如此。光绪三十三年丁未八月庐陵黄祖徽。

荆州之域，古以桑土著闻，今蚕利远不逮吴越，而近亦难与川汴争先。然则蚕事之极宜改良，正无俟再计矣。溯自海通以来，出口之数以丝茶两项为大宗，外人恐利源之见夺，孜孜焉讲求蚕学。成书日多，游历之士觉其新奇可喜，恒转译以问世，顾陈义太精，反觉解人难索。前监督庐陵黄公命廷等将蚕桑利病编辑一书而立说，以浅显为主。初由同学杨君用白话体诠次，又或疑其不文，复由廷与杨君稍加润色，遂成是编，因名之曰：《蚕桑浅说》。公之意盖欲与雅俗共之也。方今朝廷提倡实业，专立农工商部，诚以竞争世界，非富不能图强。而农桑为衣食之源，即丝茶关富强之计。公今移篪统税，仍于吾鄂蚕桑之业日求进步，由庶而富而教，虽不一端，然古诗之列《豳风》，本朝之图耕织，今昔中外无不重视实业，以为富国之本，吾邦人士其亦可以奋然兴矣。书既成，备述公之深意，以告来者。**受业吕瑞廷谨跋**

最近新译实验蚕桑学新法（附桑树种植新法）

薛晋康，梁作霖著，光绪三十四年（1908年）铅印本，上海科学书局印行，南京图书馆藏。

[编者按：目次有总论以及蚕室、蚕具、扫除及消毒、催青、收蚕、饲育、上簇、收茧、制种、蚕种之保护十章。]

原序　蚕桑一业，实占农学一大部分。中国生计之政策，其足以称雄于五大洲者，农学而外，厥惟蚕桑。今者人智启发，实业竞争，昨所见为新奇者，今已属诸陈腐。讲求之事项，推理渐弛于幽深，实验亦极其精密。外人拾我余绪，精益求精，日出其物，以漏我金钱，何可胜计。夫蚕桑一业，西人向未得其要领。自巴斯陡首创蚕学以来，讲明新法，不数十年，法兰西丝业之膨胀力已达于极点，如意如日，仿而行之，均获其效。而所称为蚕桑祖国者，今反瞠乎其后，推原其故，无非由故见是拘，不知改良所致。夫前事者后事之师也，如欲补我之所短，非节取夫他人之长者，曷为功。仆等编辑是书，本中国之古法，参东西洋之新理，并就实习时有得者，取而录之。又义不事高深，讲解务期明晰。凡关夫养蚕要旨，莫不阐显幽，务令饲法手续一目了然。为长足改良之进步，继又苦其繁赜而无伦次，致阅者生厌嫌之念，乃分配蚕室器具于前，饲育手术于后，俾阅者得综览而无窒碍也。是序。

附《桑树种植新法》绪言　桑树于蚕业上有绝大关系，极须研究栽培之法。然旧章虽不可以固执，而新法尤宜急于讲求。如天气地土须辨别，施料栽种宜考成，若不精心探讨，竭力改良，欲谋完善而图发达，则难矣。今推求东西洋秘法新理，并参察蚕桑家实验方针，以谋公益，而溥利源。且我国江浙两省产丝之盛，为出口大宗，洋人既喜其丝质之纯良，靡不航海梯山，争先办运。以兹货为业者，皆得享其利益也。岂知数年来，日本法意等国，群起竞争，悉心量度。而其栽桑之善，育蚕之精，丝质之良，均能超乎我国之上。若大利权，一旦被夺，而我国丝商遂折蹶不振矣！倘听其江河日下，前途将不堪设想也。当我国新政日兴，新学群出，必须于实业上急谋富强，为前途发达之基础，利源早开之目的也。自农林蚕学一兴，著有成效，各省闻风，继而兴起，皆注重实业，讲求新法，以开通风气。但欲从事蚕桑，而苦无善本以为农牧之先导，而塞社会之漏卮，心焉慨之。维于杭垣蚕桑学校从学数年，而樗栎庸材，自愧无一得之精艺，然热诚所在，不禁有技痒之献丑。爰亲爱同胞，奋勤实业，特著蚕桑饲植之新法，以公世界，冀挽回利权于万一焉。缘思饲蚕宜急先治桑，故附桑树种植新法以补其缺云尔，是为序。光绪三十四年四月中元节，编者识。

养蚕必读

庄景仲，光绪三十四年（1908 年）八月再版，上海新学会社印行，浙江图书馆藏。

[编者按：庄景仲《养蚕必读》，光绪二十九年（1903 年），宁波新学会社，浙江图书馆。《求我山人杂著 》六卷，附录一卷，附自编年谱一卷，庄景仲，铅印本二册，养蚕必读叙。再版改良养蚕必读目次，卷上十二章，卷下八章。]

《养蚕必读》叙 今之忧国之士曰：国贫矣。国贫矣，国何以贫？民贫也，民何以贫？生利之途隘，分利之人多也。吾悲焉，吾耻焉，吾何悲？吾悲夫路矿之利非吾有焉；丝茶之利，将吾失焉。吾何耻？吾耻夫吾亦国民一分子也，而朝而诵焉，夕而息焉。吾分吾同胞之利者万五千七百日矣，而于生利之日，曾不能得其万一。自今以往，吾其将勉为生利中人乎。吾且将以吾之生利，广吾同胞之利也。去岁春夏之交，持是志访吾友江君南溟于丛桂文杜，南溟固热心此道者，谈次间极力怂恿，且谓利生于个人而及同胞，则生利之途，仍隘而未广。曷若以君之志，公之于世，俾同胞得互相讲求，以精其业而溥其利焉。乃相与倡兴农艺学杜，为讲求生利之起点，首拟办法，订为简章，同志见者多称善。顾吾以为农学之所包綦广，若树林学，若水产学，若畜牧学，若酝酿学，皆在所当究。即以吾乡论，土质之宜辨，水利之宜兴，种植之宜实验，农器之宜改良，亦非少数人之才之力所能胜任。无已则择其地方普通之利，且为一人一家之力所能举者，先为之试办而倡行之也可。今年承龙津学堂同志之招，忝职舍监。公余之暇，复与商榷农艺，佥谓吾乡普通之利，莫大于蚕桑，而其事又轻而易举，特率出于妇人女子之手，而士夫不过问焉。因之连岁歉收，利源日失。则农学之宜讲，孰有急于此者哉！景仲于饲蚕之法，固稍曾留意，感诸同志之说，乃复取平日之采录者，参以西书，精心抉择，条系而缕析之，凡分二卷，合二十章，百三十一节。养蚕之法盖于是差备，未敢云著作也。将以是告吾同志，并吾同胞之有志生利学者，爰付剞劂，而述其区区之意及缘起如右。时光绪二十九年五月二十四日崧甫庄景仲自叙于龙津学堂舍监室。

橡蚕刍言

孙尚质，光绪三十四年戊申（1908年），中国农业遗产研究室藏。

[编者按：中国农业史资料第331册，动物编。目次分为种橡撮要、蚕具预备、育蚕要务、缫织宜勤四卷。]

《橡蚕刍言》序　施南介湘蜀之间，为鄂省最西之边郡。其地峰峦层叠，林木童然，实彼苍储。百千年来，阳嘘阴吸之土胍，以待斯民讲树艺之学。惜风气未开，无竭力以提倡者耳！予莅任数月，于化民训俗兴学劝工之余，尤以禁种罂粟、讲求森林为急务。并于本署东偏新设广益厅。每届星期接见商学界诸君子，及城乡耆老之有德望者，殷勤询以地方宜兴宜革之事。而注重者尤在振兴实业。孙绅尚质年七旬余，热心公益，条陈说帖，颇有可采。而于橡蚕之学，尤有心得，以所著《橡蚕刍言》进，正省中大帅委员来施，劝办橡蚕时也。予阅竟，喜其办法具有条理，虽意义未必尽，亦足为种橡饲蚕之一助。因嘱陈生孝濂修饰词句，重加润色，许以付梓。一面提拨公款，广购橡子，相度土质合宜之官山，以备及时栽种。并拟筹款，特设种植局、农林学堂切实提倡。因将是编刊刷多本，分发阖属小学堂、宣讲所，认真讲演，并劝导扩充，设法奖励，严禁盗伐。务使地无弃利，民有资生。行见不数年间，露叶成荫，雪丝登篗。化旷土为沃壤，游女尽礼蚕神，罂粟之害绝，而橡蚕之利且倍蓰以偿之，无负予殷勤提倡之盛心，是所望于施属者讵有涯耶！光绪三十四年戊申冬月勾东张寿镐序于施南府官廨。

橡蚕新编

许鹏翊，吉林劝业道徐鉴定，光绪三十四年（1908年）于吉林山蚕总局，南洋印刷官厂代印，中国农业遗产研究室藏。

［编者按：《橡蚕新编》有两篇序，《柳蚕新编》有三篇序。两书合一册，并附布种洋芋方法。中国农业史资料第331册，动物编。］

序　许子鹏翊者，喜农事，善辨物性，为人悃愊无华，不好为大言耸人观听，而性之所近，辄穷年矻矻研究之罔懈，极之于至纤至悉，不得其奥窍不止也。予所见许子者如是。一日出所撰《橡蚕新编》示予，言育蚕之法大详，词质而意达，直如白傅诗："爨下老妪都解其意，不欲为繁文以炫世。"与予所见许子之为人大率无以异也。予维蚕桑之利，由来久矣。吉林之不事蚕桑，非不宜也，特无提倡而劝导之者耳！而许子能言之，予嘉其意。爰为之弁其首曰：夫《禹贡》九州之域率多贡丝，其在青州独以檿丝著者，与桑有异。而《尔雅》则释檿为山桑。盖蚕不一种而皆以蚕名，桑不一种而皆以桑名也。《史》称齐鲁千树桑，与千户侯等。其利宁有涯耶！而吉林之言此绝鲜者，抑又何故？曰世亦惟知山东独擅蚕桑之富，而已不知营州故壤，虞舜以前固直隶于青州，今之辽水东西，又即古营州境也。齐劝女工而冠带衣履天下，吉林抑岂有以异乎？锲而不舍，金石可镂。许子勉乎哉！幸无以是编之作为毕乃事也。宣统元年闰二月嘉定徐鼎康识。

自序 吾少也贱，于实业一途，素少研究即习。近偶一从事，率病于拘而难达。夫变，抑又阅历不足，莫得其贯通。居常往来于桑阴十亩间，与田夫野老，辍耕商榷。怀抱耿耿，期蚕事之日兴，庶有以佐农事之不足。夫橡，即桑类也。因橡放蚕，其利尤大，故先后阅十数寒暑，足迹历数十州县。凡树之种类，蚕之性质，皆汇记之。异言混真，则为辩说以证之；法传自古，则为杂考以明之。此外，如去蚕害，选蚕种，修蚕场，祀先蚕，与夫审气辩时诸说，皆经验之发纾者也。杂沓赘书，费日既久，辄复裒然成集矣。然未竟之绪，仍思以岁月补之。课工之余，手持此编，口讲指划，期为我山林同胞，浚一线之源，增一丝之利也。罪我者，将以为无病之呻吟；知我者，将以为热血之洋溢。问我以蚕事者，吾将授是编以当两端之竭；讥我以不知蚕事者，吾将质是编以求一字之师。噫！余视茫茫，余发苍苍，曾几何时，得与我山林同胞，朝夕共话，以为娱乐耶？惟愿各置一编，留作他年之纪念而已。若经济通儒，则所志者大，当无取乎？此吾亦不敢以此说进。光绪三十四年三月既望昌黎许鹏翊书于吉林山蚕总局。

柳蚕新编

许鹏翊，吉林劝业道曹鉴定，宣统元年（1909 年）七月，南洋印刷官厂代印，中国农业遗产研究室藏。

序 蚕桑之利始自嫘祖，其桑宜于大陆平原，则其蚕亦只宜于大陆平原，所谓园桑家蚕也。厥后由桑蚕推广见于《尔雅》者，有樗茧、萧茧、棘茧、栾茧。又载蟓桑茧，李时珍谓蟓即桑上野蚕。见于《禹贡》者有檿丝，见于《唐史》者有槲菜蚕，见于《宋史》者有苦参蚕，见于《齐民要术》及《蚕书》者有柘蚕，见于张文昌《桂州诗》者有桂蚕，见于《诗疏》者有蒿蚕。则蚕之作茧虽同而所食之叶如萧蒿野草、菜系园蔬、苦参药品，樗棘栾檿槲柘桂诸木皆资蚕食。是蚕种不必尽家蚕，养蚕不必尽园桑，由来已久。最后山东、河南推广橡蚕、柞蚕、榆蚕、椿蚕当即樗蚕，织为齐绸、鲁绸、椿绸、茧绸，销售最广。近时柞橡二蚕推及辽东，获利甚巨。吉林天气较奉天尤寒，不但家蚕无人讲求，即野蚕亦从未有谈及者。昌黎许君鹏翊、湖南傅君毓湘于光绪三十三年投效东来，提倡蚕事，傅君于桑蚕既收明效，许君于柞橡山蚕亦大著成绩。宣统二年许君又试养柳蚕，今年遂收茧五十余千。因于所著《橡蚕新编》外，复著《柳蚕新编》一书，梓以行世。综考古今蚕业，柳蚕实许君所亲手实验而新为发明者也。查园桑宜于大陆平原，以养家蚕，萧蒿苦参槲菜棘栾檿桂樗榆柞橡宜于高山林麓，以养野蚕。独兹柳蚕，则凡江湖低下之地，凡可以生此柳者，莫不咸宜。从此扩而充之，则山林平衍及江湖泽国皆可养蚕。而柳比各宗草木更易生植，微论地球各国必当闻风兴起，即我国二十二行省亦必有争先仿效者。第以吉林各江河两岸柳地计之，果能处处育此柳蚕，每年获利必不可以数计，许子之功诚伟矣哉！宣统二年十月既望枝江曹廷杰序于吉林劝业道署。

自序　戊申夏，翊往磐石督工，试放橡蚕。时向民间演说，使皆尽力于蚕事。又素知蒿柳可以放蚕，而橡山下此树尽多，因择其旁住民告之以法，使拴蛾柳丛上以为试验。至秋，果得茧数百枚。今年夏省局旁有去冬新栽之蒿柳，复命工人拴数十蛾，又得茧千余枚。上山晚而结茧速，且易为力。上宪知蒿柳之易生活，而放蚕之利尤大也。将大为提倡，使民皆因地栽植，群起放养，可以利普全省。翊既蒙差委职司劝导，深恐演说不能遍及，因将栽柳放蚕之方法及利益一一著出，使留心蚕事者可以得其大概。其留种、出蛾、挪蚕、窝茧，以及去害、防病诸法，《橡蚕新编》已详之，兹不复赘。宣统元年七月昌黎许鹏翊识。

序　山蚕之学素所未谙，自从先生游，获读先生所手著《橡蚕新编》一书，始稍稍知橡蚕梗概。然蒿柳饲蚕实未之前闻，及见先生发明而放养之，不禁诧然异，因进而请曰：橡树养蚕，自古有然。先生因地兴利，嘉惠吉林，祥知之谂矣。蒿柳饲蚕，先生何以知其然？先生曰：蚕工之放蚕，习其法以任其性，犹泥于法而鲜所变通。吾人之放蚕，悉其性以施其法，故循乎性而可以类及。祥本此宗旨，默体年余，深信树类之可以放蚕，不一而足。先生仅于橡蚕外发明及于柳蚕者，以吉产蒿柳甚繁，栽植甚易，亦因地兴利之意也。祥幸得橡蚕书，奉为圭臬，藉以研究蚕事，获益良多。今复读是书，故不禁乐赘一言以志颠末，书名：《柳蚕新编》，踵《橡蚕新编》例也。篇中附以芜言，则加谨按二字，示别也，意在说明书中未尽之旨。前署劝业道宪张作《柳蚕报告书》，先生以是书上之，多蒙采择，早行于世，然散见一斑，犹多以未睹全书为憾。因请于先生，宜付剞劂，与橡蚕书相济为用，他日者蚕业普兴，柳蚕当与橡蚕并盛，因利而利，被服无穷，有是书在，俾后之利其利者知所由来云尔。宣统二年二月初吉受知王毓祥谨识。

柞蚕杂志

增韫，宣统元年（1909年）七月，广东学务公所印刷处代印，中国农业遗产研究室藏。

[编者按：另有《柞蚕杂志》与《柞蚕问答》合订本，为光绪浙江书局刻本。]

弁言　尝谓圣门论政曰：“因民之利而利之”。盖所谓因者因时之所需，因地之所产，因人之所知，如是而已矣。直隶近年举办新政皆须借资民力，元气未复，亟宜另辟利源。曩在奉天亲见种柞养蚕之利，极力提倡。十余年来，已收成效。本省近山各州县亦有此种，惜民不知养蚕，仅作染色烧炭之用，殊属可惜。因采集种树养蚕之法，名曰：《柞蚕杂志》，又演为问答，名曰：《柞蚕问答》，并道光间贵州按察宋公劝民告示及养蚕事宜五条，后附此次白话告示，另刊成本，发给各州县，总期人尽通晓，俾知所法。至于未尽事宜，则必须实验以渐改良，原不必胶执成见也。前民利用虽不敢居，然当民穷财尽之时，即土产所固有，而教其所不知，于至圣因利之说，庶几无悖焉？光绪三十二年直隶布政使增韫序。

柞蚕汇志

增辑，宣统二年（1910年），商务印书馆铅印本，中国农业遗产研究室藏。

[编者按：抄本，抄自北京图书馆，汇集为《古柞蚕书五种》，此书为其一，两序。另有宣统二年庚戌浙江官纸局雕本，收录于《续修四库全书》子部农家类。]

《柞蚕汇志》序　余曩官东省，导民以种柞育蚕之法，行之而效。暨迁直藩，复广其法于顺德、正定等处，行之而亦效。一时各省讲实业者闻风兴起，远取成法，归而试之，又各有效。前此数千余年，丛蘖生翳荟于崎岖山谷间，徒为樵夫牧竖所摧折。曾无过而问者。今乃一省倡之，各省和之，爱护深至，利赖无穷，此岂物之有幸有不幸欤？盖大利之兴，固必至其时而后可也。戊申秋，奉命抚浙，浙中桑蚕甲天下，岁入恒数千万。其所为书种类极夥，精且备矣。顾衣被其利，号称富厚者，仅浙西三府及绍之数邑耳。近以默守旧法少少不如昔。而浙水以东，山岭绵亘不绝，林木茂美，其中多柞，土人摧之为薪，无复知育蚕用者，大利所在，弃而弗顾。居其上者又不为倡导，而外人复乘间抵隙，百出其计，以吸我利源。民生至此，几何不穷且盗也？董君季友与余同官东省者也，研求实业，勤恤民隐。爰请于朝，檄之来浙。畀以劝业之任，天子可其奏。季友到官，掎摭利病，庶政具举。乃以余向所为《柞蚕杂志》，设场试验于严之建德，成效昭然。比又拟著聚众法，搜采群说，辑《柞蚕汇志》一书，将刊示各属，以为先河之导，可谓能尽其职者矣。呜呼！世变岌岌不可终日，民生愁苦益无聊赖。惟振兴实业或可回元气于几希，而大者非数年或十数年不克，奏效又必待巨资而后举。当此物力凋敝之时，其何能支若柞蚕者，固民间原有之利，随地而可取，俯拾而即是，其程功也速，其收效也巨，又可家喻而户晓也。大利之兴，其在兹乎？至培树饲蚕诸法，具载志中，不复覼缕。惟历举往事以诏来者，俾浙之民，人可与虑始，行将由一邑以推诸全省，由一端以推诸无穷，此又余与季友之责所宜交相为勉者也。宣统纪元嘉平月抚浙使者增韫撰。

《柞蚕汇志》序　闻之《吕览》，始生之者天也，养成之者人也，养之者冀其生也，成之者遂其生也，是天人之合也。天生之而无人以养成之，则物之为物，不过一天产之自然品，亦无以神其用而彰厥功。《禹贡》九州所产既详，纪金石草木之属，而复详纁组丝枲之文，以见天之生物必藉人以成之者，其大较也。粤稽浙省为古扬州之域，界牛女之区，濒海滨而处温带，蚕桑之利宜莫与京。而墨守旧法，近亦稍杀矣。增大中丞于是重刊《柞蚕杂志》以饷浙民，而浙民之喁喁向风，陈乞蚕种者相属于道。遂乃筹资遣员远赴安东选种考工，归试养于严之建德，而成效大著。民之相率聚观者，罔不歆羡鼓舞，以为天之生物其成于人者利固如是其溥也。中丞喜民之可以因利而利也，爰命裒集诸家之说，证以实地经验之法，抉精祛复，缕析条分，名之曰：《柞蚕汇志》。明不欲窃人之美，而以实验为自得也。或曰是书也，可以辟浙民无穷之利，当久而勿谖也。不知是书之所以利浙民者，固浙民自有之利，但为之尽物性以成天之所生而已。书云乎哉！宣统纪元岁次己酉冬十一月试署浙江劝业道董元亮撰。

蚕丝业普及捷法（速成桑园种植法）

吴锦堂、倪绍雯、刘安钦，浙江图书馆藏。

［编者按：《速成桑园种植法》十四章，并有附录。《蚕丝业普及捷法》共三章。两书合并一册。］

《蚕桑速成捷法》刊行绪言　窃维兴养端资实业，而大利首重农桑。我国气候温和，土地肥美，版图壮廓，人族繁盛，而何以国势不振，民生疲弊？推其致此之由，皆因实业不兴，利源外溢故也。欲厚国力而济时艰，塞漏卮而保利权者，其惟蚕桑业乎！见效最速，获利最巨。苟能广设教育，研究新法，力求改良，日益进步，不数年而国力自充，民困自纾；决必胜之策，奏凯旋之歌。堪于田舍老幼、缘窗妇女之手中，一岁取还数百兆赔款外债而有余，即四万万之生民衣食，亦无不足。夫我国本有蚕桑天然之美利，日本、伊太利、法兰西三国，得我之传。虽与并称为世界四大蚕丝国，然伊、法二国近年来被工食昂贵，出丝渐绌。惟日本蚕桑盛行，已达极点，比年出丝，除其国内消一亿万元左右外，而输出丝额约达一亿六千四百万以上。若我国版图十数倍于日本，果能蚕桑发达，以日本输出外洋丝额为比例，每年当有二千六百四千万万元之巨额。年年取之于列国，即年年进步而增加，向之列强收括我无算膏血金钱之罪而责其偿，谁能御之，谁敢违之？是不待兵戎相见，所谓战捷于世界之和平武器者，非我国其谁属哉！且迩年欧洲各国日尚奢侈，赛富角艳，甚至以缎补壁，衣裹皆绸，各国需丝年增一年，无非仰藉我国与日本而已，由是以思蚕丝之业可立不败之地。且我国粮食工银两者俱贱，与列国较，无一省不得天惠占自然之优胜者。诚如日本农学士吉池庆正著《支那蚕业之沿革及现今状况》，论中谓清政府若用税务司所傭德人某氏之策，于各省中央设蚕丝业传习所，教以新理学之养蚕制丝法，分配于各州县改良旧习，以尽发达之能事，则挟此雄飞实力，直可以蹂躏世界之社会。外人此语可为我国人人之警钟也。今朝廷既设农工商部，实力振兴，为国民倡，诚能上下同心，猛勇臻进，则十亿六百余兆之新富源不难确收效果矣。虽然鄙人以上所论固非一僦可几，如能闻风兴起教育，普及由桑而蚕而丝而银，富强之策，非此何求？惟愿我国各厅州县明哲者迅速提倡，将废地、荒场、畦畔、屋角，在在皆树之桑。以亩田之桑育春夏秋三季之蚕，辛苦只数十天，获利可百数元之多。丝售异域，以我黄土易彼黄金非富我而何？若论开矿山、兴制造固属当今之急。然办机器、请技师，小则数十万，大则数百万，恐无如许金钱，断难骤办、转不若先为务本，而后图远大，是为得策也。查广东风气早开，年来产丝渐增，如顺德一县，每年出丝计至六七千万元之多。次则吾浙各属若湖州、嵊县出数亦巨。而四川、江苏亦渐发达。唯丝质虽优，而缫法不精，价终贬抑。必广兴教育，改良新法，斯可驾日本之上。鄙人侨商日本，垂三十年，目见耳闻，略有所知，睹邻国之富强，痛祖国之贫弱，眷念宗邦，谊切桑梓，是以不暇谋家室之安，于光绪三十一年，在本籍浙江宁波府慈溪县北乡创建锦堂学校，初设两等小学，继改初等农蚕。今又扩充办法，迳升为中等农业学校，总计先后用银二十万圆。今春又设短期蚕业讲习所，顾念教育尚初限一方，未能普及全国。适东京帝国蚕丝讲习所毕业生同乡倪君绍雯，四川刘君安钦有《速成桑园种植法》及《蚕丝业普及捷法》，二书之作乃为汇成一书，名曰：《蚕桑速成捷法》，梓以问世，为赠送者二千部。是书文浅法简，易于传授。而鄙人之为之亟亟焉刊行印送者，盖有见夫提倡实业，蚕其首务，徒以言之无条，行之无法，于改良前途殊多窒碍耳！今得是书而读之，复得有爱国热诚志士共图振兴，力为提倡，广兴斯业，慨助刊资，遍为传送，以一传十，以十传百，庶几数年之后，普及全国，强国富民指日可待。鄙人谫陋无文，不计工拙，幸祈高明垂鉴焉。时宣统二年庚戌春仲浙江宁波府慈溪县北乡东山头锦堂中等农业学校校主吴作镆锦堂识。

《速成桑园种植法》序　《说文》："桑，蚕所食也。"盖蚕之于桑，犹人之于米麦，人不可一日无米麦，蚕不可一时无桑。欲兴蚕事，必首栽桑。伊古以来，未之有改。见于古书，或形容其苍郁，或辨别其名称，或定保护之条，或言种植之利，足见栽桑之业固与蚕事并重矣。及至罂粟输入，蚩蚩者只顾目前之利，而忘其害之所自来，腴畑沃土，尽废栽桑之业而营罂粟。蚕儿唯一之饲料，悉仰给于野生桑树，以致蚕病日剧，种子不良，谁生厉阶，至今为梗。今则奉旨禁烟，并严定年限，民间渐知罂粟为害，势不得不弃而他图。全国实业家之视线麕集于蚕界，吾亦曰微蚕业不足以救目前之急也。虽然栽桑之业，非先明其学理，熟练其种植之法，其收效必不良。我国朔东各省栽桑之法，犹是古昔遗风，无足称者。惟江浙拳式稍为进步，然自播种以至采叶，非经三四年，难期有成。夫以我国经济情形观之，似此收效缓慢之实业，匪独提倡者无以模范号召，即从事斯业者亦将却步不前。同学倪君有鉴于此，特就平日所得辑成一册，明晰利弊，详言种植之法，文章简明易晓，虽稍识字者，亦可了然，洵为栽桑者之宝典。此书出后，将见各省闻风兴起，山泽农民必有铲烟苗而补种桑树者，群情趋向，风气日开，其利益岂罂粟所可比拟？则是书之价值为何如哉！是为序。己酉孟冬同学弟蜀东刘安钦序于中国蚕丝业会事务所编译室。

自序　自罂粟禁种以来，莫大利源，顿被杜绝，朝野人士，均汲汲焉。谋所以弥补之策，其最知当务之急者，极主张振兴，事易效捷，本轻利大。我国固有特产物之蚕业，上以完国税之不足，下以济斯民之穷困，策固至全也。惟蚕业之重要条件，首在桑叶，然据此来栽桑方法，自种植以至收获，最少须经三四年。嗟彼小民资金有限，如此晚成，何能实行？余窃有慨乎！此乃于功课余暇，搜寻日本蚕界诸名家所研究有得之《速成种植法》，摘要就简，汇为小册。若蒙我国上下人众采取之，以见诸实施，即不难挟其雄富之实力以蹂躏世界社会而有余，岂仅罂粟禁种后之损失可藉是弥补哉！至措词务求易晓，而工拙在所不计。阅者诸君幸垂谅焉。宣统元年十一月十五日序于日本农商务省东京蚕业讲习所寄宿舍编述者识。

《速成桑园蚕丝捷学法》跋　《速成桑园种植法》为慈溪倪轫庵君所编辑，《桑蚕捷学法》为四川刘安钦君所著述，实吴锦堂君促成之，为出资付印，以普告我国民，使从事实业者知谋富之有简策也。夫我国之患贫非一日矣，言兴利者亦多端。而近时吾浙咨议局议决案，独提出推广全省蚕桑议案一条，由巡抚部院札准公布施行，可知蚕桑为农家副业，已为吾浙国民所公认。又据议案云：豫蜀滇黔鲁晋闽越吉陕湘鄂宁苏皖诸省，多聘浙省蚕学馆毕业生，以资仿办，则他省之亟亟于是也。又可知，吴君侨居日本神户，热心祖国公益。今春方于其故里所设之锦堂学校，改办蚕桑实业。适倪君等创办中国蚕丝业会报于日本东京，见而艳之。既捐资刊行第二期会报，复商请倪刘二君另编简易栽桑育蚕诸书，为图富国富民之速效。倪刘二君固深于是学者，爰举平日所研究有得之《速成桑园种植法》《蚕桑捷学法》以应。诚谓育蚕必先栽桑，桑之效可速成，则蚕之利可普及也。昔子舆氏言树桑为王政所关，而日宅曰墙下，则隙地宜桑，固无在不可为园也。《豳诗・七月》，咏桑者三。所谓柔桑、女桑者，与今拳桑及根刈诸种皆不同，盖速成种植后所得之桑，殆类是欤？蚕桑为吾国固有特产，今倪刘二君编辑是书，参取日本良法，以补吾国所不及，庶几仿而行之，转贫为富，犹反手事耳！所望读是书者，具有吴君之熟诚，传播而广兴之，则幸甚矣。时在宣统二年正月奉化北溟江起鲲跋于慈北锦堂学校之校长室。

㭎蚕通说

秦枬辑，民国三十三年（1944 年），四休堂丛书十二种二十卷，铅印本，第四册，南京图书馆藏。

[编者按：《四休堂丛书》十二种二十卷，共五册，本书为其中第四册。宣统元年（1909 年）楼藜然在巴州劝课㭎蚕，选用秦梗友贰尹出所编《㭎蚕通说》。]

重印《㭎蚕通说》绪言　㭎蚕即山蚕，饲以㭎叶，故谓之㭎蚕。此树各省俱有之，其称为青㭎。惟四川与贵州以㭎叶饲山蚕。产丝最旺者，惟贵州遵义，川东稍有之，川北甚鲜。余昔于巴州署编此书，有以也，至巴州习艺所雕刻印刷科成立，即排印。详请督院司道审定，劝业道批，切当详明，适合劝业之用。仰即添印三百份，申解以便扎发各州县参考办理，价银若干，另发云云。州于是如数印解，并将扎文印卷首，此乃第二次所印者。民十九，余家被毁后，此本无存。访诸友，亦是初本，核其实，则此本有无未必为是非所系。在吾浙则有无此说，亦可断为无关系，此非浙无此树，浙人多以柞台语音如宅称之。非浙之气候不宜此蚕，初办时得法与否，似乎有宜有不宜。办实业大抵如斯，非独蚕业为然。溯自宣统三年，浙江劝业道举办柞蚕，随即国变，后遂无复谈者。虽谓之不宜可也，废除此说亦无不可，惟究竟宜与不宜，然乎？否乎？非一人能臆断，姑留此说，以俟后人，容有高明者为之论定。此次重印之意，即在于此。并于此书前数条辨树之处，稍加修正，较为明晰，是否应质诸农家者流。民三十二秦枬识于四休堂。

《㭎蚕通说》序　戊申冬，余被檄权巴州，甫入境，辄欲察其山川之形势，与夫物产之赢虚。途次进野叟山农，问闾阎疾苦，遇攲嶇偪仄处，复舍舆而徒，登高四顾，耳与目谋，知其地瘠甚，其民贫甚，为颓息累日。然层峦叠嶂之盘郁于数百里，间者尚有蔚然深秀之气。殆地利无尽藏，而人事多有未尽者欤！下车后，乃属耆老而告之曰：若亦知林麓间青㭎济济，不第供薪櫄，实有裨于饲育耶！或答以距州治三百余里，芝包口地方曾有以㭎叶饲山蚕者，然无赢利。余曰：是无法以导之故也。遂拟办山蚕公会，草章程，甫就，适奉劝业道劄查境内橡产，劝养山蚕，就地兴利。于是派朱生如椿赴乡劝谕，查报青㭎，一面备价赍会章，禀商本府，并寓书阆中松大令，购种试验，因期迫，茧已烘种，未便出窝，缓其议，以为后图。是时襄办学务委员秦梗友贰尹出所编《㭎蚕通说》见示，余欣然卒读。窃叹州人之荒是业也，有以夫。目未睹中外古今大势，止蹴蹴焉囿于蜀之一隅，甚且囿于巴之片壤，无怪乎绝大利源，反视若堂坳之水，虽近年迭经当道提倡，又有夏君子猷《山蚕图说》鼓吹其间，仍不足以化一孔之见。倘得是编讲习而扩充之，则法愈便而利愈溥。且其利犹不止于山蚕，凡食品、染品、器用品，是编已无不类及之。抑吾更有进者，土人言冬斫㭎木，截作数尺，橛层积山间，日暄雨润，久之则生耳，其色黑，犹常蔬也。若就山中之有溪沟者，当春斫㭎，置斜坡；夏生耳，皆白，谓之银耳，值倍于银。巴之二家坪，通江之陈家壩，岁入颇饶，厥有明验。何以州人士若不知其有是产也者，即知之，抑若土性之独宜于彼也者。此无他，盖即向者耆老，山蚕之说，横梗于胸中也。吾将与吾民共研物理，浚利源，不使货之终弃于地也。故亟取是编付排印，附以弁言，遍饷农家者流，俾为谋生之一助云。宣统元年己酉秋花翎在任候选道调署保宁府巴州事汉州知州诸暨楼藜然。

柳蚕发明辑要

又名《吉林柳蚕报告书》，张瀛，宣统二年（1910年）正月二十八日，中国国家图书馆藏。

[编者按：南京农业大学藏中国农业史资料第331册，动物编。借抄北京图书馆藏抄本。目录有《柳种类考》等二十一篇。]

窃维东三省，夙称农国，森林最富，橡槲最多。奉属之金复海盖等州县，民间擅山蚕之利，饶于耕耨。我吉林壤地毗连，居民竟昧于放养，坐弃其利，亦由于官吏之不先倡导故也。丁未冬，**总督徐、巡抚朱**公疏陈吉省，应行要政。奏明择松花江南岸辟地一隅，设立蚕业局，以资试验。旋设劝业道，以督理之。

正任徐公鼎康竭力经营，并设场于省垣左近之欢喜岭及伊通磐石等处，民户均知放养。嗣奉巡抚陈公札饬各属振兴实业。并蒙常时谆谆面励，各员竭力劝导。自宾州临江东南一带，素长橡槲之区，择地辟场，购觅山蚕茧种，派员雇工布放，风气大开，结茧颇多，丝亦坚润。乡民目睹利益，纷纷乞领茧种。本年放养较之上年，尤家不难，愈推愈广。并派员赴浙购运桑秧蚕种，延聘杭州蚕学馆毕业生来吉，指授饲蚕之法。所种桑秧八万余株，一律成活，青葱可爱，叶大如盘。所出丝斤，茧质晶莹光润，堪媲南产。父老传观，莫不欣羡。本年有夏，瀛忝权劝业道篆，复与各员司悉心考察，筹款开展。禀蒙总督锡、巡抚陈公批准于桑园左近，并于长春、伊通、农安、磐石购地移植，实力推广。本年风气已开，乡民咸来领秧乞种，为将来饲养之计，此山蚕湖桑之发达，可于此时基之矣。更可异者，我三省素产蒿柳，河畔沟洼之处，无处无之。较之橡槲，取材尤便。今夏该员司等将山茧之种移放蒿柳，如饲山蚕之法饲护之，尤能工省利倍。结茧更佳，分量较重，茧亦较大，其丝柔润而坚。此柳蚕之发明于我吉省自此始也。惜今夏试放不多，已将柳茧呈送，请督抚宪鉴赏，并饬该员司等选留茧种，来年一律广放。惟官吏仅能提倡，如欲推广，端赖我民。且柳条尚可编成器皿，以便民用。今将蒿柳之性质、饲养之法则刊列报告，为我民广辟利源，亦裕国富民之一道焉。宣统纪元岁在己酉孟冬署理吉林劝业道张瀛谨识。

鲁桑（湖桑）栽培新法

四明倪绍雯著述，宣统二年（1910年）五月望日付印，六月朔日出版，新学会社铅印本，南京图书馆藏。

[编者按：通信处宁波慈北观海衙北门，印刷者伊藤幸吉。目录、第一章鲁桑之形状性质及其用途、第二章鲁桑之特征、第三章采苗法、第四章栽培法、第五章整枝法、第六章耕锄、第七章整理、第八章施肥、第九章采叶、第十章桑园之收支计算、附录。]

绪言　鲁桑为吾国名产，栽培容易，收获丰富，叶质柔软，养分富有。

世界养蚕各国若法、若伊，皆称为最优等种，尽行栽植。而日本则自饲育夏秋蚕发达以来，栽培鲁桑者年增岁加。去岁夏间，余赴信州实地视察，时道路两旁桑林郁苍，细视之，除极少数日本固有桑种及早生外，余悉鲁桑，始恍然日本蚕丝业诸杂志书籍所啧啧焉称道鲁桑之为优良种类，诚非虚语。自是以后，余每遇有关于鲁桑讲话及栽培方法等，虽片语只字，亦摘录焉。桑园实习时，每遇主任教师辄择要询问，归即录出，兹检录稿，并加入平日实习时所心得者。栽培方法大旨已备，遂整理付印，以供我当业者参考之用。至余既无学识，又鲜经验，鲁鱼亥豕，知所不免。尚望大雅君子匡其不逮，幸甚。宣统二年五月望日书于日本农商务省，东京蚕业讲习所寄宿舍，著述者识。

柞蚕简法补遗

徐澜，宣统二年（1910年），宣统庚戌（1910年）五月发刊，刻本，安徽劝业道署编印。中国农业遗产研究室藏。

[编者按：总务科长蒋汝正校阅，农务科长徐澜编辑。内容不多，包括种柞法、育蚕法、图说三部分。]

《柞蚕简法补遗》序　余既刊《柞蚕简法》一书，复派刘毅山大令至河南鲁山详为调查。以其目所经验，开具节略。内烘蛾、烘蚁诸法，有为前编所未详者，亦有稍异者。乃复属徐澄园大令，依条编次之，附之以图，为《柞蚕简法补遗》。刊印传布，以资倡导。查近年柞蚕发达以河南、山东为最，两省地气不同，故其育法亦稍有异。皖省温度与河南适等，试育者因地制宜，当以所得于鲁山诸法为传习之要素云。二品衔安徽劝业道童祥熊序。

安徽劝办柞蚕案

徐澜，宣统二年（1910年），劝业道署编印，浙江大学藏。

[编者按：该书目录有简法、补遗、第一次报告书、蚕桑分级表、简易办法、烘蛾说、附公牍。总务科长蒋汝正校正，农务科长徐澜编辑，科员刘宏远、戴光敏同参校。]

序　中国山蚕见于唐宋各史，而于养育之法则语焉弗详。余前属徐澄园大令辑《柞蚕简法》，嗣增补遗一帙。又以传习所试育春蚕成绩订为《第一次报告书》，次第印行，索观者众，区区之愚，欲更有所献于社会，便蚕业家之研究。爰复荟萃三者，量加修改，并增其所未备，都为一编，而弁以言曰：事有以因为创，既创之而民即可因之者，皖省之试育柞蚕是也。柞蚕之兴，自齐之登莱始，而豫之鲁山、南召、裕州继之。今两省茧丝为出口大宗，食其利者数十万户。比年直隶、奉天等处，师其法，辄收其效。则壤连齐豫土腴多柞之皖省，其宜蚕可知。今之试育，盖因齐豫已成之良法，创皖省近百年之所未有，故曰：以因为创也。然而虑始之难也，无其财则事不举，有其财无其人则事仍不举。凤阳一传习所成于库帑支绌之际，及其如法试育也，收茧既多，而丝亦坚良。凤郡乡民前之疑为洋蚕，相视而莫敢近者，今且欢忭鼓舞，以为衣被之资在是矣，此不独余之所厚幸也。夫提倡者官，而仿效者民，传其法，通其意，以浚民智而张利权者，则又赖有明达多闻毅力宏愿之士绅。愿自兹以往，皖江南北有柞之地，无不有蚕，用可久之法而成可大之利，凤阳一所其权舆耳。故曰：既创之而民即可因之也。区区是编，或为当世所不弃焉。或曰：柞蚕者，野蚕之一耳。柞之属，若橡、若槲、若青棡，皆宜蚕，兹编以柞蚕名，其未备乎？曰：事固有举一以例其余者，且齐豫习称柞蚕，民所易知，则仍之云。二品衔安徽劝业道童祥熊序。

蚕桑简法

陈雪堂，宣统三年（1911年）二月再版，同文印书馆代印，安徽蚕业讲习所刊，华南农业大学藏。

［**编者按：该书上卷养蚕撮要十三条，下卷栽桑要法十条。**］

《蚕桑简法》序　皖省襟江带淮，地居温带，土壤天气均宜蚕桑，而蚕利不能大兴者，则饲育培养之无法也。戊申仲夏，余奉命劝业是邦，于课农之中，尤注重于蚕业，既设柞蚕传习所于凤阳，复于省城外设蚕业讲习所，委董颍生大令主任其事，延聘讲员，召集各州县学生，甄录其优者，留所实习。今岁春蚕成茧，莹洁坚厚，不亚杭湖。乃益讨求普及之法，于是陈雪堂监学，暨吕吉甫、李麓仙、蒋晓舫三教员，博采中西养蚕各法，并本其经验所得者，编为《养蚕撮要》一卷。又汇辑《植物学》《动物学》《土壤学》《肥料学》《昆虫学》诸书，取其有关于栽桑者，编为《栽桑要法》一卷。合为一编，名曰：《蚕桑简法》。是书也，不主理想，专重实验，文虽简约，而饲育培养诸法则已备矣。夫泰东西发明蚕事，皆后于吾国，今其丝业之盛，乃突轶吾前者，无他，有官家之提倡，有学校之教育，有社会之研求，故其法日精一日，而进步自速耳！兹讲习所既已成立，又得是编刊而布之，使民间饲蚕知所取法，不致以失败而生阻力。将来蚕事之兴，正未有艾，既为皖省导富源，亦即为挽回利权之一助也夫。二品衔安徽劝业道童祥熊序。

农林蚕说（附畜牧圃事居家食物常菜）

叶向荣，宣统辛亥（1911年），衢城正新书局石印，华南农业大学藏。

［**编者按：北京大学与南京大学图书馆有藏。内容有每月事宜、农事各谷、附畜牧、附圃事各蔬、林业树植、蚕桑图说、常菜食物。有目录言《蚕**

桑图说》藏于华南农业大学，亦为此书中一部。且与光绪丙申年（1896年）刊叶向荣《蚕桑说》叙与内容基本相同。]

自来欲富国先富民，而富民有道，不外因民之所利而利之。蚩蚩之氓，率皆故步自封，不求进益。而牧民者又复以新法劝导之，期望之，无怪其扞格不入也。夫新法非不善，惟民狃于旧习，尚不扩充，又安能进以新法哉？然则欲兴民利，非以扩充旧法为基础其势不可，余欲讲求久矣。庚戌岁，来守衢邑，每月之三与都人士讨论，农务会长叶君向荣者，其意见多与余合。叶君以老明经世居东乡，平日研究农务，实地试验，确有心得，辑成《农林蚕说》一书。余索而阅之，见其农务、种树、养蚕诸法，近而共晓，浅而易行。所谓扩充旧法者，其在是乎！农家者流得是说，以破其愚，则庶几地利渐兴，而因以讲求新法不难矣。虽叶君是说为富民富国之基础焉，可也，余故亟书数言，以为牧民者告。宣统二年十二月日衢州府崇兴序。

《孟子》云：诸侯耕助，以供粢盛。夫人蚕缫，以为衣服。又曰：斧斤以时入山林，材木不可胜用。农林蚕三事，是王道之始，当今之急务也。今之言农林蚕者甚多矣，观其书，多有浑言其理而未讲明其法者。荣以为必先勤其试验之法，而后考成其发达之理，则理莫不了然于心。荣世居乡僻，耕读为事，凡农林蚕诸事，父兄之动作，耳闻目睹，幼习壮为，读书之暇，如此三项，亲操练习，历年试验，迄今已逾四十年之久，成效颇有。无如家道贫寒，本村地稀田少，不能推广各乡，深为隐恨。今当国家振兴实业，为富国利民之计，将必有研究新法，发明新理，为农林蚕开莫大之财源者为之导其先路也。然农林蚕之事有因时而变，因地而变者，固未可一概论也。荣前刊有《蚕桑图说》及《蚕桑大略》等板，至庚子年，屋被匪毁，板亦无存。是以不揣简陋，将农林蚕及牧畜圃居家常菜等项亲试有效者编就刍言，颜曰：《农林蚕说》，公诸同好，以供览阅，其中语言鄙俚，实足遗笑于大方也。是为序。宣统三年三月日岁贡生安徽候补州判衢西叶向荣自序。

叙 古者天子亲耕，后亲桑。我圣祖仁皇帝念切民依，尝刊《耕织图》颁行中外。诚以民生之源首在衣食，故惰农有诫，即妇事有省，盖有并重无畸轻也。西邑四面环山，缭以原田，民朴而勤，虽兵燹后土著流亡，强半招徕自四方，党类既殊，风气稍易矣。然尽力田间，类能终岁劬劳，舍我穑事者，盖亦甚鲜，独妇女无常职，求所谓执麻枲、治丝茧，竟渺不可得。夫人情恒难于创而乐于因，民俗宜补其偏而贻以利，士农工商，男有恒业，其室家妇子嘻嘻晏然无所司事，一缕一丝，皆将贷诸抱布贸丝者流，内职之不修，狃于习俗，特无人起而创，为之补其偏。余两宰斯土，深病之，且以自病，叶子向荣出所纂《蚕桑辑要》一帙，于接桑养蚕之法，言质而词浅，易于通晓，且甚言蚕桑之益，深得利导之意，亟序而梓之，俾家喻户晓。庶几“爰求柔桑”学女事以共衣服，上副圣朝耕织并重之至意，不其韪与！光绪八年岁次壬午仲冬知浙江西安县事南城欧阳烜谨叙。

叙　从来衣食之源，农桑并重，而桑之利倍于农，而其利不普及于天下，此无他，人苦不知法耳！荣幼束发受书，考先王树桑养蚕之政，窃有志蚕桑之务。既长，与异方人士交游，间有籍隶嘉湖者谈及蚕桑之务，井井有条。荣欣然聆之，即为叩其成法，因得见规条、杂说，与夫器具、图说。荣借录其书，遵法树桑养蚕，颇著成效，阅历有年，于旧法外别有心得。荣固宝而奉之，第思有志蚕桑之务者，岂止荣也乎？得其法而不以告人，是自私也。急欲访求旧板，印送同志。乃兵燹之后，板毁无存。荣故不惜重资，将前所录规条、杂说、器具、图说，逐加考校，登诸梨枣。而数十年阅历，有得于旧法外者，亦补刻其间，颜曰：《蚕桑图说》。俾树桑养蚕之法，灿然大备，彼有志蚕桑之务，既得是书，则蚕桑之法明，蚕桑之利兴矣。至于教导愚氓，使人人尽知蚕桑之法，而蚕桑之利得以普及于天下。荣更有望于阅是书者。光绪二十有二年岁次丙申西安岁贡生叶向荣谨叙。

《蚕桑图说》　窃维衣食大源不外农桑，而桑利较农尤便。西邑近年养蚕者亦颇不乏，类皆冒昧从事，知养蚕不知树桑，每致蚕多桑缺，余甚悯焉。特蚕事既毕即置桑不问，有桑者不知培，无桑者不知种，习俗之牢，非法不破。余前刻《蚕桑图说》，**庚子六月余屋为匪所焚，板亦被毁**。并累上条陈，皆述宋朝范纯仁宰襄阳时，劝教蚕桑，用法督民一事，欲官宰仿行，为民生利，奈官宰案牍事繁，无暇及此。而蚕桑大利，又吾民切己之责，不得不自行设法。以余管见，莫若各庄各村设立蚕桑会，但口难遍告，因将养蚕树桑诸法并立会章程刊板印贴，使人通晓，以沾利益。

实验蚕桑简要法

陈浡编，宣统三年（1911年）三月初版，民国二年（1913年）四月再版，上海新学会社印行，华南农业大学藏。

［编者按：浙江平阳陈浡编。有凡例。分为栽桑法上篇十五章，并附种椿及养椿蚕法；养蚕法下篇三十七章。］

序　一命之士，苟存心于爱物，于人必有所济。仆两任阜宰，苦无善政及人。光绪丙申初，宰是邑，创立农学堂，工甫竣，而篆适卸。嗣因开办无资，遂自空其名。前任刘公淑琴借两城端化义塾改建蚕桑学堂，延请陈君志光来司其铎，迄今六载，成效卓著，四乡推广，日见发达。陈君乃手订《蚕桑简要》一编，法详词显。俾乡村妇孺一见可知，藉济教育所未及，意至殷也。命仆作叙，义乌能辞。谨撰数言，望诸君子广为传布，实事求是，勿负陈君利人济物之至意，幸甚！是为序。宣统三年春仲再理阜阳县事山左王树鼎拜序。

叙　自古农桑并重，迨至有元，棉花输入中国，讲艺桑者由此少，刻丝业大兴，古法外注，列强日竞，反起而夺吾利源，吾阜人稠地满，数十年来，五谷外，借资获利者厥维莺粟。方今朝廷律严断种，进款顿消，上下俱形艰窘。幸蚕桑建立，毕业有人，浚源宁君犹恐法难遍给，商恳陈君志光检订《蚕桑简要》一编，都人士倘能宏为传布，俾由此精益求精，广益推广。十数年后，大利之获，视莺粟岂第千百倍蓰哉！仆喜二君用意之渥，王公期望吾邑之厚。并是编立法之善，再叙数言，敢为四方君子劝。宣统岁在辛亥季春月爻吉氏喻汝谦拜撰。

山蚕讲义

播州监生余铣编辑，贵州全省山蚕讲习所，宣统三年（1911年）季夏，遵义艺徒学堂石印，华南农业大学藏。

［**编者按：书中有创贵州绸之陈玉壂先生画像。全书六章，附图二十幅。**］

《山蚕讲义》自序　政治原于学术欤？学术原于政治欤？抑政治学术交相为用，而以致富强也。富强岂朝夕故哉！即一材一艺之末，其由来久矣。夫黔省最贫于天下，惟遵义以山蚕较殷实。宣统三年，贵州劝业道王公欲扩事充之，札办山蚕讲习所于遵义府治南之劝工厂，通饬各属资送生徒来就学焉。余以樗栎庸材，谬膺讲席，苦鲜成书，以资考证。爰就管见所及汇成六章，或引用旧谱而变通之，或博访乡人而参酌之，匆遽指授，疏漏所不免也。游艺诸君子若不以其细而弃之，校正发明，以匡不逮，则学以积而益深，事以成而愈进。物无弃材，地无旷土，或于政治学术之前途，万有一收其效者乎！编者识。

岭南蚕桑要则

赖逸甫，顺德蚕桑教长同答，板存佛山镇十七间同文堂承印，修已闢夫漫录，泷阳蚕桑义学刊送，华南农业大学藏。

［**编者按：另有宣统三年（1911年），抄本，南京农业大学藏。内含倡办蚕桑实习局章程等。**］

序　《书》曰："天降下民，作之君，作之师。惟曰其助上帝，宠之四方。"《记》曰："人父母生而师教之，师也者，所以学为君也。"先哲以君亲师而参天地，论者谓天地生人而赋以衣食，父母生人而谋以衣食，君师教人而养以衣食，皆有功德于民者也。夫教养责在君师，三代之学，修齐治平而外，稼圃树艺，靡不有教，即靡不有学，所以赡衣食，而国无游民，野无旷土也。泷阳居岭南之南壤，云连繍错，河山多风景之观。独惜民智未开，斯亦先觉之无人，亦固其所。吾师逸甫赖夫子来主经堂讲席，见夫地不改辟，民不改聚，深叹有土自有财之言，每对人必以劝业蚕桑剀切痛喻，而教以浚开衣食之源。于是乎，率同经堂学群倡设蚕桑义学，广延善桑善蚕之师来立蚕桑标准。先教经堂学群而引导四乡，由迩及远，推广而教。每岁甄别学群两次，每次抡将学有堪以劝课乡邻程度者，取列二三十名为传习员，赞成其回乡去，再立乃乡乃族之标准，而教乃乡乃族之亲友。如是者，各乡所获蚕桑之利，年年加倍。今数年间，各处皆倍而又倍，姑计罗太两堡岁沽茧价已得十万有奇。成绩既著，仍患其教不广，尤患口教之有流弊。蚕桑虽乃王政大典，因其向无适当书说流传，世人苦于无所观摩。爰征谙练老成蚕师之精言要旨，汇辑成书，名曰：《岭南蚕桑要则》。洋洋数万言，于种桑饲蚕治茧抽丝之法，缕晰详明，专以堪供世人取法而达于家喻户晓为主义。是书也，旨微而显，义宽而密。所谓夫妇之愚可以与知焉，夫妇之不肖可以能行焉。以言夫诣造其极，则终身出之而不足，其反覆丁宁，示人之意亦深切矣。昔汪公应轸，出守泗州，民惰弗耕桑。公教之树畜，买桑万株植之，募善治蚕桑者教蚕事，吾师一掌教责耳，而以民生之心为心，先儒谓世盛则教在君相，世衰则教在师儒，移风易俗，吾师悲悯之心苦矣。古者天子诸侯，必有躬桑。蚕室近布于三宫而筑之。大昕之朝，君皮弁视帻，卜三宫夫人、世妇之吉者，风戾以食，卒蚕献茧，夫人副帏受，君其非慎重之谓夫？固谓天子躬耕，后妃亲蚕，而知稼穑艰难，心关民瘼，身为先导耳。周之兴也，穑事开基，周元圣以成王幼冲，陈后稷、公刘肇祖之王业，使瞽矇朝夕而讽诵之。读《七月》诸什，其于蚕桑者三致意焉。夫民以衣食为先，衣食者民生之本，王道之原也。天下大利必归农，故富始耕桑，而次工贾，所愿有心世教者览此书，而珍为家之嚆矢，使先觉觉后觉，则以天地自然之利为利，斯固生财之大道乎，亦天工人其代之也。史官云：西陵女教民养蚕，而天下无皲瘃之患，天下无皲瘃之患，而吾师之心慰矣，吾师之功亦溥矣哉！经山人也，见闻粗浅，何敢措辞，因心乎是书，概然有率妻子耕桑治产之计，遂不揣固陋而为之序。旹宣统三年孟秋穀旦门人陈经拜撰于泷阳之蚕桑义学。

山蚕辑略

孙钟亶，抄本，中国农业遗产研究室藏。

[编者按：山东大学图书馆藏民国九年（1920年）安庆同文官印书馆，石印本，本书与郝懿行《蜂衙小记》合刻。书中凡三十六课。栖霞孙钟亶伯诚氏编次。]

序 管子曰："本富为上，末富次之。"太史公曰："善者因之，其次利导之，其次整齐之，其次教诲之。"若东省山蚕，非致富之源而亟待因势利导以整齐教诲者哉！何也？山蚕，即柞蚕，又名野蚕，自"莱夷作牧，厥篚檿丝"见诸《禹贡》以来，野蚕记载史不绝书。惟往昔未假人力，自然生长，故佥以为瑞。近日山东沿海各县，遍山弥谷，植柞成林。土人就柞放蚕，所出茧丝每年出口数达巨万；而由山茧缫丝所织之茧绸，销售欧美、西伯利亚一带；更因色质佳丽，备受外人欢迎，至以山东绸呼之。足见山蚕乃东省天然之利，与出口收入实有至大之关系也。鄙人劝业来东，每思东省以固有之土产工作改良而扩张之。故对于柞蚕之养育以及茧绸之制造，不惮悉心考查，惜无成书俾资佐证，每引为憾！适友人孙介人、牟笑然二先生，持孙君钟亶所编之《山蚕辑略》，求序于余，余受而读之，竟见其考据精确，记载详明，实先得我心。东省实业界同人，果能人手一编，触类引伸，互相讨论。再参照外人漂染之方、织造之法，将所得之技术与学理，列入专门以教授之，而逐渐改良，将来东省柞蚕之利，自可永保盛况，以与世界市场相周旋。则是编之作，其增加富力而有造于地方者实大，又岂仅普通之记载而已哉！如是而乐为之序。辛酉仲冬淮阴田步蟾撰。

序 登莱野蚕屡详古史，然列诸符瑞，诧为创闻，语实不经，通人所诮。迨后衣被渐广，风行五洲，卵育滋蕃，弥山遍谷，省工用博，随地咸宜，洵生民一大利源也。惟是居守移下之方、烘覼眠食之序，土人类能言之，卒无居其地、亲其事，详稽繁引，汇为一书，以供社会之探讨者。余观察胶海，目击土货出口，以茧丝为大宗，辄思广为提倡，由一隅而推之全国，第以事非素习，语焉不详，有志未逮也。栖霞孙君伯诚，为吾友文山先生族子，留心经世，著有《山蚕辑略》一书，因文山而请序于余。余公余浏览，既喜其用力之勤，尤服其立心之广。举凡察阴阳、御鸟鼠、薙草移枝诸法，条分缕析，一目了然。又历溯年来出产之盛衰、物值之消长，以及沿用器具之变迁，义取简明，老妪都解。拓为三十六课，可以教授童蒙，殆致富之奇书，救时之良策乎！昔刘弢子牧宁羌，陈省庵守遵义，皆以购养山蚕，为土人倡导，利赖至今。景仰前徽，心焉向往，得是书而传播之，家喻户晓，精益求精，野茧推行之效，将有月异而岁不同者。而余煨以庸虚，亦藉以良规而酬夙愿，则孙君之匡余不逮，岂浅鲜哉。爰此笔而归之。岁戊午十月上浣吴永撰。

序　《禹贡》曰："莱夷作牧，厥篚檿丝。"《蔡子训》曰："檿，山桑也。"盖即柞树之类，其地适在东莱，则山茧发生于吾栖也，已不下数千年。蔡子未临吾地，不知山桑之即柞树，故以笼统之名义训之，其时已入正贡。山茧为用大矣，惜乎当日无人提倡，不过自行成茧，人获其天然之利，以为稀奇之物，故用以作贡。然既能作贡，则年复一年，援以为例，并非事之偶然者也。后之人留心时事，引而伸之，触类而长之，故至今胶东西一带，几乎无山不有。牟平、福山等邑，竟有植柞树于河岸者，共养蚕成茧，亦与山等。新学界更发明一种柳茧，其茧与柞树无小异，而丝之细纫稍逊之。奉天等处，其山茧之发达不亚于吾栖，而丝之洁白逊之。此外鲁山、贵州，其丝之细纫洁白，较胜于吾栖，而格电之用无闻焉。惟胶东西及奉天一带所出山丝，泰西人以其格电，机器匠及飞艇，非此不可，意者天所以福吾民欤！所可虑者，天以此福吾民，民以此获大利，而究不知其所以然，年久倘或失传，未免负上苍衣被斯民之心。孙君华亭，有鉴于此，辑成《说略》，传之后世，播之远方，所以有造于吾民者既远且深。吾知山茧日见发达，其功德将遍于中外，岂不伟哉！爰弁数言，以馈当世之实业家。民国七年岁在戊午霞山蒋殿甲序。

序　丝、茶二种，固为出口之大宗，发明者代有其人；而北方之山茧，从未闻焉。烟埠近数年来出口丝绸，岁值甚巨，则山茧发达之原因，不当于此重加意乎？无奈在清中叶，山林樵叟，麓野农夫，传谓天然之利，不假人事。迨至光绪初年，牙山左右，鲜少土田，居民蔟蔟，均以养蚕为业，种柞为本，依此山茧以为养生之源也。故养之之术，精益求精；而利源之开，愈推愈广，至今吾地可为畅行矣。乃留种育苗之法，蚕夫非不研究讨论，而鲜克笔之于书，公诸斯世，推行尽利于天下者也。吾公务之暇，于蚕茧之始终，条分缕析，各求切实。愿世之业丝蚕者，苟能即吾所言，扩而充之，以补助吾之缺点，吾之幸甚，吾国幸甚，是为序。时民国五年九月下浣日孙钟亶题于小隐轩。

书后　余暇居无事，偶阅农书蚕桑一节，因有感于山蚕，独阙如焉。询诸土人，略为叙之，惜乎未有群书，无可考证。又闻韩公复**名梦周，一字理堂，潍人也。进士，知来安县。手订育蚕及种树法。**任来安，教民野蚕，手订《养蚕成法》，余遍访不可得也。然野蚕之记载，自汉元帝永光四年，东莱郡东牟山始有之。及唐长庆四年，淄青奏：登州、蓬莱野茧，弥山遍谷，约四十里许。其间山东而外，自东汉**后汉光武建武二年，野蚕成茧。**以后，而魏、**《魏略》：文帝欲受禅，野茧成丝。**吴，**吴大帝黄龙三年夏，有野蚕成茧，大如卵。**而宋、**《宋书·符瑞志》：元嘉十六年，宣城宛陵县，野蚕成茧。又：大明三年，宛陵县石亭山，生野蚕三百余里，太守张辩以闻。**梁，**《梁书·武帝本纪》：天监十一年，新昌、济阳二郡，野蚕成茧。**而隋、**《隋书·礼仪志》：赤雀、苍乌、野蚕、赤豆。**唐，**《新唐书·高祖本纪》：武德五年，梁州野蚕成茧；太宗贞观十三年、十四年，滁、濠二州，俱野蚕成茧。**而宋、**宋太祖，乾德四年，京兆野蚕成茧，节度使吴廷祚缄丝以献，纤润可爱。又仁宗嘉佑五年，深州野蚕成茧。又哲宗元祐六年，野蚕成茧。又元符元年，深泽县野蚕成茧，织纴成万匹。又徽宗政和元年，河南府野蚕成茧。又政和四年，相州野蚕成茧。政和五年，南京野蚕成茧，纤绸五匹，绵四十两，圣茧十五两。又高宗绍兴二十二年，容州野蚕成茧。宁宗嘉太二年，临安府野蚕成茧。**金、**《金史·章宗本纪》：明昌四年，邢、洺、深，冀及河北十六谋克之地，野蚕成茧。**元、**《元史·世祖本纪》：至元二十五年，保定路唐县，野蚕成茧，丝可为帛。又：元贞二年，随州野蚕成茧，亘数百里，民取为纩。**明。**明洪武二十八年，河南汝宁府确山县野蚕成茧。永乐二年，礼部尚书李至刚奏：山东郡县，野蚕成茧，缫丝**

来进，百官请贺。上曰：此常事，不足贺。永乐十一年，以野蚕丝制衾，命皇太子奉荐太庙。又山东民有献野蚕丝者，群臣奏贺瑞应，上曰：此祖宗所祐也。特命织帛，染柘黄制衾以荐。又英宗正统十年，真定府所属州县，野蚕成茧，知府王，以丝来献，制幔褥于太庙之神位。又成化二十三年，文昌县野蚕成茧。历代不时以瑞奏闻。自汉以至有明，皆自生自育，未尝须人力也。迨清高宗之上谕姜顺龙官四川按察使。之折奏，莫非依法喂养，以收蚕利。陈宏谋字榕门，官陕西巡抚，卒谥文恭，著有《五种遗规》等书。之抚陕也，有广行山蚕檄。周人骥抚黔，奏仁怀等处，结茧数万，各属仿行。加以抚黔之宋如林字仁圃。或有请状，或有通饬，俱系筹裕民食之至意。至如俞渭字秋浦，任黎平知府，前后捐廉银四百两，购种河南鲁山，三眠成茧，抽丝织绢，滑泽有光，不亚遵郡。请禀，陈瑜字葆初。黎民放养山蚕，自道光己酉始。咸丰初年，知县陶履诚，知府胡林翼，先后捐助，以苗乱废。道光三年，知府袁开第，辟公桑园，谕郡人购种河南归养，头二眠约三十万，三眠以雨雹损。说略，大司农孙益都，名廷铨，字沚亭，官至大司农。作《山蚕说》，其词最古雅。王阮亭因广其意，作《山蚕词》。张钟峰偶阅王阮亭《居易录》，言孙益都《彦山杂记》山蚕、琉璃、窑器，煤井、铁冶等，文笔奇峭，曲尽物性，急披而读之，则诸文咸在，独无所谓《山蚕说》者，益用耿耿于怀，后见周栎园《书影节记》载是文，信如阮亭所称，然犹憾其略也，诵读暇日，因其说而畅之，作《山蚕谱》。之《山蚕说》，文简公王士祯，字贻上，号阮亭，别号渔洋山人。世为新城右族，官至刑部尚书，卒谥文简。所著有《带经堂集》《渔洋诗话》《皇华纪闻》《池北偶谈》《陇蜀余闻》《北征日记》《唐人万首绝句》《唐诗十选》诸书。之《山蚕词》，张崧钟峰之《山蚕谱》，郑珍子尹之《樗茧谱》，此皆名臣学士利人利世之苦心。若刘弢子名棨，山东诸城人，字弢子。登进士，出知长沙县。居官廉惠，遂迁知宁羌州。一日出郭，见山多槲树，宜蚕，乃募里中善蚕者，载茧种数万至，教民蚕。茧成，复教之织。州人利之，名曰："刘公绸"。后擢天津道副使，累迁四川布政使。子统勋，孙墉，官皆至大学士，语在名臣传。知陕西之宁羌，陈省庵名玉壂，山东历城人，登进士。乾隆三年，任遵义知府，教民养蚕，获茧至八百万，进绸之名遂与吴绫、蜀锦争价。守贵州之遵义，足征实事求是，为民兴利。东牟一带，自青州募人来教民善蚕植柞，自康熙己酉学正王汝严始。惜其时民间以为不急之务，十数年后，蚕业大兴，始相与歌功颂德于不置。余自惭腹朽，待异日购得群书，互相参考，庶补吾书之缺，聊藉此苟合苟完，以书其后。民国九年，阴历陬月灯节前一日孙钟亶谨志。

蚕桑简要法

刘安歆著，汪谔述，安徽省图书馆。

［编者按：该书无明显时间，目录有养蚕捷法、桑树栽培捷法等。该书对清末学堂、劝业等举措对蚕业作用进行评述。］

绪言　世界蚕丝国中，求其历史最远，产额最多，天候最顺，土地最饶，人力最富，莫不啧啧然曰：支那尚矣。饲育便宜，丝质纯白，解舒良好，纤度均匀，莫不啧啧然曰：支那尚矣。备此诸要件，列强三尺童子，亦知我有握世产蚕丝业霸权之富力。而乃年复一年，仅堕落于极劣败之地位，为列强所压倒。国民穷困，仰屋无术，演出种种不堪见闻之惨状者，何哉？待数其罪，则罄竹难书；待避其污，则决海难涤。若于其中指摘最重要者言，则普如不普及蚕丝教育一事，而徒从事于空文教育。搜刮无算膏血，以供无底之消耗。欲诲子弟，而子弟鲜从；欲开风气，而风气愈塞。舍实务而尚粉饰文明，犹缘木而求鱼耳。及乎政府饬各省地方，奖励蚕业，似有转机。然以现在情形观之，则邑令承大宪之令，为蚕业上设一局，一设委绅士十数辈。美其名曰劝业、曰提调。年终综核，问其殖桑几何，养蚕几何，出茧几何，缫丝几何？举含糊而不能应。且并无实绩之可验，薪水依然，位置自若。即所谓有名之农蚕学校者，仅师弟数十辈。以讲义相传授，亦无普及蚕业教育之影响。呜呼！岂诚吾支那人无进化机能之谓乎？非也。现今世纪，蚕业之文明，实际之作用，未之知耳。今就栽桑、养蚕、制丝三项，避繁就简，述其捷法如左。

甘肃宜蚕辨

铅印本，经折装，中国人民大学图书馆藏。

[编者按：该书无明显时间，未署名作者。目录五类三十条：第一类植桑四条、第二类养蚕十八条、第三类备器三条、第四类拾茧一条、第五类缫丝四条。]

甘肃向不讲求蚕桑，通为“地气高寒，不宜养蚕”一语所误。且罂粟大利岁享其成，蚕桑要图匪独以为地气所不宜，抑且视为当务之不急，此甘肃不重蚕桑之所由来也。查蚕桑祖自《豳诗》，而豳地高寒，实为发起蚕桑处所。即东西诸国寒热异度，高下异宜，而蚕桑畅行，如出一辙。甘肃地虽较寒，仍居温带，岂有欧西宜蚕甘肃反不宜者？本道前在农业场试办蚕桑，即获成效，其明验也。甘民谓不宜蚕，特未闻养蚕有法耳。夫养蚕诸法古书互有异同，然综其旨归，要可以“调养中和”四字括之，大都蚕性恶寒，亦甚恶热，两无偏胜，生理存焉。是在权衡时地之宜，而审量其保持之道而已，地气高寒，岂足为蚕桑累哉？所有考验各法，开列于左。

附表　序跋数量统计

序号	书名	著者	序跋数量	撰者
1	蚕书	（宋）秦观，清知不足斋丛书本	1	秦观
2	蚕经	（明）黄省曾，百陵学山，上海商务印书馆1938年，据明隆庆本影印	0	
3	山蚕说	孙廷铨	1	孙廷铨
4	九畹古文（山蚕记）	刘九畹，刘绍攽撰，九畹古文十卷附续集二卷，南京图书馆	1	刘绍攽
5	豳风广义	兴平杨双山纂辑，乾隆庚申岁镌，宁一堂藏板，南京农业大学藏	5	帅念祖、刘芳、杨屾、巨兆文、宫本昂
6	山蚕谱	张崧，二卷。附白蜡虫谱一卷，北菌谱二卷，山东师范大学图书馆藏	1	张崧
7	西吴蚕略	道场山人星甫（程岱葊），南京农业大学藏	1	程岱葊
8	蚕桑杂记	陈斌，《白云续集》卷三，刘斯嵋刻于道光四年（1824年）	1	陈斌
9	劝蚕桑诗说	马步蟾，道光六年（1826年），徽州府署，安徽省图书馆	1	马步蟾
10	橡茧图说	刘祖宪，南京农业大学藏	4	嵩溥、庆林、何天爵、刘祖宪
11	蚕桑简编	杨名飏，道光九年（1829年），陕西省图书馆	1	杨名飏
12	蚕桑简编	同治十二年（1873年），西充县署刻本，青海省图书馆	1	高培穀

（续表）

序号	书名	著者	序跋数量	撰者
13	蚕桑简编	光绪十七年（1891年），唐步瀛刻本，湖南图书馆	1	唐步瀛
14	蚕桑辑要	高铨，中国国家图书馆	2	王青莲、高铨
15	吴兴蚕书	归安高铨，光绪十六年（1890年），上下卷，两册，新繁沈氏家塾藏板，华南农业大学	1	沈锡周
16	山左蚕桑考	陆献，道光十五年（1835年），中国国家图书馆	3	陆献、荆宇焘、李沣
17	蚕桑宝要	周春溶，罗江六村公局，吉林大学	1	叶朝采
18	蚕桑宝要	川东道姚觐元，同治十一年（1872年）刻本，南京大学	3	姚觐元、周春溶
19	蚕桑宝要	依遵义府志摹本，南京农业大学藏	3	胡万育、张熙龄、胡长新
20	试行蚕桑说	高其垣，漳州府石码关大使高其垣刊呈，中国国家图书馆	4	高其垣、林绂、杨和鸣、陈经
21	蚕桑事宜	邹祖堂，南京农业大学藏，有封皮滁州送字样	1	邹祖堂
22	劝种橡养蚕示	吴荣光，南京农业大学藏，《牧令书》卷十《农桑下》	1	吴荣光
23	纪山蚕	王沛恂，徐栋辑《牧令书》道光戊申秋镌，楚兴国李炜校刊，南京农业大学藏	1	王沛恂
24	蚕桑说	李拔，南京农业大学藏，牧令书	1	李拔
25	放养山蚕法	南京农业大学藏《放养山蚕法》。常恩长白沛霖氏采辑。北京大学抄本，1篇序附后	2	胡长新、常恩
26	劝襄阳士民种桑诗说	周凯，南京农业大学藏，中国农业史资料第85册	6	周凯
27	再示兴郡绅民急宜树桑养蚕示	叶世倬，南京农业大学藏，中国农业史资料第85册	1	叶世倬
28	贵州橡茧诗附各说	程恩泽，又名《橡茧诗》，南京农业大学藏	1	程恩泽
29	蚕桑录要	黄恩彤，山东省博物馆	1	黄恩彤
30	沂水桑麻话	吴树声	1	吴树声

（续表）

序号	书名	著者	序跋数量	撰者
31	蚕桑合编	沙石安，道光甲辰季冬镌，澳大利亚，中国国家图书馆	2	文柱、沙石安
32	蚕桑合编·蚕桑汇编	沙石安、迮常五，同治八年（1869 年）。复旦大学、北京大学，上海图书馆、陕西省图书馆丹徒诸多版本	1	迮常五
33	蚕桑图说合编·附蚕桑说略	何石安辑，常郡公善堂，华南农业大学，南京农业大学一部仅有两篇序	2	张清华、陆黻恩
34	蚕桑合编·附蚕桑说略	何石安、魏默深辑，高州版本，四库未收，三篇序	1	许道身
35	蚕桑辑要合编	尹绍烈，同治元年（1862 年），西北农林科技大学藏。南京农业大学藏一版，内容可能缺页	4	尹绍烈、吴棠
36	蚕桑辑要合编	同治戊辰（1868 年），苏城培元蚕桑局，西北农林科技大学藏	1	康熙
37	蚕桑说	溧阳沈清渠先生著，后学王思培谨题。同治乙丑（1865 年）冬十月，胡澍谨署。光绪十年（1884 年）重镌于归安县署，溧阳沈氏刊，湖城蒋桂仙刻字。南京农业大学藏	3	牛腱亭、那拉氏全庆、宝青
38	广蚕桑说	沈清渠，同治十二年（1873 年）安徽六安州署吴郡邹氏	1	邹钟俊
39	广蚕桑说辑补	沈练撰，仲学辂辑补，光绪浙西村舍本。有一篇凡例	3	宗源瀚、夏燮、姚继绪
40	广蚕桑说辑补·蚕桑说·沈练，合一册	光绪丁酉（1897 年）九月重刊，光绪丁酉四月校刊，浙西村舍本，南京农业大学藏	4	吴学堦、夏燮、翁曾桂、沈秉成
41	广蚕桑说辑补校订	归安章震福校订。光绪三十三年（1907 年），农工商部印刷科刊印，南京农业大学藏	1	章震福
42	浙东两省种桑养蚕成法	同治六年（1867 年）刻本，绍兴图书馆	2	丁星舫
43	蚕桑说略	宗景藩，附种竹木法，续修四库，南京图书馆	2	宗景藩
44	蚕桑捷效书·又名植桑育蚕书	吴烜，南京图书馆藏光绪本，华南农业大学、浙江大学、中国国家图书馆、南京农业大学均为同治本	5	苏道然、汪坤厚、郑经、何栻、吴烜

（续表）

序号	书名	著者	序跋数量	撰者
45	宁郡蚕桑要言	费烈傅口述，华南农业大学	1	费烈傅
46	蚕桑辑要	同治辛未（1871年）夏六月，常镇通海道署刊，南京农业大学藏。光绪九年（1883年）季春金陵书局刊行。另光绪十四年（1888年）春广西省城重刊。光绪丙申（1896年）江西书局合订本	7	沈秉成、吴学堉、沈炳震、张联桂、马丕瑶、秦焕、翁曾桂
47	育蚕要旨	董开荣，张亦贤、王良玉辑，南京农业大学藏	2	薛时雨、沈秉成
48	蚕桑图说提要	张寿宸，复旦大学、华南农业大学	2	张寿宸、屠正规
49	增刻桑蚕须知	附《树桑百益》，叶世倬撰，王德嘉增刻。复旦大学	7	王德嘉、牛树梅、沈廷广、罗廷权、叶世倬、廖沛霖
50	五亩居桑蚕清课	曹笙南辑，曹英履诠次，曹韶南、曹蕊校字，南京农业大学藏	2	曹笙南、曹英履
51	淮南课桑备要	方浚颐，同治十一年（1872年），钞本，南京图书馆	3	方浚颐
52	蚕桑实济	陈光熙，南京农业大学藏，同治壬申（1872年）刊	2	蒯德模、陈光熙
53	湖蚕述	汪曰桢，南京农业大学藏中国农业史资料第258册	2	汪曰桢、沈阆崐
54	蚕桑摘要	任兰生，南京农业大学藏	1	任兰生
55	蚕桑备览	恽畹香，光绪三年（1877年）恽祖祁刻本，南京农业大学藏。另有北京大学藏光绪七年（1881年）仲冬遵义县署翻刻本	1	张修府
56	蚕桑实际	王效成约时，附韩梦周养蚕成法，滂喜斋，南京农业大学藏	1	王效成
57	蚕桑实济	辛巳年辑，光绪辛巳年（1881年）重镌，屠立咸凤城官廨，彩盛刻字铺藏版，沈阳钟楼南路西，王约时纪韩来安遗政附，南京大学。另有壬午年辑，光绪八年（1882年）六月津河广仁堂刊，无序，两册，六卷	2	屠立咸

（续表）

序号	书名	著者	序跋数量	撰者
58	蚕桑问答	温忠翰，光绪五年（1879年），板存东瓯郭博古斋，浙江大学	1	温忠翰
59	蚕桑织务纪要	魏纶先，南京图书馆	3	陈宝箴、魏伦先、黄振河
60	蚕桑辑要合编	附补遗，二册，光绪庚辰（1880年）春月，河南蚕桑局编刊，南京图书馆	4	涂宗瀛、麟椿、豫山、魏纶先
61	蚕桑辑要略编	豫山，中国农业历史博物馆	1	豫山
62	蚕桑简易法	马丕瑶，光绪河东道署刻本，南京农业大学藏	1	马丕瑶
63	蚕桑辑略	吴书年，光绪七年（1881年），南京农业大学藏	1	无名氏
64	桑蚕提要	方大湜，续修四库，南京农业大学藏	3	方大湜
65	蚕桑须知	黄寿昌，北京大学	2	石玉麒、黄寿昌
66	山蚕易简	贵筑茹朝政绩芝氏编，光绪甲申（1884年）。南京农业大学藏，中国农业史资料第331册，动物编	2	黄彭年、茹朝政
67	蚕桑类录	杨雨时，三卷，浙江图书馆	1	杨雨时
68	桑蚕说	上元江毓昌，瑞州府刻本，南京农业大学藏	1	江毓昌
69	蚕桑说	李君凤，南京农业大学藏	1	李君凤
70	蚕桑乐府	归安沈炳震，光绪乙酉（1885年），南京农业大学藏，中国农业史资料第261册	2	沈炳震、豫山
71	劝种桑说	新昌吕桂芬，南京农业大学藏，中国农业史资料第85册	1	吕桂芬
72	蚕政编	帅念祖，光绪丙戌（1886年）仲冬韩江郡廨重刊，华南农业大学	2	帅念祖、朱丙寿
73	增蚕桑杂说附图说一卷，封皮为简明蚕桑说略	叶佐清，光绪十三年（1887年）松阳叶氏刻本。青海省图书馆，山西省图书馆。闵宗殿明清农书待访录言简明蚕桑略，叶佐清辑，民国《松阳县志》卷十二	3	皮树棠、朱庆镛、叶佐清
74	桑麻水利族学汇存	李有棻，南京农业大学藏	12	李有棻

（续表）

序号	书名	著者	序跋数量	撰者
75	树桑养蚕要略	撰者不详光绪十四年（1888 年）莲池书局刻本，南京农业大学藏	1	未署名
76	蚕桑辑要，又题树桑养蚕要略	汪宗沂，附树艺良规。中国国家图书馆藏，光绪十四年（1888 年）三月，莲池书局，与上一部内容一致	1	未署名
77	蚕桑简明辑说	黄世本，光绪十四年（1888 年），四库未收	1	黄世本
78	教民种桑养蚕缫丝织绸四法	马丕瑶，南京农业大学藏	4	马丕瑶、黄仁济
79	蚕桑摘要	羊复礼，大典，南京农业大学藏手抄本	2	羊复礼
80	蚕桑图说	宗景藩，吴嘉猷绘图，华南农业大学	2	宗承烈、宗景藩
81	蚕桑实济	北京大学藏书又名《奏委督办广西柳庆思泗镇五府蚕桑事由》马丕瑶，光绪辛卯（1891 年）刊于桂垣书局，南京农业大学藏	4	马丕瑶
82	蚕桑浅说	卫杰，南京农业大学藏	2	卫杰
83	农桑章程	又名《种桑成法》，汤聘珍，四库未收，南京农业大学藏	1	汤聘珍
84	粤中蚕桑刍言	卢燮宸，南京农业大学藏钞本，光绪十九年（1893 年），后附一篇跋	2	卢燮宸、邓荣干
85	蚕桑图说	卫杰，南京农业大学藏	3	卫杰
86	教种山蚕谱・樗茧谱	光绪甲午（1894 年）夏刊于宜宾官署，南京农业大学藏	3	国璋、郑珍、莫友芝
87	农桑辑要七卷・蚕事要略一卷	司农司，刻本，二册，光绪二十一年（1895 年），光绪乙未（1895 年）冬仲刊于中江榷署，御制题武英殿聚珍版，浙西村舍。南京农业大学藏	3	王磐、纪昀、陆锡熊、邹奕孝
88	农桑辑要	光绪二十三年（1897 年），韩城程仲昭辑，安徽省图书馆藏	1	程仲昭
89	蚕桑图说	八卷一册，王世熙，光绪乙未（1895 年）付梓，太仓蚕桑局藏板，浙江大学	3	黄元芝、任光奇、王世熙
90	蚕桑备要	曾鉌，版存少墟书馆，光绪乙未（1895 年），华南农业大学	2	曾鉌、刘光蕡

（续表）

序号	书名	著者	序跋数量	撰者
91	蚕桑备要	刘清藜，南京农业大学藏无序，附《三原桑园蚕妇养蚕简易法》《医蚕病方》	0	
92	蚕桑备要	陕西省图书馆。无序，附井利图说	0	
93	蚕桑备要	盛宣怀辑，思补楼校印，光绪丙子（1876年）嘉平月吕养初藏本，南京农业大学藏	0	
94	蚕桑要言	吕子香，即吕广文，关钟衡删节，南京农业大学藏	2	关钟衡、江青
95	蚕桑说	赵敬如，南京农业大学藏	1	未署名
96	蚕桑说	叶向荣，浙江图书馆	3	叶向荣、欧阳烜
97	蚕桑会粹	何品平，江西省图书馆，北京大学	5	何品玉、廖为桂、石龙普善堂、江有灿、颜光猷
98	东皋蚕桑录	何炯，温州市图书馆，中国科学院图书馆	1	周观
99	养蚕歌括	刘光蕡，浙江图书馆	1	古愚
100	粤东饲八蚕法	蒋斧，南京农业大学藏序撰于书后	1	蒋斧
101	裨农最要	陈开沚，南京图书馆	3	王龙勋、赵用宾、万学先
102	泰西育蚕新法	张坤德译，光绪戊戌（1898年）孟春强斋石印，中国农业历史博物馆	1	张坤德
103	蚕桑辑要	郑文同，续修四库	4	继良、苏锦霞、邵庆辰、郑文同
104	蚕政辑要	卫杰，光绪二十五年（1899年）刻本，农桑辑要第四卷	1	卫杰
105	续蚕桑说	金华县事黄秉钧，光绪己亥二十五年（1899年），双桐主人刊，南京农业大学藏，中国农业史资料第263册	2	继良、黄秉钧
106	吴苑栽桑记	孙福保，光绪二十六年（1900年），江南总农会石印，南京农业大学藏	1	孙福保

（续表）

序号	书名	著者	序跋数量	撰者
107	蚕桑指要	朱斌，中国国家图书馆	1	朱斌
108	蚕桑辑要略编	徐赓熙，山东省图书馆	2	向植、徐赓熙
109	蚕桑萃编	浙江书局刊刻，光绪二十六年（1900年）	5	徐树铭、裕禄、王文韶、李鸿章
110	蚕桑汇（萃）编	魏光焘编（又南京大学藏蚕桑萃编：15卷，首：1卷，光绪二十六年（1900年）闰八月，头品顶戴陕甘总督臣魏光焘恭编，兰州官书局排印，八册）	0	
111	蚕桑速效编	曹倜	2	曹倜、陈子敏
112	蚕桑答问	朱祖荣，华南农业大学提要一份，南京农业大学藏有序一份	3	陈谔、朱祖荣
113	饲蚕浅说	撰者不详，浙江大学	2	未署名
114	农桑简要新编	范村农，山东省图书馆	3	徐致愉、石祖芬、范村农
115	养蚕要术	潘守廉，南阳县署刊发，光绪二十八年（1902年）三月，陕西省图书馆	2	潘守廉
116	栽桑问答	潘守廉，陕西省图书馆	0	
117	蚕桑摘要	赵渊，光绪壬寅（1902年）春月刊于德阳县署，华南农业大学	2	赵渊、郭绍恩
118	蚕桑简要录	饶敦秩，南溪官舍，南京农业大学藏	3	饶敦秩
119	饲蚕新法	郑恺，华南农业大学	3	何春彬、戚祖光、郑恺
120	蚕桑浅说	龙璋，一卷，石印本，南京图书馆	1	龙璋
121	蚕桑述要	李向庭，光绪二十九年（1903年），北京大学	3	刘毓森、李向庭
122	蚕桑谱	光绪二十九年（1903年），吴尌刻本，南京农业大学藏。光绪丙戌年（1886年），丁酉（1897年）新刻，广州城十八甫奇和堂药局藏板	6	潘衍桐、吴尌

（续表）

序号	书名	著者	序跋数量	撰者
123	蚕桑新论	吴锡璋，浙江图书馆	4	樊恭煦、章畯、王国宾、吴锡璋
124	蚕桑验要	吴诒善，中国农业历史博物馆	2	孙诒让、吴诒善
125	汇纂种植喂养椿蚕浅说	许廷瑞·知德平县事楚南许廷瑞辑，中国国家图书馆	1	许廷瑞
126	推广种橡树育山蚕说	曹广权，中国国家图书馆	1	曹广权
127	桑蚕浅说，书脊名蚕桑浅说	杨志濂，光绪三十年（1904年），铅印本，中国人民大学图书馆	1	杨志濂
128	桑蚕条说	林杨光，王镇西，华南农业大学	1	金文同
129	蚕桑广荫·禀准创办古北蚕桑织布章程节略	光绪乙巳年（1905年），顺天古北蚕桑织布局校定，冯树铭，中国人民大学图书馆	1	冯树铭
130	蚕桑白话	陈干村、徐谦山。李坤题，宣统庚戌（1910年）秋滇垣重排印	2	林绍年、丁振铎
131	种桑养蚕浅要	林绍年。陈荣昌题。一卷，光绪甲辰（1904年）仲冬上浣，板存云南蚕桑学堂，南京图书馆	2	林绍年、丁振铎
132	种橡养蚕说	林肇元，南京农业大学藏抄写于中国国家图书馆	2	林肇元、涂步衢
133	野蚕录	王元綎，光绪进呈写本	2	王元綎
134	山蚕图说	夏与赓，南京农业大学藏	1	夏与赓
135	蚕桑浅说（附蚕标准表）	黄祖徽，光绪三十三年（1907年）本	2	黄祖徽、吕瑞廷
136	最近新译实验蚕桑学新法	薛晋康，梁作霖，附桑树种植新法，光绪三十四年（1908年），上海科学书局印行，南京图书馆	2	薛晋康、梁作霖
137	养蚕必读	庄景仲	1	庄景仲
138	橡蚕刍言	孙尚质，南京农业大学藏	1	张寿镐
139	橡蚕新编·柳蚕新编合一册	昌黎许鹏翊编辑，附布种洋芋方法，吉林劝业道徐鉴定，南京农业大学藏	5	徐鼎康、许鹏翊、曹廷杰、王毓祥

（续表）

序号	书名	著者	序跋数量	撰者
140	柞蚕杂志·柞蚕问答	增韫，宣统元年（1909年），南京农业大学藏	1	增韫
141	柞蚕汇志	增韫，南京农业大学藏董元亮本，宣统二年（1910年）	2	增韫、董元亮
142	速成桑园种植法	吴作镆，倪绍雯，浙江图书馆	4	吴作镆、刘安钦、江起鲲
143	㭎蚕通说	秦枬辑，民国三十三年（1944年），四休堂丛书十二种二十卷，铅印本，第四册，南京图书馆	2	秦枬、楼藜然
144	柳蚕发明辑要	张瀛，又名《吉林柳蚕报告书》，中国国家图书馆	1	张瀛
145	鲁桑（湖桑）栽培新法	倪绍雯，南京图书馆	1	倪绍雯
146	柞蚕简法补遗	徐澜编辑，刻本，南京农业大学藏	1	童祥熊
147	安徽劝办柞蚕案	总务科长蒋汝正校正，农务科长徐澜编辑，科员刘宏逵、戴光敏同参校	1	童祥熊
148	蚕桑简法	陈雪堂，宣统三年（1911年）二月再版，同文印书馆代印，安徽蚕业讲习所刊，华南农业大学	1	童祥熊
149	农林蚕说	叶向荣，华南农业大学	5	崇兴、叶向荣、欧阳烜
150	实验蚕桑简要法	陈浡，上海新学会社印行，华南农业大学	2	王树鼎、喻汝谦
151	山蚕讲义	播州监生余铣编辑，贵州全省山蚕讲习所，宣统三年季夏遵义艺徒学堂石印，华南农业大学	1	余铣
152	岭南蚕桑要则	赖逸甫，华南农业大学原本，泷阳蚕桑义学刊送，南京农业大学藏钞本陈经善序	1	陈经
153	山蚕辑略	孙钟亶，南京农业大学藏抄本	5	田步蟾、吴永、蒋殿甲、孙钟亶
154	蚕桑简要法	刘安歆著，汪谔述，安徽省图书馆	1	刘安歆
155	甘肃宜蚕辨	铅印本，经折装，中国人民大学图书馆	1	未署名

（续表）

序号	书名	著者	序跋数量	撰者
156	蚕事统纪	崔应榴、钱馥。后附王忠清撰东南蚕事论。雍正十三年（1735年），中国国家图书馆	0	
157	桑志	海盐李聿求五峰甫纂。乾隆刻本。上海图书馆	0	
158	养蚕说	同治年间，遵义杨蔚本辑，有单行本	0	
159	蚕桑辑要	荣禧，抄本，附设厂制造各事，北京大学	0	
160	蚕桑辑要	谭钟麟，浙江图书馆	0	
161	蚕桑辑要略编	周锡纶编，上海图书馆、常熟图书馆	0	
162	蚕桑实济	易星，南京农业大学藏	0	
163	养蚕成法	韩理堂，王效成录，光绪间农学丛书本	0	
164	蚕桑述要	俞墉，南京农业大学藏，凡例一份	0	
165	蚕桑质说	饶敦秩，光绪间。中国国家图书馆藏原本	0	
166	饲蚕法	江志伊，南京农业大学藏	0	
167	种桑法	江志伊，附《种蓝法种竹法种茶法合编》，南京农业大学藏	0	
168	养蚕秘诀	张文艺，续修四库，光绪二十五年（1899年）铅印通学斋丛书本	0	
169	蚕桑说略	李应珏，光绪二十六年（1900年）刻《乡董箴言》本，南京图书馆影印本	0	
170	桑政迩言	长沙徐树铭著，光绪二十六年（1900年）春南京农业大学藏	0	
171	蚕桑简明图说	通州蚕学馆编，华东师范大学	0	
172	蚕桑录要	江溥利公司编著，光绪二十八年（1902年），中国农业博物馆	0	
173	蚕桑浅说	刘桂馨，光绪癸卯（二十九，1903年）初夏澄衷学堂印书处排印，经理通海蚕桑公司刘桂馨，西北农林科技大学	0	
174	蚕桑说法（又称《蚕桑俗说》）	刘锡纯，成都通俗报馆，光绪甲辰春三十年（1904年），南京图书馆	0	
175	蚕桑刍言	王景松，河南商务农工总局，光绪三十年（1904年），一册，中国国家图书馆	0	
176	问政农桑发端合刻	实为沟洫说、椿蚕说合编，王戴中，光绪乙巳（三十一，1905年）季夏，河南省图书馆	0	

（续表）

序号	书名	著者	序跋数量	撰者
177	蚕学求是草	李建中著（稿本序改动多，故未编辑），附栽桑实验法，光绪丁未（三十三，1907年）孟夏中澣湘西石门李建中兰轩甫自识。中国科学院自然科学史研究所	1	
178	蚕桑新法韵言	廖文成编辑，一卷，光绪三十四年（1908年），大同书局铅印本。天津图书馆	0	
179	蚕种优劣鉴定法	清末抄本一册，显微镜鉴定法、肉眼鉴定法；柞蚕简法，附椿蚕简法，柞蚕简法补遗。绍兴图书馆	0	
180	蚕桑浅说	附改良青阳蚕桑法，官司纸印刷局排印本，无编者刊行时间，安徽省图书馆	0	
181	中西蚕桑略述	昭文陈祖善味青辑，中国国家图书馆，南京农业大学藏抄本	0	
182	烘山蚕种日记簿	阙名，安徽省图书馆，此书养桑蚕日记表式	0	
183	蚕桑浅要	林志恂，新化县财政公产处，民国上海大东书局铅印本，中国国家图书馆	0	